高山峡谷区重大地质灾害精准调查评价方法研究

魏云杰 朱赛楠 杨成生 等 著

科学出版社

北京

内 容 简 介

本书对高山峡谷区重大地质灾害精准调查评价方法进行了系统研究，包括高山峡谷区重大地质灾害精准调查方法研究，高山峡谷区典型地质灾害综合遥感精准识别研究与动态监测，以及重大地质灾害成灾模式、风险精准评价和城镇发展宜建性评价等 3 个方面内容。全书共 3 个部分 11 章，第 1 部分（绪论、第 1 章、第 2 章）介绍了地质灾害调查技术的研究进展，以及高山峡谷区地质灾害精准调查内容、技术方法、风险评价与适宜性评价等内容；第 2 部分（第 3～7 章）介绍了地质灾害综合遥感调查方法及应用，包括光学遥感精准识别技术方法、InSAR 监测技术与无人机贴近摄影技术及典型案例应用；第 3 部分（第 8～11 章）介绍了高山峡谷区重大地质灾害精准评价与城镇发展宜建性评价，探讨了大型堆积体滑坡、高位崩滑-碎屑流、高位滑坡-泥石流的风险精准评价方法，以及高山峡谷区城市发展宜建性精准评价方法。

本书可供从事地质灾害防治、地震地质、工程地质、岩土工程、城镇建设、国土空间规划和用途管制等领域的科研和工程技术人员参考，也可供有关院校教师和研究生参考使用。

图书在版编目（CIP）数据

高山峡谷区重大地质灾害精准调查评价方法研究 / 魏云杰等著. -- 北京：科学出版社，2025.5. -- ISBN 978-7-03-079750-6

Ⅰ. P694

中国国家版本馆 CIP 数据核字第 202441CP98 号

责任编辑：韦　沁 / 责任校对：何艳萍
责任印制：肖　兴 / 封面设计：北京图阅盛世

科 学 出 版 社 出版
北京东黄城根北街 16 号
邮政编码：100717
http://www.sciencep.com

北京中科印刷有限公司印刷
科学出版社发行　各地新华书店经销

*

2025 年 5 月第 一 版　开本：787×1092　1/16
2025 年 5 月第一次印刷　印张：21
字数：498 000

定价：298.00 元
（如有印装质量问题，我社负责调换）

作 者 名 单

魏云杰　朱赛楠　杨成生　王俊豪　王晓刚
谭维佳　余天彬　王　猛　柴金龙　何中海

主要研究人员（按姓氏笔画排序）

丁慧兰　于　仪　于炳辰　王　军　王　猛
王俊豪　王晓刚　朱赛楠　刘　文　刘艺璇
刘东旺　江　煜　杨成生　李文杰　何中海
何国强　邸　勇　余天彬　沈亚麒　宋晨光
张皓翔　赵　慧　胡　涛　胥　娇　柴金龙
黄细超　董继红　谭维佳　熊国华　魏云杰
魏春蕊

目　录

绪 论

0.1 研究背景

过去 30 多年来,我国先后开展了 1:50 万环境地质调查、大江大河和重要交通干线沿线地质灾害专项调查,覆盖全国山区丘陵的 1:10 万县(市)地质灾害调查与区划和全国地质灾害高易发区的 1:5 万地质灾害详细调查工作,初步查清了我国地质灾害分布情况,划分了易发区和危险区,特别是县城及以上的城市地质灾害防治工作扎实推进,有效减轻了地质灾害损失,有力支撑了从国家到地方各级政府应对滑坡灾害的能力。然而,由于我国滑坡灾害分布十分广泛,每年特大滑坡灾害依然频发,乡镇风险区内的滑坡、崩塌、泥石流等呈地质灾害仍将长期处于高发态势。例如,2013 年 1 月 11 日 8 时,云南昭通市镇雄县赵家沟村发生特大山体滑坡,滑体体积(方量)约为 $20\times10^4 m^3$,造成 46 人死亡;2017 年 6 月 24 日,四川省阿坝州茂县叠溪镇新磨村发生特大高位滑坡,方量约为 $390\times10^4 m^3$,造成 83 人死亡;2017 年 8 月 28 日 10 时 30 分许,贵州省纳雍县张家湾镇普洒村后山的山体发生高位崩塌,造成 35 人遇难(表 0.1)。上述事件说明在地质灾害的区域普查识别之外,仍存在重大地质灾害隐患风险,地质灾害调查工作从区域普查识别到重大灾害的局部精准识别、从一般风险评价到精准评估已变得刻不容缓。

表 0.1 我国 2000 年以来发生的特大地质灾害典型案例一览表

典型案例	发生年份	滑体体积/$10^4 m^3$	遇难人数/人	参考文献
西藏易贡特大山体滑坡	2000	20000	——	殷跃平,2000
四川宣汉特大型滑坡	2004	3000	——	乔建平等,2005
重庆武隆鸡尾山特大滑坡	2009	500	74	朱赛楠等,2018
贵州关岭特大滑坡	2010	115	99	殷跃平等,2010
云南镇雄赵家沟特大滑坡	2013	20	46	殷跃平等,2013
陕西山阳特大滑坡	2015	168	65	王佳运等,2019
浙江丽水特大滑坡灾害	2015	33	38	刘传正,2015
四川茂县新磨村特大滑坡	2017	390	83	殷跃平等,2017
贵州纳雍张家湾崩塌	2017	49	35	郑光等,2018
贵州六盘水水城特大山体滑坡	2019	70	51	李壮等,2020
云南镇雄凉水村滑坡	2024	5	44	黄远东等,2025

对于重大地质灾害防治,最有效的方法是根据孕灾机理、破坏模型开展地质灾害的风

险评估，并制定治理措施。近些年来，风险分析与风险管理理论研究取得了显著的进展，对地质灾害防治工程标准化实施与加强地质灾害风险管理提供了系统而有效的支持。地质灾害风险分析从地质灾害的物理特点和各种影响因素入手进行研究，分析灾害的成因、作用方式、规模以及灾害发生的概率大小，对区域地质灾害的危险性进行划分，确定地质灾害高易发区和非易发区；在此基础上，考虑灾害的社会属性，对灾害可能造成的损失进行分析与评价，评估地质灾害造成较大的损失和人员伤亡。值得警醒的是，2009 年 6 月 5 日，重庆武隆鸡尾山发生大型岩质滑坡，造成 74 人死亡、8 人受伤的特大灾难。自 1994 年以来，武隆县政府及相关部门多次组织对该滑坡进行地质灾害隐患调查，确定危岩体体积约为 $20×10^4m^3$，威胁距离陡崖 100m 的范围。该滑坡实际在变形破坏模式、滑坡体积、成灾范围方面有很大的差异，且失稳前期已能监测得到失稳块体的形变。然而，由于滑坡形成机制认识不足，很难预测滑坡的整体运动机制、成灾模式及成灾范围（许强等，2009；殷跃平，2010）。因此，亟须开展针对重大地质灾害隐患的详细调查、块体（风险源）精准调查以及基于成灾机理的滑坡风险精准评估。

不断创新重大地质灾害精准识别技术手段，深入研究其成灾机理，完善重大地质灾害的精准风险评价体系，符合我国对提升重大地质灾害防治水平的客观需求。因此，建立合成孔径雷达干涉测量（interferometric synthetic aperture radar，InSAR）、倾斜和贴近摄影测量等多技术融合的重大崩滑灾害隐患精准调查和监测，研发高山峡谷环境下重大崩滑灾害隐患关键块体无人机倾斜摄影三维实体重构技术，建立基于成灾机理的重大滑坡风险评估模型的精准评价方法，从而实现对重大崩滑灾害隐患精准调查与风险评价研究是一项迫切且重要的科学任务。

0.2　主要研究内容

本书在前期地质灾害详细调查、地质灾害精细化调查与风险评价工作的基础上，以高山峡谷区重大地质灾害为重点，开展崩塌、滑坡、泥石流等地质灾害隐患精准调查方法研究。查明地质灾害隐患点特征、斜坡结构，以及潜在地质灾害隐患风险特征和动态发展趋势，开展高山峡谷区地质灾害风险精准评价与城镇发展宜建性精准评价，为防灾减灾工作部署、国土空间规划和用途管制等提供基础技术支撑，主要开展了以下方面的研究。

（1）高山峡谷区重大地质灾害精准调查方法研究；
（2）高山峡谷区典型地质灾害综合遥感精准识别与动态监测；
（3）大型滑坡动力学特征与堵江风险精准评价；
（4）高位崩滑-碎屑流成灾模式与风险精准评价；
（5）高位滑坡-泥石流风险精准评价；
（6）城镇发展宜建性精准评价。

0.3　研究思路与技术路线

本书运用综合遥感调查、地质测绘、物探、钻探和山地工程勘探技术，对于精细调查区内的威胁县城、集镇、村组和重要公共基础设施安全且稳定性较差的滑坡、崩塌、泥石流和危险地带，实施大比例尺工程地质测绘，开展以服务防灾减灾规划和国土空间规划为目的的前期地质勘探（规前勘）。勘探方法以物探和钻探相结合，并辅以井探和槽探等验证与控制，初步查明地质灾害体的地下三维空间分布，获取基本物理力学参数，准确把握地质灾害体的易滑结构特征、灾变趋势和成灾模式等，开展高山峡谷区地质灾害风险精准评价与城镇发展宜建性精准评价。

研究工作技术路线如图 0.1 所示。

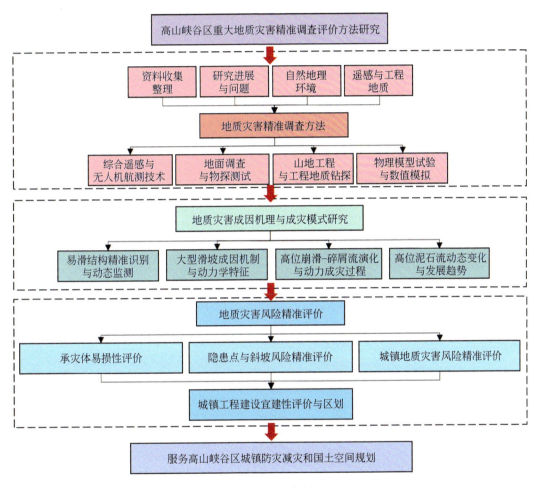

图 0.1　技术路线图

0.4　主要研究人员与分工

本书共分 11 章，包括高山峡谷区重大地质灾害精准调查方法研究，高山峡谷区典型地质灾害综合遥感精准识别与动态监测，高山峡谷区重大地质灾害成灾模式精准评价和城镇发展宜建性精准评价等三大方面内容。

绪论由魏云杰、朱赛楠撰写。

第 1 章地质灾害调查技术研究进展，由谭维佳、余天彬执笔，王晓刚、于炳辰参与编写，介绍了地质灾害综合遥感调查技术、地质灾害调查评价以及重大地质灾害成灾机理研究进展。

第 2 章高山峡谷区地质灾害精准调查技术方法，由魏云杰、朱赛楠、柴金龙执笔，余天彬、王晓刚等参与编写，介绍了高山峡谷区地质灾害精准调查内容、技术方法、风险评价与宜建性评价等内容。

第 3 章高位地质灾害综合遥感精准识别研究，由余天彬、魏云杰执笔，王猛、王军参与编写，介绍了地质灾害综合遥感调查方法、德钦县重大高位泥石流精准识别与动态解译等内容。

第 4 章时序 InSAR 技术及滑坡识别影响因素分析，由杨成生执笔，何国强、董继红、丁慧兰等参与编写，介绍了时间序列（时序）InSAR 技术、高山峡谷区 InSAR 滑坡识别影响因素研究等内容。

第 5 章高山峡谷区典型崩滑灾害 InSAR 精准监测研究，由杨成生执笔，魏春蕊、胡涛、熊国华、于仪等参与编写，包括基于短基线集合成孔径雷达干涉测量（small baseline subset-interferometric synthetic aperture radar，SBAS-InSAR）与偏移量技术的高位滑坡形变时序监测分析、联合 SAR 与光学偏移量技术的大型冰川监测分析以及基于光学与 SAR 数据的高位滑坡精准监测技术研究等内容。

第 6 章贴近摄影技术软硬件设备研发，由王俊豪、魏云杰、何中海执笔，王晓刚参与编写，介绍了超高分辨率云台与贴近摄影飞行平台研发，航线规划、航测精度校准和数据处理研究等内容。

第 7 章高山峡谷区滑坡贴近摄影技术调查研究与示范，由王晓刚、魏云杰、何中海执笔，介绍了四川汶川县城后山滑坡贴近摄影测量与云南贡山县丙中洛滑坡贴近摄影测量等内容。

第 8 章大型堆积体滑坡动力学特征与堵江风险精准评价，由谭维佳、王俊豪执笔，邸勇、于炳辰参与编写，分析了庄房大型滑坡基本特征、动力学特征、开展了大型堆积体滑坡堵江风险评价等内容。

第 9 章高位崩滑-碎屑流成灾模式与风险精准评价，由朱赛楠、王猛执笔，余天彬、黄细超参与编写，主要包括重大高位崩滑灾害形变过程分析、易滑地质结构模型与演化机制研究、高位崩滑-碎屑流灾害链成灾范围与风险精准评价等内容。

第 10 章高位滑坡-泥石流风险精准评价研究，由王猛、魏云杰执笔，余天彬、王军参与编写，主要包括德钦县直溪河高位泥石流、水磨房沟高位泥石流、温泉村沟高位泥石流风险精准评价等内容。

第 11 章德钦县城城市发展宜建性精准评价，由魏云杰、余天彬执笔，王猛、黄细超参与编写，主要包括德钦县城城区发展变化、城镇发展对行洪通道和泥石流堆积区的挤占分析、德钦县城建设区泥石流风险精准评价和德钦县城城市发展宜建性精准评价等内容。

本书初稿分章节完成后，由魏云杰、朱赛楠统稿。

在调查研究工作和专著的撰写过程中，自始至终得到自然资源部地质灾害防治方向首席科学家殷跃平院士、中国地质环境监测院刘同良教授级高级工程师、四川省地质调查研究院成余粮教授级高级工程师等专家的技术指导和帮助，提出了诸多指导性建议，极大地提高了本次研究成果的技术水平。借此机会，特向对本书研究提供帮助、支持和指导的所有领导、专家和同行表示衷心的感谢！

由于作者水平有限，书中还有许多内容有待进一步深化研究，书中难免存在不妥之处，敬请同行专家和读者批评指正。

第1章 地质灾害调查技术研究进展

1.1 概　　述

我国国土面积广袤、山地丘陵众多、地质环境复杂、气候气象复杂多样、构造活动频繁，是全球地质灾害最严重、威胁人口最多、防范难度最大的国家之一（李新斌等，2021）。新中国成立以来，我国地质灾害防治工作取得了长足进步，目前已经初步建成集地质灾害调查评价、监测预警、综合治理、应急防治为一体的综合防灾体系。我国地质灾害发生数量和造成的死亡失踪人数与前 5 年同期平均值相比分别减少 30.3%和 63.2%，在全国 14 余亿人口、30 余万处地质灾害隐患点的背景下，地质灾害防治取得的成效来之不易。但因我国地质灾害类型多样、成灾模式复杂，呈点多、面广式分布，对极端条件下地质灾害危险性和风险评价的研究不够深入，给地质灾害防治工作带来极大的难度和挑战，与我国新形势下防灾减灾工作的新要求存在一定差距（殷跃平，2022）。因此，本章将从地质灾害风险调查评价、地质灾害精准调查技术方法、特大型易滑地层滑坡失稳机理等方面展开阐述。

1.2 综合遥感调查技术研究进展

1.2.1 光学卫星遥感调查技术研究进展

基于遥感（remote sensing，RS）影像的滑坡识别方法可以分为 3 类：人工目视解译法、基于像元的图像分类法以及面向对象分类方法。人工目视解译法可以充分利用专家经验知识提取滑坡，准确度较高，目前仍然是滑坡识别的重要手段，但因其受到工作量大、花费时间长、效率低等因素的限制，不利于灾后大范围滑坡灾害的快速提取。基于像元的图像分类法因速度快、效率高，常用于滑坡识别，利用灾前、灾后影像进行变化检测就是识别滑坡的一种常用方法。Nichol 等基于多期 SPOT 影像，利用最大似然分类器进行变化检测能识别出研究区约 70%的滑坡。Borghuis 等基于 SPOT-5 遥感影像提取台风灾害诱发的滑坡，结果表明，非监督分类可以提取研究区 63%的滑坡，其与目视解译相比能够识别更多的小滑坡。苏凤环等基于 Landsat ETM+影像，采用穗帽变换后的绿度指数、湿度指数和图像掩膜提取汶川地震重灾区滑坡，结果较好。但是，因为这一类方法只利用像元的光谱信息，而没有考虑滑坡在遥感影像上独特的形态特征、空间特征、纹理特征和上下文关系等信息，滑坡的识别精度受到限制。此外，基于像素的滑坡提取常常产生椒盐现象并且大部分无法进行实地校验。

人工目视解译法：基于图像的色调、纹理、形状和位置等特征信息，通过人眼观察地物，并结合其他非遥感数据，分析目标图像的特征信息和地学知识，在其他非遥感数据支撑下，进行详细的分析和逻辑推理，与传统的非遥感方法相比，目视解译的准确率较高。但是，目视解译需要把图像数据、解译结果绘制在纸质文本上，数据存储、信息更新具有一定的困难，而且无法实现定量描述。随着计算机信息技术的进步，人机交互解译逐渐代替传统的在纸质图上的目视解译方式，通过人机交互解译获得的遥感图像信息更为丰富。人机交互解译可以进行全数字化操作，克服成图修改困难的缺点，但是这种方法实质上仍是遥感影像目视解译。

基于像元的图像分类法：主要根据单个像元进行遥感图像分析，其利用了同一地物光谱特征的相似性，实现滑坡的识别。傅文杰和洪金益（2006）基于 Landsat TM 遥感影像，采用支持向量机的方法自动识别了影像中的滑坡体信息。花利忠等（2008）基于 Landsat TM 影像数据，结合不同的遥感指数，采用非监督与监督分类的方法实现了滑坡体的自动提取。当震后能获取震区不同时相的遥感影像时，可利用变化检测的方法识别滑坡体（Hervás et al.，2003；Cheng et al.，2004；Nichol and Wong，2005；Park and Chi，2008；李松等，2010）。以上方法主要基于中低分辨率遥感影像数据，处理的单元为像元，导致信息识别模式具有很大的局限性，阻碍不同尺度对象的关联，且提取的结果椒盐效应明显。

面向对象分类方法：实质是以基本单元为最小单位对遥感图像进行从高到低的图像分类，可以减少通过像元分类的信息提取错误，使分类结果更加合理，它不仅综合了图像中的信息，而且有利于遥感图像的提取。该方法以影像分割产生的同质影像对象作为分析的基本单元，综合利用图斑对象的光谱、纹理、形状、上下文等特征信息，对影像进行分类，实现信息的自动识别。Barlow（2003）基于 Landsat ETM+影像数据，采用面向对象分类方法识别影像中的土质滑坡与岩质滑坡，总体识别精度达到 65%。Trigila 等（2010）采用面向对象的方法提取了意大利北部奥斯塔流域的滑坡体信息。牛全福等（2010）利用不同时相的高分辨率 Quick Bird 影像，分别采用监督分类、密度分割和面向对象分类方法对玉树地震滑坡体进行了快速提取，并对比了提取结果。陈天博等（2017）基于无人机影像获取的数字高程模型（digital elevation model，DEM）与数字正射影像图（digital orthophoto map，DOM），结合地物特征，采用面向对象分类方法实现疑似滑坡区域的信息提取。一些学者还将面向对象与变化检测技术相结合提取震害目标信息。胡德勇等（2008）首先对不同时相的 IKONOS 和 SPOT-5 遥感影像进行多尺度分割获取影像对象，之后采用面向对象变化检测的方法提取滑坡体，与传统的基于像素的提取方法相比，提取结果精度更高、更符合现实。任玉环等（2009）基于同一地区不同时相的福卫影像与 IKONOS 影像，采用面向对象分析方法建立特征规则集分别对影像进行分类，之后采用分类后变化检测的方法提取了地震损毁道路信息。Lu 等（2011）利用不同时相的遥感图像，基于面向对象变化检测方法，提取了意大利南部的滑坡点分布信息，提取精度达到 81.8%。国内外相关的研究证明了面向对象分类方法针对高分辨率遥感影像能保持图斑的完整性，分类精度得到明显的改善和提高（Lobo et al.，1996；Mauro and Eufemia，2001；Giada et al.，2003；Huang et al.，2003）。面向对象分类方法不仅依靠影像的光谱信息，还综合考虑影像对象的空间结构及纹理信息，提高了影像信息识别准确度；但是其在分割参数与分类规则设置过程中，需要人为经验与参数不断调整，浪费大量的时间，不能满足实际应用需求，如在震后快速应急阶段，需要兼顾识别效率和精度，实现滑坡信息的自动化提取。故需结合无人机机动、快速、获取影像分辨率高的特征优势，建立基于多尺度分割方法的多层次分析模型和基于自动构建的多维特征集合，实现震区滑坡灾害空间分布的提取。利用多尺度分割方法构建影像的多层次分析模型的优势在于，避免了单一分割尺度下难以有效表达不同地物目标的最优分割效果；自动构建多维特征集合，充分利用了无人机高分辨率遥感影像中纹理与空间信息特征，避免了仅利用单一特征识别的信息遗漏，基于多特征约束实现信息的高精度识别。此外，基于面向对象分类的滑坡自动提取，存在一定的过度提取，由于年份相对较长，滑坡体经多年侵蚀和人类活动影响，与相邻的非滑坡区相比，地表沉积没有显著差异，或地表被附着物遮挡，滑坡体不能被机器语言识别，容易出现漏判现象。石菊松等认为目前滑坡的自动识别水平较低，特别是对滑坡这种复杂地质灾害综合体的自动解译能力更低；王治华认为计算机不能实现滑坡地学理论知识及专家经验以人机交互方式识别及分析滑坡，基于地物光谱特征的滑坡自动识别模型不够科学严谨，难以适用。

1.2.2 雷达卫星遥感调查技术研究进展

合成孔径雷达干涉测量（InSAR）技术可以获得全球范围内的地表高程信息，数据精度可以达到厘米级，且不受天气状况影响，在滑坡体表面高程变化的研究中，具有深远的意义。Singhoy 等以加拿大的 Frank 滑坡为研究对象，根据 InSAR 技术对滑坡进行动态分析，实现了研究区内的滑坡识别；赵延岭等借助 InSAS 技术对三峡库区地表形变进行提取，设定判断阀值，实现了滑坡的识别；殷宗敏等在黄土高原城镇灾害调查的基础上，利用时序 InSAR 技术对绥德县城城区的地表形变进行监测，通过形变速率圈定出了潜在滑坡区。然而，InSAR 技术受大气参数、卫星轨道参数和地球表面附着物变化的影响较大，而且所获得的形变信息较单一，在滑坡灾害识别中存在局限性。InSAR 技术还需要通过多期数据进行比对，才能获取到地表累积形变，而且不能通过滑坡常见的形态、纹理和地形标志去识别滑坡，仅仅通过地表累积形变对滑坡进行识别是远远不够的。理论上来说，InSAR 技术监测地表形变且具有高分辨率和廉价的特点，但实际上，InSAR 图像干涉处理必须具备以下基本条件：①雷达图像对必须包含丰富的相位信息，同时采用斜距坐标进行干涉处理，目前使用的卫星雷达图像一般采用 SLC 格式；②对坡度有一定的限制；③干涉处理对基线的要求比较严格；④两景图像的获取时间、空间及物理机制应当尽可能接近。InSAR 技术作为雷达遥感的重要分支，具有较强的测量能力，可以透过地表和植被获取地表信息。回顾 InSAR 技术在我国地质灾害探测中的应用，可追溯到2000 年左右在三峡地区的 InSAR 试验。时至今日，InSAR 技术用于滑坡等地质灾害形变监测已被接纳和认可，特别是在四川茂县"6·24"特大型滑坡发生后，殷跃平研究员、许强教授等国内知名地质灾害防治专家，分别从不同层面提出了"利用 InSAR 等技术手段开展四川高海拔地区山体滑坡识别与隐患排查"的建议。此后，众多研究者应用 InSAR技术分别在四川、重庆、贵州等地区（含三峡地区）开展了斜坡形变监测的"规模化"应用，并取得了众多成果，为防灾减灾事业做出了突出贡献，特别是对"重大隐蔽性"滑坡探测提供了一种有效手段。

1.2.3　无人机航空摄影遥感调查技术研究进展

1.2.3.1　贴近摄影测量技术研究进展

1. 贴近摄影测量技术研究现状

随着信息技术的快速发展及需求的多样化，航空摄影测量方式出现了新的变化，复杂目标场景三维重建的适用性和精度也得到了提高。航空摄影测量载体从有人机到无人机、从油动（电动）固定翼发展到电动旋翼机、垂降机；摄影方式从垂直摄影发展到倾斜摄影，进而到多视摄影；航摄高度从距离地面几千米发展到几百米甚至几十米；摄影镜头从一个发展到多个，空间地理信息数据采集的技术手段越来越丰富、越来越便捷。传统垂直航摄（正射影像）难以获取目标的侧面信息，且在建筑物密集区域遮挡比较严重。倾斜摄影技术是国际摄影测量领域近十几年发展起来的一项高新技术，该技术通过从 5 个不同（1 个垂直、4 个倾斜）的视角同步采集影像，获取到丰富的建筑物顶视及侧视的高分辨率纹理。不仅能够真实地反映地物情况，高精度地获取地物纹理信息，而且可通过先进的定位、融合、建模等技术，构建真实三维模型。倾斜摄影测量在一定程度上解决了地物侧立面影像数据缺失的问题，在注重侧面信息的城市三维重建任务中能够发挥重大作用，该技术已经广泛应用于应急指挥、国土安全、城市管理等行业。由于倾斜摄影测量采用的是带倾斜角度的对地观测，对有遮挡的目标物（房檐下方、临街建筑树木、雨棚遮挡等）、移动物体（运动中的动物、摇摆的植物、行驶的汽车等）进行数据采集时，仍然无法获取地物的全部信息。此外，针对某些特定场景（如大坝、河道、地质灾害体等），倾斜摄影测量采集的无效影像远多于有效影像，影像利用率较低；对一些独立或相对较小的目标，如网状物、线状物或花草（较细的管子、隔离网等），数据采集及三维建模较为困难，在精细度方面逐渐满足不了新时代各项自然资源管理工作的需求。

近年来，随着信息化、城市化发展，数字城市、智慧城市建设需求以及人民生活水平极大提高，人们对生产、调查活动的精细化需求变得更为迫切，尤其是在滑坡监测、城市精细重构、历史建筑保护与重建、重大工程设施设备监测等领域。在传统的垂直航空摄影测量、倾斜摄影测量之后，一种对目标物进行更加精细摄影的测量方式成为摄影测量技术发展的必然。

1）贴近摄影测量定义及其特点

贴近摄影测量实际上源于滑坡、危岩崩塌的地质调查、监测与预警。近年来，我国尤其是西南山区崩塌、滑坡、泥石流等地质灾害频繁发生，地质灾害隐蔽性、突发性强，预警、预报难度大，给地方人民群众生命财产造成重大损失，习近平总书记已多次对滑坡等地质灾害做出重要指示，要求做好灾害的监测和防范工作，这对相关的监测技术提出了挑战，地质行业也在迫切地寻找一种可以提高地质灾害监测精度和效果的技术。2019 年，武汉大学遥感信息工程学院张祖勋院士首次提出一种新的摄影测量的数据获取方式——贴近摄影测量（nap-of-the-object photogrammetry），该技术是将无人机云台姿态控制与航测高精度定位技术的优势充分结合后衍生而出的测量方式。贴近摄影测量是面向对象的摄影测量，以物体的"面"为摄影对象，使相机直接对准构筑物或坡面完成数据采集工作。通过对无人机云台姿态的控制保持无人机与物体"面"尽可能"贴近"（图 1.1），并结合无人机高精度定位技术对影像数据信息进行采集，再通过高精度空中三角测量处理实现实景三维建模，精度可达亚厘米级甚至毫米级，高度还原地表和物体的精细结构，弥补了其他摄影测量技术难以采集有效数据及无法达到的精度要求。

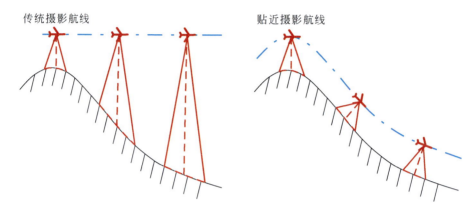

图 1.1　传统摄影测量与贴近摄影测量对比图

　　贴近摄影的重点不在于"近"，而在于"摄影方向"，它的本质是对目标表面摄影，针对非常规地面或人工物体表面等目标，进行贴合目标表面的飞行以获取高分辨率数据。当目标与水平面垂直时，它与无人机近景摄影测量类似。贴近摄影不同于仿地摄影测量，仿地摄影时根据数字表面模型（digital surface model，DSM）的高程改变飞行高度，以便减小不同影像间比例尺的差异，但仿地摄影不会考虑地形或地物的坡度与坡向不同而改变传感器的"姿态"角度。贴近摄影测量与近景摄影测量不同，但贴近摄影测量的特例可以看成近景摄影测量。当贴近摄影测量拍摄对象的"面"的角度是 90°，可以看作近景摄影测量。贴近摄影测量与倾斜摄影测量不同，倾斜摄影测量采用多镜头、多角度拍摄，获取的数据容易产生数据冗余，无效数据量多，数据处理耗费时间。贴近摄影测量采用单镜头，通过贴近目标物来获取摄影数据，能够获取更为清晰且变形度小的数据。贴近摄影测量采集的影像质量比其他摄影测量方式要高得多，不仅可以满足精细建模，而且可以依据影像制作的模型绘制"立体线画图"。贴近摄影测量也不同于三维激光扫描，三维激光扫描获得激光点云是被摄物体的白模型，不具有颜色纹理信息，必须配合影像使用，必须通过影像纹理映射得到真实的纹理信息，而贴近摄影测量能实现三维重建。此外，三维激光扫描设备成本以及工作成本相对较高，贴近摄影测量的成本主要是无人机设备，随着专业级无人机的不断发展，使得贴近摄影测量的成本远低于三维激光扫描。

　　贴近摄影测量的核心是"从无到有""由粗到细"的精细化影像数据自动采集策略（对某些目标还会辅以"人机协同"的策略）。"贴近"并不代表所有情况无人机与物体表面都贴得很近，而是根据影像分辨率、经济因素、产品比例尺以及其他各种因素综合考虑进行设计。当调查范围较大时，与目标场景地面的飞行距离可能大到 150m 及以上，而对历史文物进行精细化建模时，在安全航测情况下，与目标场景建筑物的飞行距离越近越好，一般在 5~10m。贴近摄影测量受天气影响较小，在雾霾、雨雪等不利条件下，常规摄影测量采集工作将无法进行，而贴近摄影测量因为距离小，受天气影响相对较小。

　　2）贴近摄影测量技术流程及关键技术

　　贴近摄影测量技术流程包括获取初始场景信息、贴近航线规划、信息数据采集、空中三角测量、三维重建、精细地理信息 6 个环节（图 1.2），其中贴近航线规划、空中三角测量、三维重建是贴近摄影测量最核心的关键技术，直接影响三维建模的质量和精细度。

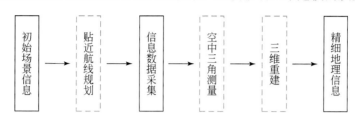

图 1.2 　贴近摄影测量精细化三维重建技术流程图

虚线框为关键技术

　　空中三角测量：主要作用是恢复影像间的相互空间位置关系，解算影像的位置姿态参数，同时可以获取目标场景的稀疏点云，包含影像匹配、影像位置姿态恢复等关键技术。传统空中三角测量方法要求数据具有水平面上的规则航带，经典的运动恢复结构（structure from motion，SfM）方法需要通过穷举匹配以确定影像的连接关系。而贴近摄影测量数据有两个新特点：一是贴近摄影有较规则的航带，但其航线轨迹与目标场景表面相平行，而不是分布在同一水平面上；二是贴近摄影影像采集时的位置和姿态参数是根据航迹规划结果确定的，即有外方位元素的初值。因此，采用经典的 SfM 方法比较耗时且不能充分利用已有信息，也不能直接使用传统空中三角测量方法对其进行处理。鉴于此，如何充分利用已有信息，以提高数据处理效率的空中三角测量方法是贴近摄影测量的关键技术。何佳男提出一种适用于贴近摄影数据的空中三角测量方法，利用贴近摄影数据的全球定位系统（global positioning system，GPS）信息和航迹规划信息，充分挖掘空间关系约束条件对减少无效匹配对数量的作用，提出了基于距离约束和空间覆盖约束的分组匹配方法和先分组-再整体处理的空中三角测量（简称空三）策略。实验结果表明，该方法可以有效地对贴近摄影数据进行高精度空中三角测量处理。

　　三维重建：在解算影像位置、姿态参数，获取目标场景稀疏点云之后，开始进入三维重建，主要是通过密集匹配、表面优化以及纹理映射得到目标的精细三维结构信息。基于影像的三维重建技术分为两类：一类是基于影像立体几何的三维重建，即立体影像密集匹配技术（多目视觉），按照同名点搜索空间可分为基于像方空间的匹配和基于物方空间的匹配，技术方法主要有局部匹配法和全局匹配法；另一类是基于影像辐射属性的三维重建，即基于影像明暗形状恢复技术，包括从明暗恢复形状和光度学立体视觉。经过学者们不断深入研究，基于影像的三维重建技术取得了显著的进展（陶鹏杰，2016）。

　　2. 贴近摄影测量技术应用情况

　　尽管贴近摄影测量技术仍处于初步探索的阶段，但其高精度、多角度数据获取的优势已得到众多试验研究证明。除了在危岩体结构面调查中可以发挥重大作用外，该技术还在城市建筑物精细三维重建、高山峡谷区地质灾害精细化调查与监测、文物古建筑精细化重建以及水利工程监测等多个行业上进行了应用研究，均取得了良好的效果。此外，随着无人机设备的持续升级和智能飞控软件的不断优化，贴近摄影测量技术未来在数据精度、数据获取效率等方面还将进一步得到提升，该技术具有巨大的发展前景。

高位崩塌具有地面高差大、突发性强等特点，难以对其做出准确的预警、预报，因此开展高位崩塌早期识别对防灾减灾意义重大。依靠人工对高位崩塌进行实地调查难度大、效率低，容易存在调查盲区，现有调查技术手段难以有效获取岩体结构面产状、节理组合特征和裂隙几何特征等关键参数。为此，将贴近摄影测量高分辨率和"多角度"探测技术优势应用于高位崩塌早期识别。梁京涛等（2020）以康定县郭达山高位崩塌为例，总结归纳了贴近摄影技术方法的具体应用流程，为地质灾害调查和高位崩塌早期识别提供一定的参考与借鉴。研究结果表明：高精度三维实景模型能够识别岩体亚厘米级裂缝，基于空间解析几何理论，应用"三点法"能够有效获取岩体单体结构面产状，以此为基础利用赤平投影分析方法，对危岩体稳定性进行定性分析评价，尤其适用于高位崩塌调查和早期识别工作。陈昌富等（2022）以长沙丁字镇某高陡边坡为例，提出基于无人机贴近摄影和聚类算法的高陡边坡结构面自动识别方法。先采用 M210-RTK 无人机获取高分辨率数字图像，并利用运动恢复结构算法生成细节丰富的高陡边坡三维模型和三维点云；再通过 K 近邻算法和主成分分析（principal component analysis，PCA）法，筛选出共面点云集合并确定了结构面的边界范围；最后采用最小二乘法拟合出共面点云的最佳平面方程，以平面方程的法向量方向确定结构面的产状参数。验证结果表明：基于无人机贴近摄影所建立的三维模型精度优于 2cm，倾向和倾角的误差分别小于 3° 和 2°，可成功识别出其优势结构面，可为边坡评价和治理提供重要依据。姚富潭等（2023）为解决传统危岩体结构面接触式调查手段风险高、效率低的问题，以某高位危岩体为例，开展了贴近摄影测量技术工程实例验证。利用多旋翼无人机对危岩体进行多角度贴近摄影，构建精细化的三维模型和三维点云，通过 K 近邻算法及主成分分析（PCA）完成优势结构面产状的半自动提取。此外，利用 CloudCompare 软件对结构面迹线、迹长信息进行了手动提取，结合三维实景模型对危岩体优势结构面空间发育关系进行分析，最后结合三维模型中的岩体裂隙等特征，对危岩体稳定性进行快速评价。研究结果表明：该方法可以完成结构面产状的半自动提取，且倾向倾角的提取误差均在 3° 以内，能满足工程精度需求，可为高陡危岩体结构面的精细化调查以及高陡危岩体稳定性快速评价提供可靠的基础数据，具有良好的实际意义。

针对传统危岩体监测方法存在效率低、危险程度高、点云缺失、地物遮挡等问题，钟昊楠和段延松（2023）提出基于贴近摄影测量的危岩体监测方法，并将其成功应用于巫峡箭穿洞危岩体监测项目中。研究结果表明：该方法作业过程安全性高、效率高，单次飞行所获取的有效影像数据量大、影像分辨率可达亚厘米级甚至毫米级，所构建的三维模型相对精度达到亚厘米级，纹理信息更加清晰，较为准确地展现危岩体结构。张林杰等（2023）研究倾斜摄影融合贴近摄影的三维实景模型，以某水利工程的高位危岩体调查作为典型对象，融合倾斜摄影与贴近摄影影像构建高位危岩体三维实景模型，最后与仅使用倾斜摄影构建的三维实景模型进行对比、评价，可为高位危岩体的精细化三维实景建模、地质信息获取提供一种新的思路。相比传统高位危岩体调查方法，不仅提高了工作效率，而且降低了作业风险，也可为高位危岩体的精细化三维实景建模、地质信息获取提供一种新的思路。

鉴于形变监测、激光扫描、地基雷达等常规手段在水电站近坝高边坡场景中具有一定的局限性，难以及时发现水电站近坝高边坡灾害隐患、预警边坡突发事故等问题。张钊等（2021）针对水电站高坝精细建模，提出贴近摄影测量和倾斜摄影测量两种技术融合的方法，在倾斜摄影测量完成后，使用贴近摄影测量技术对其成果进行精化，可有效补充常规倾斜摄影模型因遮挡导致的局部漏洞，对立面、陡峭边坡、弱光照、阴影等区域的纹理进行有效补充，提升模型分辨率。侯春尧等（2023）以金沙江流域某水电站为研究对象，提出基于无人机贴近摄影的高边坡位移检测方法，在研究区域进行了数据获取、精度分析和位移比较研究，结果表明所提方法在水平、垂直方向精度均达到毫米级，满足近坝高边坡大范围、高精度的位移检测需求，具有较强的科学研究和工程实用价值。买小争等（2022）研究贴近摄影影像与倾斜影像融合建模，生成精细化三维模型的方法。在海南博鳌乐城先行区进行实验，先通过无人机获取倾斜影像，然后通过无人机贴近飞行获取建筑立面高分辨率影像，再利用重建大师软件融合两者影像重新建模，生成精细化的三维模型成果。姚松等（2022）开展了贴近摄影测量技术在普定大坝裂缝监测研究，把贴近摄影技术获取的实景三维模型与基于即时定位与地图构建（simultaneous localization and mapping，SLAM）技术获取的全景模型融合，获取大坝外部高精细三维模型，可以测量裂缝长度、缝宽，描述并记录裂缝的性状，与之前历次裂缝检查成果比对，编制裂缝检查对比表。普定大坝裂缝分布在溢流面、坝面、坝顶等部位，数量较多，都是人无法到达、也无法近距离观测的位置，利用贴近摄影测量技术可以识别大坝亚厘米级裂缝，尤其适用于大坝裂缝早期识别工作。刘洋等（2021）利用贴近摄影测量技术开展斜拉桥梁精细化建模研究，采用"先整体后局部，分层拍摄，促使多个不同分辨率的影像融合为一体"的方法，取得了较高的模型分辨率，可以满足钢结构表面锈蚀病害的定位及定量分析要求。

为了高效精准的对高陡崩壁土体侵蚀沉积运移进行准确监测，李治郡等（2021）运用无人机贴近摄影测量技术对崩岗研究区进行数字影像采集，通过运动恢复结构-多视点匹配（structure from motion-multi-view stereo，SfM-MVS）技术，生成点云数据及研究区数字表面模型（DSM），利用 ArcMap 进行叠加分析监测周期内研究区侵蚀沉积变化。从定位精度、测量精度、重现性分析 3 个方面对贴近摄影测量技术进行误差及可行性分析。验证结果表明，贴近摄影测量技术总平均重投影误差为 0.19mm，侵蚀沉积量总平均绝对误差为 0.006m³，较传统倾斜摄影测量技术误差降低了 45.45%。高程精度较倾斜摄影测量技术总体提升了 162.5%。重复点云数据高程误差的平均值仅为 0.36mm，识别图像及控制点误差均达到毫米级，研究期内对研究区崩壁监测其侵蚀沉动态变化并结合降雨情况分析得出崩壁土体流失量为 4.758m³，无人机贴近摄影测量技术精度满足崩岗高陡崩壁监测需求，该技术可提取崩岗研究区侵蚀地貌特征信息，是较为高效精准的研究侵蚀沉积过程的监测技术。姚怡航等（2023）利用无人机贴近摄影测量获取连续 6 场人工模拟降雨下，坡面细沟发育的高分辨率影像及模型，通过定位精度、模型精度和侵蚀模拟 3 个方面验证，三维实景模型地理配准均方根误差为 1.5cm，像控点平面误差为 0.42cm，高程误差为 0.88cm，模型细节及纹理清晰，分辨率达到毫米级。多期模型能够清晰刻画细沟发育经历的雨滴溅蚀—片蚀—小跌水—断续细沟—连续细沟 5 个阶段。细沟土壤侵蚀量模拟值随着降雨历时的增加不断接近真实值并趋于稳定，平均误差 10%以内。结果表明，贴近摄影测量技术能较好反映细沟发育演化过程，作业效率及便利性较传统测量方法具有显著优势。

张亦汉等（2023）以桂林市康僖王陵为例，采用贴近摄影测量技术对文物保护进行了研究，通过测量与分析得出贴近摄影测量的主要影响因素和最佳建模参数，再分别对康僖王陵地宫内部和外围构建实景三维模型，为不可移动文物实现数字化提供一种研究思路。罗晓丹等（2023）以广西崇左市宁明县花山岩画为例，将无人机贴近摄影测量技术应用到物质文化遗产的三维模型建模中，探索适合对岩画、雕刻、古建筑等文化遗产三维建模数字化档案归档的技术方法。结果表明，采用无人机贴近摄影测量技术采集初始地形影像数据建立初始地形模型，以初始地形模型为基础规划精细化航线，建立的精细化三维模型分辨率高、纹理清晰、人物信息还原准确，可为自然文物保护等涉及地理空间信息采集的相关领域提供精细化三维建模技术参考，具有良好的应用前景。梁昭阳和陈平（2023）利用贴近摄影技术完成了承启楼古建精细化三维模型成果，精细还原古建纹理细节，解决了古建数字化问题，为古建数字化建档提供了新的方案。邢亚东（2023）以武汉市历史优秀建筑巴公房子为例，利用贴近摄影测量技术获取高分辨率影像，建立精细化三维模型，解决了历史建筑在传统测量方法数字化方面存在的效率低、产品单一和纹理粗糙等问题，为历史建筑的数字化存档和日后修缮工作提供依据。

杨洋等（2020）以南水北调渠首邓州段为研究对象，利用了无人机灵活高效、采集精度高的特点，结合贴近摄影测量技术对工程目标进行贴近摄影采集并通过高效率处理得到精细化的水利工程三维实景模型成果，解决了现有技术下水利工程三维模型精度不高，获取效率低等问题，为水利工程的协同管理、动态监测、运维管理提供了技术支撑。黎娟等（2021）以山西省大同市煤炭地质公园试验数据为例，融合无人机倾斜影像数据与贴近地面影像数据，使用 ContextCapture 处理软件进行点云融合局部精细建模，使模型精细化程度大大提高，能够真实反映地形地貌。郑红霞等（2023）开展了无人机贴近摄影测量技术采集野外露头剖面数据，把特征点作为加密点在空间范围内构建三维德洛奈（Delaunay）三角网，准确标定出岩层范围，实现了剖面岩层的重构，构建局部岩层面毫米级精度的全景三维模型。结果表明，该方法重构的岩层范围正确，内部连续，结果清晰，为地质资料知识库构建提供辅助手段与数据支撑，解决了大坡度、大规模的露头剖面考察中识别范围不足、面貌不全、人工依赖大、精度差、数据共享低的状况。

实际绿化工程竣工验收时，常常涉及一些不规则表面的面积计算，传统测量方式难以实现。叶超等（2022）基于某绿化工程竣工验收中的塑石造景，采用倾斜摄影测量加多层贴近摄影技术进行三维精细建模，根据三维模型计算其表面积，经随机抽取部分区域采用点云逆向建模与上述计算面积比对，差值较小，满足竣工验收的精度要求，为日后针对复杂造型的表面积工程验收提供了一种低投入、高收益、高效率的途径。

针对传统临街建筑立面测绘方法存在工作量大、效率低、设备昂贵、效果欠佳等问题，谭金石等（2023）提出利用无人机贴近摄影临街建筑立面快速测绘方法，根据临街建筑空间位置分布，对临街建筑立面进行无人机贴近摄影数据采集，构建精细的建筑物立面三维模型，将模型导入三维测绘软件完成建筑物立面测绘，经全站仪、测距仪等进行精度评估和效率分析，精度为±0.032m，效率提升 30.9%。结果表明，该方法可以快速获取建筑立面影像信息，实现低成本、快捷的三维实景建模处理，满足建筑立面测绘精度要求，具有良好的应用推广价值。郭强（2023）针对农村人居环境整治工程，应用无人机贴近摄影测量法对农村建筑物立面测图，并结合工程实例对无人机数据采集、影像数据处理、构建建筑物精细模型、测绘精度评估整个过程进行效率分析。结果表明，该技术在农村建筑立面图测图方面具有较高的实用价值。

在当前的贴近摄影测量中，一般经无人机操控员现场踏勘后，根据经验进行外业航摄参数设置，进而规划出无人机飞行航线。该规划方法可能会因建筑物比较高的原因导致地面分辨率不足，造成建筑物三维模型失真或者拉花的情况，影响三维模型的实际应用效果。王生明等（2023）以塔式构筑物为例，对贴近摄影环绕式航线飞行规划与三维建模进行了研究，其中环绕式航线规划是影响贴近摄影测量能否成功最关键的步骤，拟合平面对目标表面形态模拟得越好，所采集影像数据的分辨率差异越小，越有助于内业数据处理时密集点云匹配的准确度，精细三维建模的精细程度也会越好。试验验证了该技术在古文物保护中的有效性，可以实现三维展示和提供其后续修缮的历史数据。塔式目标表面形态拟合为圆柱体，适用于外轮廓为凸多边形的建筑物，但是对于外轮廓为凹多边形的构筑物通用性有所缺失。

综上，研究结果表明贴近摄影影像与倾斜影像融合建模方法得到的模型几何结构更完整，极大程度改善了常规倾斜影像存在的模型粘连、破洞、拉花等现象，融合后目标场景结构更加完整，模型纹理更加细腻，精细度有明显提升，大大减少后期修模工作，建模效率得到整体提高。

3. 贴近摄影测量技术存在问题

贴近摄影测量技术是摄影测量发展产生的一种新技术、新方法。贴近摄影影像和倾斜影像融合的建模方法在一定程度上解决了局部三维模型优化问题，贴近摄影测量技术在高位崩塌、滑坡、历史文物保护与重建、考古等方面应用效果较好，但在实际应用过程中仍然存在着一些问题和影响因素，如飞行阶段受天气影响较大，在降雨和风速条件下，获取影像质量较差，甚至无法开展航测作业；飞行区域选取受高压线塔和输电线路走向影响较大，部分高压线塔和线路密集分布区，无法进行航测；在高密度植被覆盖区，受拍摄角度遮挡限制，岩体观测效果不佳；面对狭窄街道的老旧街区、高层建筑底部植被遮挡严重等复杂空间环境精细化建模任务时，还存在一些困难和实际问题。

此外，在开展贴近摄影测量之前必须先获取目标场景的初始场景信息，增加了航摄时间；由于贴近摄影测量的航摄距离小，需要根据目标场景的表面形状，随时调整无人机角度或相机拍摄角度，对数据获取平台灵活性要求较高。贴近摄影测量为获取厘米级甚至毫米级超高分辨率影像，航摄距离较小，大大增加了航摄工作量和数据加工处理时间，不适用于大面积精细化建模任务和应急救援任务。因此，今后对复杂空间贴近摄影航线规划、多技术组合应用进行大面积精细化建模等作为重点工作进一步深入研究。

4. 贴近摄影测量技术发展趋势

航空摄影测量方式的改变给航空摄影测量三维重建带来了新的困难，主要表现在拍摄条件变化、拍摄场景更加复杂化-多样化、外部数据引入、海量数据同时处理、当前算法自身局限性等 5 个方面。此外，传统的摄影空三方法难以满足大规模影像三维重建的应用需求。

三维重建作为摄影测量和计算机视觉的基本功能和基本任务之一，在原理、方法和技术上有很大的重叠，学科间的相互促进给三维重建提供了新的解决思路。早在1993年，有学者就分析了两个领域在原理方法上存在的重叠、区别及未来可能的合作方向，同时也指出在当时两个领域基本没有交义。机器学习特别是最近几年快速发展的深度学习方法，在三维重建领域也得到广泛应用。机器学习本质上是利用复杂的非线性模型来模拟真实的物理过程。早期，研究人员提出了许多统计学习的方法，由人工设计特征，然后在数据集上进行训练学习，并对目标任务进行建模分析。典型的方法有 Logistic 回归、支持向量机、决策树和最大概率统计分类等。该类方法参数通常较少，大多在几百个以内，因此被称为浅度学习。相应地，深度学习采用了一种分层式的人工神经网络来学习模型。深度是指神经网络的层数，通常要大于传统神经网络的层数（少于3~5层），同时伴随着大量的模型参数需要求解，因此，不仅需要构建合理的网络模型，也需要大量的训练样本。虽然当前深度学习技术在实际的三维重建技术中还没有得到广泛应用，但利用深度学习技术来解决三维重建问题依然是研究的热点和重点。

1）基于深度学习的影像稀疏匹配

通常情况下，传统特征匹配算法的影像匹配主要包含特征提取和特征匹配两大步，特征提取是从影像中提取稳定可靠的特征点，特征匹配则是准确建立同名点的对应关系。同时，根据是否直接使用原始图像信息，传统影像匹配可分为基于特征描述的图像匹配和基于区域的图像匹配。基于区域的图像匹配方法通常具有较高的几何精度，但其对图像间的变换抗性较差；基于特征描述的图像匹配方法对影像间的几何与辐射变化具有较好的抵抗性，但其精度通常低于基于区域的匹配方法。

自2015年开始，学者们逐步将卷积神经网络（convolutional neural network，CNN）应用于图像匹配。CNN 通过训练可以"学习"到影像间相对抽象的共同模式，提取抽象的图像语义特征。利用这些语义特征进行匹配，更接近视觉观察原理，理论上具有更强的泛化性。

（1）深度学习特征提取。

影像局部特征提取通常把完整图像输入 CNN 网络中，生成影像特征。Verdie 等（2015）基于线性回归方法提取尺度不变特征变换（scale invariant feature transform，SIFT）特征并构建正负样本进行训练，实现了复杂条件下可重复性特征的自动提取。Zhang 等（2017）基于标准图像块和标准特征概念，利用通用变换群理论，构建具有可区分和协方差变量约束的图像块，增强了特征检测器可重复性。针对仿射变化，Mishkin 等（2018）设计了一种基于难例挖掘损失函数的特征提取方法，实现了在包含视角和旋转变化仿射变化下的可重复性和丰富性特征检测。然而，由于特征点检测通常需要用到非极大值抑制（non-maximum suppression，NMS），而传统的 NMS 算法并不可微，无法利用反向传播进行训练，一定程度上制约了特征检测算法的发展（Trzcinski et al.，2015；Paulin et al.，2015）

（2）深度学习特征描述。

提取到特征点后，可进一步利用特征点周围邻域影像提取固定长度的特征描述符。Balntas 等（2016）采用三元组 patch 样本进行训练网络，以三元组内最小的负样本距离应该大于正样本距离作为损失函数,提高稳健性的同时有效降低算法复杂度。Tian 等(2017)提出利用没有度量学习层的 CNN 模型在欧氏空间中学习高性能描述符,增强了特征的描述能力,具有良好的泛化性。在 L2-Net 的基础上,Luo 等(2018)充分利用特征点几何约束信息,提出了能够适应于真实环境的特征描述符。为能够更好地捕捉到图像结构信息,Tian 等(2017)引入二阶相似度正则化的方法,显著增强了特征描述符一致性。此外,Luo 等(2019)提出利用聚合特征点的几何上下文位置信息和视觉上下文信息的学习框架,有效扩展了局部描述符的细节表达能力。虽然以上基于深度学习方法提取的描述子具有较强的特征描述能力,但是计算复杂度通常较高,降低了效率。

(3)端到端特征提取与描述。

不同于上述学习型特征检测模块和特征描述模块相互分离的处理过程,学者们提出了端到端的网络架构,同时完成特征点提取和特征描述。Yi 等(2016)介绍了第一个用统一流程实现特征点检测与描述的算法框架——LIFT(learned invariant feature transform),利用空间变换神经网络和 softargmax 重建了 SIFT 的所有主要处理步骤,对光照和季节变化具有较强的稳健性。尽管 LIFT 方法做到了特征检测和描述流程上的统一,但是特征点检测、主方向估计和特征描述本质上还是独立的模块。从 LIFT 开始,端到端的特征提取与描述方法开始流行起来。Detone 等(2018)利用全卷积网络模型生成特征图,并通过编码-解码机制,保持了特征提取的像素级精度。Dusmanu 等(2019)提出了一种能够同时完成特征检测和描述特征点的网络模型——D2-Net,实现了特征检测和特征描述的高度耦合,在异源图像匹配上也获得了很好的效果(蓝朝桢等,2021)。但 D2-Net 方法需要提取密集的特征描述符,降低了匹配效率。另外,D2-Net 使用了更高层的低分辨率特征图,降低了定位的精度。针对 D2-Net 定位精度不高的问题,Luo 等(2020)提出一种新的多尺度检测机制,在固有的特征层次恢复空间分辨率和低层特征细节,显著提高了局部特征形状的几何不变性和相机几何精确定位的能力。以上研究在提取特征点时往往只考虑特征点的可重复性,但是可重复的特征点未必有较高的可区分性,如位于重复或弱纹理区域(大楼的窗户、路面等)的特征点,而且特征描述子的训练应该只发生在匹配置信度高的区域。因此,通过兼顾特征检测的可重复性及特征描述的可靠性,能够提高匹配可靠性。

(4)深度学习特征匹配。

在匹配层面可以引入学习型算法。Yi 等(2018)设计了匹配网络,通过对网络的训练,改进同名点相关性搜索过程,但他们仅考虑特征描述符向量空间的相似性,忽略了特征点的位置信息(Zhang et al.,2019)。Sarlin 等(2020)利用注意力机制和图神经网络解决特征赋值的优化问题,取得了超越传统的 K-近邻(K-nearest neighbor,KNN)搜索算法的效果,并且能够在 GPU 上达到实时处理,是基于深度学习匹配算法的一个里程碑。受到 SuperGlue 的启发,Sun 等(2021)提出了一种基于 Transformers 的无须特征提取的特征匹配器——LoFTR,优化了传统算法中依次执行图像特征检测、描述和匹配的步骤,在弱纹理区域取得了优于 SuperGlue 的效果。对比于 KNN 等几何匹配方法,以上方法在匹配可靠性和效率方面提升较为明显。

总体而言,不论是学习型特征检测与描述相互分离方法,还是端到端的特征提取与描述的方法,相对于传统几何匹配算法,理论上对由于波段、成像模式等带来的非线性辐射差异和大仿射变换造成的几何差异具有更好的稳健性，在航空倾斜影像匹配方面具有较大的应用潜力。此外，不同方法在效率、精度和可靠性方面存在一定差异，可根据任务的要求灵活选择合适的方法，发挥各自的特长。

2）航空影像区域网平差

传统航空摄影测量的输入是按照预定航线采集几何约束较强的垂直拍摄航空影像，平差过程中通常会引入控制信息且需要较准确的初值设置；多视倾斜航空影像除垂直拍摄影像外，一个拍摄点还包含多张倾斜拍摄影像，提高了平差稳健性但也降低了处理效率；运动恢复结构（SfM）处理的则更多是无序的视觉影像，其对相机参数、拍摄条件、位置和姿态（位姿）没有严格约束，大多是自由网平差。

除传统航空摄影区域网平差、多视倾斜航空摄影区域网平差外，主要介绍一下运动恢复结构（SfM）中的区域网平差。运动恢复结构是针对一组具有重叠的无序影像恢复相机姿态的同时获得场景三维结构信息的处理过程。虽然其平差理论基础是摄影测量光束法平差，但平差过程中处理数据的手段和解算方法更加灵活，对影像输入条件要求较低，可为准确的摄影测量光束法平差提供初值，被广泛地应用于包含弱几何条件、大规模无人机航空影像的稀疏三维重建。

典型的 SfM 方法可分为全局式 SfM、增量式 SfM 和分层式 SfM 3 种。全局式 SfM 同时重建所有影像，通常先计算影像的全局旋转，然后再计算整体平移。Sweeney 等将许多当前的全球 SfM 方法集成到 Theia 库中，具有高效和强大的可扩展性的特点。增量式 SfM 则从初始图像对获得的小模型开始，不断添加新的影像逐渐扩展场景结构，并通过全局非线性优化提高重建精度。分层式 SfM 首先将图像划分为多个重建单元，每个单元包含覆盖整个场景的部分图像，然后对每个分区单独进行重建，最后将所有独立模型进行融合，得到整个场景完整的三维型。商业三维重建软件 3DF Zephyr 采用了分层混合式 SfM 方法（Farenzena et al.，2009；Agarwal et al.，2010，2011；Moulon et al.，2013；Wilson and Snavely，2014；Schönberger and Frahm，2016；Özyeşil et al.，2017；Michelini and Mayer，2020；Xu et al.，2021）。

全局式 SfM 能均匀地分布残余误差，效率高，但对噪声比较敏感，当影像间的姿态、比例尺存在显著差异时，易出现解算不稳定甚至失败。增量式 SfM 利用误差点去除和光束法平差交互执行策略，为后续增量过程提供了可靠的影像位姿和空间点坐标初值，使其能够应用于大规模影像的三维重建，但存在对初始影像对依赖严重、低效率和影像漂移的问题。针对以上问题，分层式 SfM 将所有影像划分为多个重建单元，缓解了对初始影像对的严重依赖。同时，由于每个分区都是独立的重建单元，易于实现并行处理，提高了重建效率。虽然分层式 SfM 应用大规模影像的三维重建具有以上优势，但仍存在两个方面的问题：一是对影像分区方法敏感，不可靠分区结果会降低独立模型精度，进而影响整体重建结果；二是缺乏有效的高精度影像分区融合方法，即使单个分区结果精度较高，差的分区融合方法会降低整体的重建精度。

表 1.1 对比了不同 SfM 平差方法的优缺点和研究要点。

表 1.1　不同 SfM 平差方法对比分析表

SfM 方法	处理方式	优点	缺点	研究热点
全局式	同时处理	残差分布均匀；效率高	对外点敏感；对影响输入条件稳健性差；大规模影像易重建失败	错误匹配的有效剔除方法；大量错误匹配下的精确全局旋转和全局平移求解方法
增量式	逐张添加	重建精度高；对影像输入条件稳健性强；适合于大规模影像重建	对初始影像依赖强；误差累积导致相机轨迹飘移；不易并行处理、效率低	初始影像对选择方法；影像添加顺序和方式；误差剔除方法
分层式	分组处理	不易受噪声影响；易于并行处理、效率高；适用于大规模影像重建	不可靠的影像分区、分区内重建和分区融合方法均会严重影响重建结果	可靠的影像分区方法；有效的分区内重建方法；准确的分区融合方法

3）航空影像密集匹配技术

近年来，深度学习技术开始被应用于密集匹配，一般通过学习匹配代价和代价传播路径完成匹配过程。根据匹配影像个数的不同，基于学习的影像密集匹配方法同样可分为双目立体匹配网络和多视立体匹配网络。

（1）双目立体匹配网络。

双目立体匹配网络一方面利用深度网络提取的特征取代传统的手工设计特征，另一方面利用三维（3D）卷积和 softargmin 对匹配代价空间进行规则化以实现端到端学习，提高了视差图的估计精度。MC-CNN 是真正开启深度学习应用立体匹配的代表作，它利用多层非线性卷积神经网络学习出更加稳健的匹配代价。SGM-Nets 将学习到的特征用于立体匹配和半全局匹配（semi-global matching，SGM），通过学习自动调整了 SGM 的参数。CNN-CRF 将条件随机场优化集成到网络中以实现端到端立体学习。GC-Net 应用 3D CNN 来规范成本量并通过 softargmin 操作消除差异。根据 KITTI 榜单排名，DispNet、Content-CNN、iResNet 和 DenseMapNet 等双目立体匹配网络，在测试数据集上的表现都超越了传统匹配方法（Žbontar and Lecun，2016；Luo et al.，2016；Mayer et al.，2016；Seki and Pollefeys，2017；Knöbelreiter et al.，2017；Kendall et al.，2017；Liang et al.，2018；Atienza，2018）。

（2）多视立体匹配网络。

按照重建结果的表达形式，多视立体匹配网络可分为基于体素的方法和基于深度图的方法。基于体素的方法估算每个体素与曲面之间的关系，如 SurfaceNet 和 LSM（learnt stereo machine）。SurfaceNet 是早期基于体素的多视立体匹配网络，其输入是一系列图片及相应的相机参数，可以直接输出得到 3D 模型，它利用端到端神经网络直接学习不同立体影像间的图像一致性和几何约束性。LSM 将一个或多个视图和相机参数作为输入，通过多层网络处理，使用可微分的反投影操作将其投影到三维世界坐标系的网格中，并进一步利用递归的方式匹配这些网格，得到了较好的体素重建结果。基于深度图的方法直接估算每个像素的深度值或者视差值。Huang 等（2018）提出 DeepMVS，将多视图影像投影到三维空间，使用深度网络进行正则化和聚合。Yao 等（2018）提出了 MVSNet，将多个视图的二维图像特征构建为 3D 代价空间，并将 3D CNN 用于匹配代价体的正则化和深度回归，在多个多视角立体数据集上取得了最好的试验精度。以上方法实现了端到端的多视角深度图预测，同时在深度图估计上仍采用了 LSM 中的 Arcmin 方法。相比而言，基于体素的立体匹配网络具有一定的局限性,仅适用于低分辨率的影像输入和小规模的多视重建,同时基于体素的网络易导致全局上下文的丢失信息和处理效率的降低。基于深度图的多视角立体匹配网络专注于图像的相机空间,每次生成参考图像的深度图,能够适应更大场景的模型重建。此外,基于深度图的立体网络的主干网络结构设计与其他视觉任务相似,可以方便地借鉴最新的网络结构。

在应对高分辨率的多视影像数据时,用于匹配代价正则化的 3D 卷积参数会出现冗余,导致对内存需求会随着模型分辨率的增加而成倍地增长,如 SurfaceNet、LSM、DepMVS 和 MVSNet 等。若将整个匹配代价体作为正则化网络的输入,对网络参数的需求会十分巨大,计算成本高。此外,目前的 3D 卷积结构未能充分利用浅层特征,其低分辨率的特征对于更复杂的多视角代价空间会产生更多的错误估计,成为大场景立体匹配网络设计的瓶颈。面对上述问题,Yao 等(2019)在 MVSNet 的基础上,提出了改进版的 R-MVSNet,使用 GRU 卷积在深度方向上收集空间和时间上下文信息来正则化匹配代价体。Liu 和 Ji(2020)在 R-MVSNet 的基础上提供了一种适合于大尺度高分辨率遥感影像多视匹配的深度神经网络 RED-Net,为深度学习在航空影像数据上的应用提供了参考。通过借鉴传统立体匹配算法的代价聚合方法和局部深度迭代传播策略,R-MVSNet 和 RED-Net 显示出了较好的潜力,是未来研究的重点。

以上大量研究证明了基于深度学习的双目和多视角立体方法的有效性或部分先进性,即使是针对大规模的航空影像,在一些测试数据集上也取得了好的效果(张力等,2022)。但是,由于基于深度学习的方法对非训练集以外的数据类型普适性较差,目前依然难以应用于实际的工程项目。

综上,航空摄影测量技术经过多年的发展,数据的获取和处理手段都经历了巨大的变化。计算机视觉和深度学习等领域的新理论、新方法不断融入摄影测量中,推动摄影测量向智能化、自动化方向发展。当代航空摄影测量学已经是多种传感器融合、多种数据采集方式结合、传统摄影测量和人工智能技术中计算机视觉和机器学习技术交叉的产物。

1.2.3.2 机载激光雷达技术研究进展

1. 机载激光雷达技术研究现状

随着无人机技术的不断成熟与推广,集无人机技术、激光测距技术和计算机技术为一体的机载激光雷达技术逐渐成为新兴的研究方向与重要的发展趋势,已成为目前地形测量和 3D 建模及应用的重要手段之一。

1)机载激光雷达技术及特点

机载激光雷达(light detection and ranging,LiDAR)是一种利用激光雷达技术进行三维点云数据采集的设备,它通过向目标发射激光脉冲,记录回波时间和强度来计算距离,并采集目标表面的精确三维坐标信息。机载激光雷达通常被安装在飞机、直升机、无人机等载体上,通过飞行路径的规划和控制,能够快速、高精度地对地面、建筑物、森林、山脉等场景进行三维数据采集。机载激光雷达的主要组成部分包括激光器、扫描器、接收器、惯性测量单元、全球定位系统等。机载激光雷达的优点在于能够快速、高效地获取大规模、高精度的三维点云数据,具有较高的数据密度和数据准确度,可以避免因地形、植被等因素造成的遮挡和振动等问题，成为地质灾害发育现状及潜在的地质灾害隐患调查和解译最有效的方法之一，为地质灾害风险评价提供有力的技术支撑。

目前，大多数机载 LiDAR 均具有多重回波记录性能，即可接收并记录一束激光返回的第一个和最后一个回波信号以及激光强度等。在此，特别值得一提的是"全波形分析（full wave form analysis）"技术。它是将一束激光返回的所有回波信号全部记录下来，经过自动分析后，保留最有效的回波信号。其实际意义在于，如对森林覆盖区域进行测量时，不仅可记录到树尖返回的回波信号，还可记录到树叶、树枝、树干、灌丛乃至草和地面等返回的回波信号，由此可有效地减少粗差或废波，保障每一束激光可用信息的最大化。

激光雷达以激光扫描为核心技术，通常搭载在手持设备、车辆及飞行器等移动平台上，随着平台的运动感知周围环境的三维信息。与传统的接触式测距仪器或二维影像设备不同，激光雷达可以直接获取所在环境内目标的表面采样点的相对三维空间坐标，从而得到其三维结构信息，广泛应用于三维场景重构。三维场景重构就是对获取的三维数据与信息进行整合，对场景建立适合计算机表示和处理的三维空间模型，还原目标的真实信息、实现计算机对实际场景的数字化处理，是在计算机环境下对客观世界中的空间与几何信息进行操作与分析的基础，是计算机视觉、虚拟现实与自动驾驶等领域很多研究与应用的关键技术。

相较于手持设备与车辆平台，基于机载激光雷达技术的三维场景重构覆盖范围更广、可涵盖信息更多、受空间等条件限制更少，在复杂、难以涉及的大范围室外场景中有着绝对的优势。在自然资源方面，机载 LiDAR 可为"数字地球"构建提供高时空分辨率的数字化地面空间信息。在城市规划方面，机载激光雷达从海量大范围地表目标的三维坐标中重建城市建筑物高精度模型，使得"智慧城市"的实现成为可能。在古文物保护方面，无人机平台对地扫描构建遗址的整体概貌，直观展现周围环境的详细信息与动态变化，为日常维护与风险预警提供准确的数据支持。在电力巡检方面，基于机载激光雷达的电力走廊场景重构与三维测量不但可以减轻工人的劳动强度，也能够降低高压输电线路的运行维护成本，提高其系统维护与检修的效率。

综上，基于机载激光雷达的三维场景重构在各行各业都有着重要的研究价值和广泛的应用前景。但由于机载激光雷达进入商业化与工业化的时间并不长，以其为基础的各项计算机技术还未完全成熟，且存在成本高、种类杂、精度不一等问题。

2）机载激光雷达技术流程

机载 LiDAR 主要工作流程包括航线规划、点云数据采集、数据处理（图 1.3）。其中数据处理主要分为两个阶段：预处理和后处理。预处理主要是对采集的原始数据，如地面基站数据、机载定位测姿系统（position and orientation system，POS）数据以及激光点数据等进行解算得到三维点云数据的过程，包括位置解算、系统误差纠正和粗差剔除等阶段；而后处理主要是对点云数据进行滤波与分类，得到目标点云的过程，其中 LiDAR 数据滤波是一个从 LiDAR 数据点中获取地形表面点的过程，LiDAR 数据分类是指对 LiDAR 点中的非地面点，根据其特征进行分类处理，最终分类成建筑物、植被、其他类等地物点的过程。

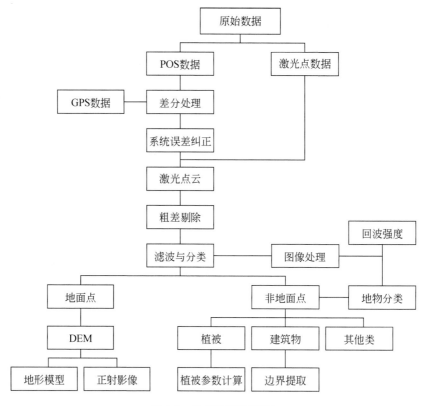

图 1.3　数据处理流程图

3）机载 LiDAR 关键技术

（1）点云配准技术。

无人机的飞行过程中，雷达坐标系也随之运动，因而如何将采集的数据统一到同一坐标系下，一直是机载激光雷达应用的关键问题。这个过程实际上相当于一种映射问题，即找到两个点云数据的对应关系，将一个视点下的点云转换到另一个视点坐标系下，这种映射关系的求解被称为点云配准（潘林依，2021）。

点云配准是三维领域的热点问题，目前最具代表性的配准算法是 Besl 和 Mckay（1992）提出的最近点迭代（iterative closest point，ICP）算法，基本思路是在相邻点云中进行搜索选择欧式距离最小的一对点作为最邻近点对，基于这些最近点对计算待匹配点云之间的刚体变换参数，通过不断迭代使得误差函数的值最小，从而得到最优匹配参数旋转矩阵 $\boldsymbol{R}$ 和平移向量 $\boldsymbol{t}$。ICP 算法虽然易于实现且具有不错的精度，但也存在易陷入局部最优、受噪声影响等缺点，且依赖于点云的重叠率不适用于很多实际场景，因此很多学者在其基础上提出了扩展的算法。Censi（2008）提出了基于点到线（point to line）的 ICP 算法，用分段线性的方法来对实际曲面进行近似，将点到点的误差转化为点到线的误差，并通过二次收敛最小化，提高配准的精度。Chen 和 Medioni（1992）提出了点到面（point to plane）的 ICP 算法，引入点到切面的距离关系代替点间的欧式距离，进一步扩大了该方法的应用范围，提升了算法的鲁棒性。Segal 等（2009）提出面与面（plane to plane）的匹配关系，将协方差矩阵计算加入误差函数，消除不良对应点对的影响，极大地提升了算法的适用范围，即泛化的最近点迭代法（generalized iterative closest point，GICP）。

在他们的研究基础上，Servos 和 Waslander（2014）将激光雷达可以获取的其他信息[如三原色（red green blue，RGB）颜色信息、强度信息等] 加权合并到协方差矩阵的计算中，从而加入 GICP 配准的目标函数，为几何平面关系提供更多的信息，提高了配准精度和收敛速度。Gelfand 等（2003）提出加入点的选择策略，通过加入一定的条件选择约束参与匹配的对应点集，减少了误匹配对的数量，优化算法的迭代过程，准确性和效率都有所提升。Korn 等（2014）将颜色空间信息集成到点云的对应关系中，进一步约束对应点集，提高了点云信息的利用率，但这些方法都一定程度上依赖于初值选取与点云的显著特征。

随着深度学习技术的日益火热与不断突破，也有很多学者将其运用到点云配准中。Zeng 等（2017）提出一种自监督的特征学习，通过模型学习局部空间块的描述子构建局部三维数据的对应关系，在深度相机获取的数据上获取了良好的匹配效果。但该方法较为适用于密集的 RGB-D 数据，在稀疏的激光点云数据上无法达到同样的结果。斯坦福大学的研究者提出端到端的算法联合学习点云之间的两两配准和全局优化配准，将点云配准转化为一种迭代加权最小二乘问题，实现了具有较高效率的多视点配准（Gojcic et al.，2020）。应用于点云配准的深度学习方法大多围绕特征提取与特征描述，对于几何特征不明显的室外场景，基于神经网络的深度学习难以在机载激光雷达数据取得较好的效果，机载激光数据实际采集的多变性与复杂性也为模型的训练带来了极大的困难。

（2）三维重构方法。

在机器人及无人驾驶领域，即时定位与地图构建（SLAM）技术有着较为成熟的研究，Zhang 等（2017）结合高频的基于运动估计与帧间配准的里程计和低频的全局匹配累积建图，搭建了基于激光雷达的机器人操作系统（robot operating system，ROS）平台下的 SLAM 系统，能够在低性能处理器上实现实时三维重建。Shan 和 Englot（2018）在他的基础上加入了地面提取与后端优化，在不降低建图精度的情况下减少了时间开销。徐来进（2017）同样基于 Zhang 等的算法，并引入了具有高分辨率的视觉传感器对激光里程计进行初校准，结合二维图像的角点跟踪与激光数据的尺度信息进行运动估计，解决了一些情况下里程计失准的问题。但 SLAM 技术为追求实时的效果，大量降低配准方面的计算，难以在具有低密度、低重叠率又缺乏显著特征点的机载激光雷达数据上实施。

由于机载平台可搭载 GPS、惯性测量单元（inertial measurement unit，IMU）等传感器，每一次的扫描都会建立从激光传感器到地面目标点的空间向量，结合三维空间坐标和飞行器的姿态参数，可以解算出各个扫描点的位置信息，因此许多研究者通过建立直接定向系统获取平台与地面的方位关系，完成雷达数据的坐标转换，使其统一到世界坐标系下，然而高精度设备造价高昂，不具有较高的普适性，并且定位信息容易受到实际信号影响，在飞机抖动或受干扰等情况下会产生较大误差（Li et al.，2019）。

Chiang 等（2017）将直接地理参考与点云配准相结合，在全局匹配的行进方向转换结果上采用定位信息，并通过点云帧与地图配准校正全局误差，取得了不错的重构效果，但在重构策略上十分依赖于组合导航系统。福州大学的石进桥使用数字航机驱动单线激光雷达旋转采集数据，将二维视觉特征与点云的深度信息进行扩展卡尔曼融合，在无法获取 GPS

信号的室内外场景实现了三维建图，但该设备较为特殊，设计的算法针对其硬件设备，不具有一般普适性（石进桥，2017）。Wu 等（2017）基于图论的局部轮廓树方法来表示建筑物的拓扑结构，根据建筑物轮廓的层次结构分析重构城市建筑模型，该方法对规则的建筑物模型有准确的重构结果，但难以在成分复杂、曲面不规则、几何特征不明显的室外场景中实施。

2. 机载 LiDAR 应用情况

20 世纪 70 年代末，美国航空航天局（National Aeronautics and Space Administration，NASA）成功研制出一种具有扫描和高速数据记录能力的机载海洋激光雷达，在大西洋和切萨皮克湾进行了水深测定，并且绘制出近海岸线的海底地貌（于洋洋，2020）。此后，机载激光雷达系统蕴含的巨大应用潜力开始受到关注，并很快被应用到陆地地形勘测研究当中。20 世纪 90 年代，德国 Stuttgart 大学 Ackermann 教授团队研制出一种机载激光断面测量系统，将激光雷达技术与全球定位系统和惯性导航系统相结合，首次形成完整的机载激光扫描仪。此后，机载 LiDAR 逐步实现商业化，广泛应用于森林资源调查，分析与处理大范围森林的结构信息（邹雄高，2018）。

随着硬件系统的日益完善与成熟，面向不同应用需求的机载 LiDAR 种类也在不断增长，目前国内外面向地质勘测、城市建模、水电工程等很多个领域的机载激光雷达已经得到广泛应用（Lay et al.，2019；梁安琪，2019；Liu K. et al.，2020）。根据不同的硬件配置，如不同扫描方式、扫描频率或成像结构等的激光雷达，或不同类型、不同精度的定位与导航系统，对应的机载激光雷达所采集的数据的结构与特点具有一定差异性，相应的数据处理技术也十分多样。

3. 机载 LiDAR 测量系统发展现状

机载 LiDAR 测量系统在 20 世纪 90 年代由加拿大卡尔加里大学集成实现，并在 2004 年出现第一台商业化机载激光雷达系统。欧美等发达国家先后研制出多种激光雷达测量系统，比较成熟的商业系统包括加拿大 Optech 公司的 Gemini、ALTM，荷兰 Fugro 公司的 FLI-MAP，瑞士 Leica 公司的 ALS50II、ALS60 等。我国在激光雷达（LiDAR）技术上的起步较晚，对机载 LiDAR 系统的研究始于 20 世纪 70 年代，其间经历了理论探索、试验、完成原理样机等阶段，技术基础比较薄弱。近年来，随着硬件技术和应用市场的发展，很多国内厂商也开始自主集成 LiDAR 系统出售，如武汉海达数云技术有限公司生产的 ARS-1000、武汉珞珈伊云光电技术有限公司生产的 FT-1500、航天天绘科技有限公司生产的微型机载激光雷达系统等，已经应用到生产实践中。

机载 LiDAR 硬件系统持续快速发展，其主要表现在脉冲频率、扫描频率和点云密度在不断提高，多脉冲技术已经开始引入系统中，越来越多的 LiDAR 系统集成了光学影像系统，波形数字化也正在得到普遍应用。机载 LiDAR 硬件系统三维空间位置测量精度达到相当高的水平，其水平测量精度和垂直测量精度已经能够达到优于 10cm 的水平，满足高精度测图的要求。目前，在固定翼飞机平台上的激光雷达还是以国外产品为主，其在飞行高度、发射频率和扫描频率等方面仍具有一定的优势，国内厂商主要瞄准了多旋翼无人机等轻小型飞行平台上搭载的 LiDAR 设备市场。

目前常见机载 LiDAR 设备如下：

（1）RieglVQ-780i：可以实现高精度的三维地图和模型，最大测距可达 3200m，可在不同场景下具有较高的测量精度。

（2）OptechOrion：具有高扫描速度和高精度等特点，在地形测绘、城市规划和水文学等应用中具有良好的表现。

（3）LeicaALS80：适用于大面积测绘，重量轻、安装方便，可实现高分辨率 3D 地图和模型。

（4）TrimbleHarrier68i：采用紧凑、轻量级设计，可在不同场景下快速完成测量，适用于矿山勘探、农业管理和水文学等领域。

（5）Velodyne PuckLite：重量轻、体积小，适用于无人机等小型飞行器，并且可以实现高精度的三维地图和模型。

（6）ARS-1000：国产激光雷达，武汉海达数云技术有限公司生产，最高测量距离为 900 多米，体积小、重量轻，适用于小型无人机搭载。

（7）FT-1500：国产激光雷达，集成武汉珞珈伊云光电技术有限公司自研的高性能激光扫描仪、高精度 POS 和数据存储系统，极大降低了系统重量，具有测程远、精度高、集成度大等特点，可搭载于多型号无人机飞行器。

机载 LiDAR 软件研发工作比硬件发展要落后。美国摄影测量与遥感学会（American Society for Photogrammetry and Remote Sensing，ASPRS）发布通用的 LAS 格式后，不依赖于硬件厂商的通用机载 LiDAR 数据处理软件才得以发展。目前市场上的机载 LiDAR 数据处理软件大致有如下类型：

（1）专业机载 LiDAR 数据处理平台。

由专门的数据处理软件公司研制，提供 LiDAR 数据处理的全部功能，通用性和稳定性比较好。目前市场上主流 LiDAR 数据处理软件是芬兰 TerraSolid 公司生产的 TerraSolid 系列软件，占有绝对领先的市场份额。由于其基于 MicroStation 平台开发，在支持大数据量以及整体价格上令人难以接受。国内也有类似公司提供相应的软件，如武汉大学研发的 LiDAR-Pro 及广西桂能信息工程有限公司推出的国内第一套 LiDAR 数据的商用分类软件 LSC（LiDAR studio classification）。

（2）通用平台的 LiDAR 数据处理模块。

很多通用遥感数据处理平台提供了 LiDAR 数据处理模块，如 ESRI 公司的 ArcGIS 平台软件提供 LP360 模块；Intergraph、Autodesk 等公司也有相应的 LiDAR 数据处理模块。这些模块都依赖于其支撑平台，独立性较差。尤其是很多模块需要将点云数据转换为其平台使用的数据格式才能方便使用，转换后会丢失很多点云数据的优势和特点。

（3）硬件厂商配备的处理模块。

一些硬件制造商也有自己的 LiDAR 数据处理模块，这些模块功能较弱，大多集中在浏览场景、检查密度等一般性功能。在面对更专业的应用时，厂商会推荐用户使用通用或专业的数据处理软件。也有一些国内厂商在生产硬件的同时，研发了功能较为全面和强大的 LiDAR 数据处理软件，如北京数字绿土科技有限公司研制的 LiDAR360 点云处理软件，具有较好的点云可视化和点云去噪功能；广州南方测绘科技股份有限公司研发的 South LiDAR 点云处理软件、上海华测导航技术股份有限公司研发的 CoProcess 等，这些国产的点云处理软件目前已经成为点云处理的主流软件。

（4）科研单位的数据处理软件。

很多科研单位都专注于 LiDAR 数据处理和产品生产，研发一些软件。这些软件大多从底层开发，具有 LiDAR 数据处理的基本能力，同时在不断试验和完善新的算法和功能，由于没有面向市场，其稳定性和通用性等较差。

4. 机载 LiDAR 技术存在问题

经过多年的研究和发展，激光点云数据处理和分析算法在点云信息提取、点云配准、点云滤波、点云分类中的应用有了深入的研究。目前，三维点云数据处理系统日渐成熟，但在点云数据后续处理中还有很多不足，如算法复杂、需要大量人工处理、点云数据处理自动化程度相对较低等问题。在传统的数据处理软件中，需要设置复杂的参数，这些问题都给点云数据处理带来了极大的困难。为了解决当前点云数据处理中存在的问题，首先对于点云数据进行特征提取，再对点云数据进行分类的方法，这将会在很大程度上会提高数据处理自动化的程度，并会提高点云分类的精度。

随着对于点云数据需求的大幅提高，当前许多主流软件并不能实现对于点云数据的快速、精准分类，主流软件的分类精度较低且分类类别较少。虽然，目前使用机器学习分类的软件也在快速发展，但是从激光雷达数据中自动提取出类别信息仍然是一个急需解决的挑战。

5. 机载 LiDAR 技术发展趋势

当前点云数据自动分类方法中，主要有基于机器学习和基于深度学习两类方法。

1）基于机器学习的点云分类方法

张蕊等（2014）在现有的点云分类基础上，主要将 PCA 和反向传播（back propagation，BP）神经网络进行结合，先计算出 3 个主成分，然后依次用 BP 神经网络训练，进而用训练的模型对点云进行分类。刘志青等（2016a，2016b）基于传统支持向量机（support vector machine，SVM）分类模型稀疏性弱、预测结果缺乏概率意义的问题，提出了一种基于信息向量机的点云分类方法。该算法主要采用假定密度滤波算法，将分类问题转化为回归问题，通过边缘似然最大化自适应选取核函数，最后选择一对余分类方法实现了点云分类。杨必胜和赵刚（2016）基于 Gradient Boosting 对 LiDAR 点云进行分类处理，首先采用 K-means 方法对点云特征直方图和垂直分布图进行聚类分析，通过算法构建出 20 维的特征向量并将其应用到分类模型中，最后的模型分类精度可达 93.38%。岳冲等（2016）为了解决复杂场景下边坡点云数据的植被过滤问题，提出了多尺度维度特征，并基于支持向量机训练分类器对点云数据进行分类处理，较高的分类精度对于山丘陡坡地形测量具有重要意义。李晓天（2019）提出了基于改进 LBET（learning based on eigenvalue transition）和神经网络的模型对点云进行分类，通过将两种模型进行组合，设置点云特征的置信区间，对点云特征进行重组后，基于神将网络完成点云分类。Yang 等（2017）提出了基于卷积神将网络提取点云特征的方法，该算法是将三维点云特征转换为二维图像，将特征图像作为神经网络输入对象，以达到点云分类的目的。薛豆豆等（2020）将随机森林分类算法进行了改进，主要是通过基于最大互信息系数的相关性分析并得到相关系数较小和精度较高的决策树，将这些决策树构建成新的随机森林分类器，并在应用中取得了较高的分类精度和提高了算法效率。鲁冬冬和邹进贵（2023）对点云数据进行特征提取后，将点云数据作为输入数据输入支持向量机（SVM）和随机森林算法组合的分类器中，实现了对点云数据的分类。

2）基于深度学习的点云分类方法

Li 等提出了 Point CNN 深度学习网络模型，主要是对点云数据进行数据变换，并将其作为输入数据，从而使得激光点云分类具有较好的分类效果。Qi 等（2017）提出了 Point-Net 网络模型，其主要是将点云数据直接作为输入对象，其可以应用到诸多的分类场景中，但其主要提取出了点云的整体特征，忽略了点云的局部特征。之后，该团队又对该模型进行改进，提出了 Point-Net++模型，在顾及全局特征时，依据点云之间的信息提取到了局部特征，使得此网络同时提取出局部和整体特征，并将其应用到点云分类中。钱婷（2019）基于机载点云数据求取其 3D 和 2D 特征，利用构建的卷积神经网络实现了对点云的分类。王宏涛等（2020）提出了一种将光谱信息融合的三维点云深度学习分类方法，首先将机载雷达数据与航空影像相结合实现了光谱信息扩充，进而采用了多层感知机提取了不同尺度的特征，最后基于深度学习实现了点云分类。

以上主要从机器学习和深度学习两方面进行了研究，基于机器学习的点云分类方法，其主要是在传统的算法进行了改进，使得点云分类具有较好的效果。其分类器主要是基于单个分类器来进行分类处理的，对于单个分类器的缺陷可能很难去避免，可能会使得陷入局部最优解。为了获取到更多的点云特征，主要基于航空影像辅助数据和基于特征提取两大类。其中主要是基于点的特征进行提取，在其中很少考虑到点云数据的整体信息。基于深度学习的分类方法，主要是在深度学习框架基础上，获取点云数据深层特征，在此基础上对点云进行分类。由于在深度学习中具有多层的网络，在模型训练时往往消耗较多的人力和物力。

1.3　地质灾害调查评价研究进展

1.3.1　地质灾害风险调查评价

20 世纪 60 年代以前，人类社会经济不够发达，活动区域较小，地质灾害造成的经济财产损失和人员伤亡相对很少，地质灾害研究相对缓慢。在 20 世纪 60 年代以后，社会经济发展加速，国家大力建设城市，各种人类工程活动不断增加，导致地质灾害频发，制约了社会经济的发展，人们开始重视对地质灾害的研究。20 世纪 70 年代，随着人类对自然环境的破坏加剧，促使人类开始了地质灾害的防灾减灾研究，相关研究成果层出不穷。法国学者（Kienholz，1978）根据 1∶1 万地形图，对 Switzerland Delinegwald 地区的危险性进行了评估和分区研究，研究结果所得到的危险区划图可为国家及相关部门提供防灾减灾的可靠依据。危险性区划研究中以法国专家提出的 ZERMOS 法最为普遍，该方法是一种斜坡地质灾害危险性分区系统，后来经过不断的发展成为地质灾害分区系统。进入 20 世纪 80 年代后，在全世界范围内更多的学者关注研究地质灾害风险评价，如美国、法国、日本等很多国家，其中，国外专家 Varnes（1984）在全球范围内第一次提出地质灾害风险这一理论概念，并提出具体的公式：风险性=危险性×易损性，这在全世界范围内都引起了强烈的反响。同时，地质灾害风险分析和地质灾害风险管理也慢慢发展起来，并于 90 年代末逐渐成熟。Campbell 和 Bemlknopf（1991）首次利用地理信息系统（geographical information system, GIS）预测滑坡空间问题；Carrara 等（2010）在 GIS 平台中开发了适用于地质灾害评价的统计分析模型；Pachauri 和 Pant（1992）在基于 GIS 技术，结合大量的资料数据，采用叠加计算、数据绘图等，对喜马拉雅山麓进行了滑坡灾害危险性划分。

进入了 21 世纪，计算机技术高速发展全球各国研究人员都越来越重视地质灾害风险评估的严谨性。Lee 和 Min（2001）在针对 Yongin 区域的所有滑坡进行分析评价时，通过 GIS 平台的叠加分析和计算等功能，对其构建出了二元逻辑回归模型。Bazea 和 Comminas（2001）为了在 East Pyrenees 地区进行滑坡易发性分析，将引起该地区滑坡的影响因素进行了量化分级，成功地将多维统计理论应用到当时的地质灾害评价系统中。Metternicht 等（2005）采用多信号来源的遥感数据，对瑞士阿尔卑斯山灾害地区进行了监测和预测，开辟了一条全新的地质灾害研究路线；澳洲学者 Pradhan 和 Lee（2010）为了针对马来西亚地区的滑坡易发性进行预测预警，分别采用神经向量网络模型、比较决策树方法等进行评价。随后 Pourghasemi 等（2012）专家实地调研了伊朗 Haraz 地区的地形地貌情况和地质灾害发育特征，选取了离水系距离、离断裂带距离、离道路距离以及地形地貌等影响因素采用层次分析法和模糊隶属度耦合的方法进行评价。Ning（2012）等在前人经验方法下，选取研究区土壤深度，并使用多元线性回归模型等方法，进行浅层滑坡易发性评价。随后 Nguyen H. T. 等（2013）在研究降雨对滑坡灾害的影响过程中，发现集中降雨或连续降雨中，土地植被率和土壤类型是引发边坡失稳的重要因素，并最终发现，滑坡发生的高度不仅依附于这些时空因素，还与当地的人类共层活动息息相关。Psomiadis 等（2020）通过选取地层岩性、坡度高程等 11 个因子作为评价指标，使用 GIS 技术和滑坡遥感解译最终得出研究区的滑坡风险分区图。Novellino 等（2021）在对意大利亚平宁地区进行建筑物密度和人口普查，将其作为评价因子，基于 InSAR 和机器学习方法对当地滑坡进行风险性评价。

我国地质灾害研究工作起步相对较晚。改革开放前，对地质灾害的研究几乎处于停滞状态。随着国外对地质灾害评价方面研究的快速深入，我国相关研究发展迅速。20 世纪 80 年代，王立功（1982）以地基土、第四系厚度、地下水等指标对地震易损性进行分析。进入 90 年代以后，随着我国的经济实力不断增强，对地质灾害研究投入不断增多，我国专家学者取得了较多的科研成就。侯建军等（1990）对辽宁省泥石流集中区泥石流发育特征进行了分析，确定各因子权重系数，对泥石流进行危险性分区预测研究。傅碧宏和冯筠（1991）介绍了遥感技术在地质灾害预测、监测以及防灾减灾调查研究中的应用，并简要地展望了今后的发展趋势。雷明堂等（1993）以武昌为例，通过大比例尺物理模型试验，再现岩溶塌陷全过程，并建立起了岩溶塌陷与各主要影响因素的关系。黄崇福等（1994）提出了灾害风险评估模型体系。詹文欢和钟建强（1995）选用了地震活动、活动断裂、地壳升降运动、软土地基、地面塌陷以及冲-淤积等 6 个主要因素作为评价指标，并用模糊数学方法对珠江三角洲地质灾害进行评价和区域划分。同年，国产的 MapGIS 在国际上达到了先进水平。

进入 21 世纪，随着 GIS 技术的不断发展，我国吸取并学习外国经验进行了许多地质灾害方面研究。阮沈勇和黄润秋（2001）基于 GIS 空间分析功能采用信息量模型对长江三峡库区地质灾害进行危险性区划，结果显示地质灾害分布与危险性区划有较好的对应关系。

赵海卿等（2004）提出地质灾害危险性的概念，采用模糊层次评价法对吉林省东部山区地质灾害进行危险性评价，并划分出不同的危险性区域。王亚强等（2004）基于层次分析法（analytic hierarchy process，AHP）分析并计算区内黄土滑坡的影响因子的权重，运用 GIS 空间分析对各项因子按照权重进行叠加分析，绘制出黄土高原地震滑坡的区划图。吴柏清等（2008）采用信息量法作为评价模型，基于 GIS 提取地质灾害密度作为地质灾害危险性评价信息值，以此为基础对九龙县进行危险性区划。孟令超等（2009）采用信息模量模型对达曲库区滑坡灾害进行危险性区划，为该区的滑坡治理提供了参考依据。高进（2016）基于层次分析法建立了地质灾害易发性和危险性的多级评价指标体系，运用 GIS 空间分析进行叠加计算，对米脂县进行易发性和危险性分区，在此基础上划分了防治区。曹璞源等（2017）采用模糊层次分析法（fuzzy analytic hierarchy process，FAHP），建立了多因子的层次结构模型，对西安市地质灾害进行危险性评价，并进行了危险性区划。赵庭应（2020）基于地质灾害综合指数法对理县地质灾害易发性和危险性指数进行反演，并对此进行易发性和危险性评价分区。

1.3.2　地质灾害精准调查技术方法

随着科学技术的不断革新，地质灾害的研究已不再简单是地质灾害的评估，而是从地质灾害各方面采用各种方法综合分析研究，进行更为精准的地质灾害风险调查。Benson 和 Floyd（2000）应用重磁方法对犹他州莫西达山地区地质灾害和自然资源潜力进行评估。Yesilnacar 和 Topal（2005）对土耳其某地的滑坡，采用神经网络和网络回归方法进行评估研究。Gilson 和 Fredlund（2005）等利用基于土-水特征曲线（soil-water characteristic curve，SWCC）技术利用非饱和土力学从土性评价层面对地质灾害进行评估。Morgan 等（2007）通过海洋钻探，用海洋岩心研究地质灾害。Hunter 等（2010）利用近地表地球物理技术对加拿大进行各类地质灾害调查研究。Hala 和 Mohamed（2014）利用卫星数据和基于 GIS 的多准则分析，对东开罗-海尔万地区的滑坡敏感性进行评估，所得到的滑坡危险度图为研究区的土地利用管理和规划提供了技术指导。Mikaeil 等（2016）采用和声搜索算法（harmony search algorithm，HSA）对阿尔达比尔-米亚内铁路隧道线路的地质灾害危险性进行研究和评价。Foudili 等（2018）利用大地电磁法对阿尔及利亚撒哈拉 M'rara 盆地的岩溶塌陷地质灾害进行研究。Quebral 等（2019）利用地质信息学工具，特别是激光雷达、卫星图像和无人机摄影，对菲律宾关键基础设施的地震易发区进行快速地质灾害评估。Bianchini 等（2020）对 Valle d'Aosta 地区（意大利北部）的一个试验区，利用 Sentinel-1 卫星雷达图像，通过永恒散射体干涉（persistent scatterer interferometry，PSI）技术进行处理，以评估滑坡地质灾害对山区的影响，进而为区域尺度的滑坡风险管理提供有用的指示和输出。Sousa 等（2021）利用多源对地观测技术进行地质灾害监测与评估。Abdallatif 等（2022）利用多道面波分析（multi-channel analysis of surface wave，MASW）对阿联酋阿布扎比工业城市的地震场地类别和潜在地质灾害进行研究。Kyriacos（2023）使用地球观测技术与长期低影响监测系统相结合，来监测和评估文化遗产遗址和结构的地质灾害风险，进而来评估潜在的变化和风险。

近年来，因强降雨、强震等的影响，新的地质灾害隐患点不断出现，且增加速度较快，每年发生的地质灾害绝大多数并不在已发现的隐患点范围内。尤其是高位隐蔽性地质灾害隐患更是难以精准排查。但随着信息技术的飞速发展，我国科研工作者将 GIS、InSAR、无人机倾斜摄影等新兴技术运用到地质灾害精准调查中，取得良好效果。向喜琼和黄润秋（2000）在 GIS 基础上进行二次开发，将人工神经网络模型与 GIS 有机整合，对长江三峡示范区（巴东-新滩）具体实例进行区域地质灾害危险性区划。阮沈勇和黄润秋（2001）利用信息量模型开发了基于 GIS 的空间分析地质灾害危险性区划模块，并对长江三峡库区的典型实例进行地质灾害危险性区划应用研究。陈百炼等（2005）利用 GIS 技术结合地质和气象资料分析，提出基于 GIS 的地质灾害预报预警方法，并开展地质灾害气象预警工作，取得很好效果。张春山等（2006）以黄河上游地区为例，选取主要影响因素，采用灰色关联分析方法，计算各因素占所有因素的关联度之和的比重作为权植，并建立起地质灾害评价体系，进行风险性评价和分区。武利娟（2007）通过遥感解译和 GIS 技术相结合分析金沙江上游从青海玉树到云南迪庆的奔子栏河段（长 790km）沿河流域的地质灾害发育分布情况，并进行地质灾害风险评价。滕冲等（2009）通过运用 GLP 模型对矿区开采后形成的地质灾害进行等级确定，以此根据灾害等级采取合理的治理措施。丁亮等（2012）基于 GIS 技术和 Logistic 回归模型，以江苏省连云港市郊区为研究区域，进行滑坡敏感性评价定量分析。宋高举等（2015）利用综合评价模型叠加分析法，以斜坡单元作为评价单元，建立地质灾害易发性评价指标体系，对汝阳县地质灾害易发性进行分区。同年，李莉（2015）基于随机森林模型对重庆市滑坡进行地质灾害风险害研究。李得立等（2018）利用熵值法和灰关联度分析法，对乐山市进行地质灾害评价。陈宙翔等（2019）基于无人机的倾斜摄影测量技术，对云南昆明某高速公路危岩崩塌地质灾害路段进行调查分析，并研究高位危岩崩塌对公路的危险性。仇义星等（2019）将崩塌、滑坡易发性中的统计模型和危险性评价中的物理模型进行结合，通过综合统计模型评价和物理模型危险性评估，完成潜在高风险位置的精细化分析。赵富萌等（2020）采用短基线集合成孔径雷达干涉测量（SBAS-InSAR）技术结合实地验证对盖孜河谷段进行地表形变监测和地质灾害早期识别研究。朱文慧等（2021）基于 BP 神经网络和层次分析法对蕲春县，利用 ArcGIS进行地质灾害易发性和风险评价与分区。郭佳等（2022）通过结合信息量与 AHP 模型相结合的方法，并构建了阳泉市矿区的地质灾害风险评价模型，进行精细风险评价。薛强等（2023）利用 DEM 和高精度遥感影像，结合 ArcGIS 对米脂县地质灾害隐患进行精细化识别，为黄土地质灾害有效精准防控提供了科学依据。许强等（2023）提出构建天（InSAR卫星遥感）-空（航空遥感测量和 LiDAR 云数据）-地（地面滑坡监测地基 SAR）-内（水下多波束测深探测仪和 SLAM 技术）滑坡协同观测体系，四位一体协同观察体系一旦建立，将极大增强地质灾害精准识别和风险防控的能力。闫俊等（2024）通过对西南山区典型高位危岩进行无人机近景摄影测量，获取极高精度的三维倾斜摄影测量模型，实现高位危岩体的精细化调查。

1.4 重大滑坡失稳机理研究进展

1965 年，晏同珍依据我国铁路沿线滑坡调查资料，提出了易滑坡地层概念；卢螽樨（1988）提出为适应滑坡空间预测研究的需要，可将地层划分为 3 类：易滑地层、偶滑地层和稳定地层。晏同珍（1994）提出了易滑动理论对地层、构造、地形地貌等因素与滑坡的关系也进行较为系统的总结。在这之后，对易滑地层、构造等的研究不断增多。李先福等（1996）认为在斜坡岩体稳定性分析中，易滑岩层是需首先查明的重要软弱结构带，根据构造力学分析的理论，系统地提出了野外判别易滑动岩层的 6 种方法，并对每一方法原理、应用条件和工作程序进行了讨论。陈永波和王成华（2000）在对位于沱江下游河口段右岸的世寿街滑坡发生机理研究后认为该滑坡形成的主要因素之一是斜坡体内广布极易滑动的粉质黏性土层。韩一波等（2001）通过对延边地区公路沿线滑坡的调查研究及资料分析指出了延吉盆地的易滑地层普遍含有膨胀性黏土矿物的规律。同年，徐邦栋（2001）对各种类型易滑地层、易滑岩性进行了总结并对其控滑机理进行了说明，同时将我国滑坡的分布与易滑地层的关系进行了详细论述。聂文波等（2002）从易滑地层、断层和结构面等几个方面分析了谭家坪滑坡的形成条件，在此基础上详细地分析了谭家坪滑坡的变形破坏机理，并对谭家坪滑坡的稳定性作了评价与预测。殷跃平和胡瑞林（2004）对三峡工程库区分布的"易滑地层"三叠系巴东组紫红色泥岩的膨胀性、风化规律、水岩相互作用等进行系统实验研究，对该易滑地层对库区滑坡灾害的控制作用进行了分析总结。邵铁全（2006）将我国易滑地层主要概括为土质型、沉积岩型和变质岩型三大类并进一步将其分为 8 个小类，并讨论了易滑地层的时代分布特征。王治华（2007）采用数字滑坡技术，对三峡水库区大于 $10000m^2$ 的 826 个滑坡分布特征进行研究，提出地层是控制三峡水库区中前段滑坡发育的最重要地质因素。童立强等（2007）对喜马拉雅山东南地区地质灾害的发育情况进行研究发现，本区滑坡发育与地层、地形坡度以及土地类型关系密切，其中修康群、日当组和念青唐古拉群是本区的"易滑地层"。殷坤龙等（2008）采用工程地质类比法和地质分析法，指出三峡库区存在 5 类易滑地层，并对这些地层进行试验，总结这些岩层的力学性质。同年，杨宗佶等（2008）根据滑坡经典理论，对三峡库区万州侏罗系红层滑坡的成因机制进行了分析总结，论述了万州区滑坡形成的有效结果、易滑地层和有效临空面。石玲等（2009）通过分析秦巴山区典型地质灾害分布特征及其对三峡引水工程的影响，提出构造地貌、高陡边坡、斜坡结构和易滑地层组合是秦巴山区地质灾害形成发展的主要影响因素。

红层作为典型易滑地层，在学术界被广泛研究。乔建平（1991）通过研究位于乐山地区 66 处红层滑坡的特征，将红层易滑地层滑坡划分顺层滑坡与切层滑坡两大类型，详细描述了两大类型滑坡的结构特点及岩性特点，指出红层滑坡短程、慢速、蠕滑的运动特征。吉随旺等（2000）、张忠平（2005）分别对近水平红层边坡的破坏模式和破坏机制进行了研究。李媛和吴奇（2001）通过分析黄土-红层接触面滑坡的发育特征及开展相似材料物理模拟实验，提出了黄土-红层接触面滑坡的变形破坏机理。Bromhead 和 Ibsen（2004）对红层边坡在地下水影响下的致灾机理进行了分析。文宝萍等（2005）通过现场监测和室内物理模拟黄土-新近系红色泥岩接触面滑坡，研究了黄土-红层接触面滑坡的形成机理。王志荣（2005）通过分析中国西部红层软岩滑坡的区域特征，将红层地区滑坡的块体运动力学机制分为四大类，将滑坡运移的空间几何形态归结为 3 种基本类型。吴海平等（2007）通过调查收集赣南地区红层滑坡及其环境背景资料，分析了滑坡与自然环境及人工作用的映射关系，揭示了滑坡与其形成因素之间的内在关系，探讨了区域滑坡的分布规律与形成特征。刘世雄等（2009）通过进行红层大型滑坡发展机理的研究，进行了河谷分级下切的模拟试验，研究了雨水入渗及河谷下切时红层边坡滑坡的形成和变形规律。吴红刚等（2010）通过青海高原的龙穆尔沟红层滑坡的地质分析及模型实验研究，归纳总结了该典型滑坡的变形机制。许强等（2010）研究了南江县平推式红层滑坡，并提出了相对应的治理措施。缪海波（2012）以三峡侏罗系滑坡为研究对象，建立其破坏前变形阶段的运动学模型和老滑坡复活机理。吴红刚等（2010）、刘世雄等（2009）、李媛和吴奇（2001）、文保萍等（2005）、王森（2017）利用模型试验，研究了红层滑坡的变形失稳机制。黄润秋（2013）基于多级平推式滑坡的机理，研究了垮梁子滑坡滑动过程中多级拉裂贯通成因机理并建立了相应的地质力学模型。晁刚和王鸿（2014）研究发现青海省大型红层滑坡极为发育，以古近系和新近系的红层老滑坡复活形成的堆积层滑坡为例，对该类滑坡的治理措施进行了探讨。陈龙飞等（2017）通过充分考虑黄土-红层接触面滑坡存在的变异性、随机性、不确定性的影响因素，对滑坡稳定性进行了可靠性分析。唐然（2018）将四川盆地红层地区进行综合分区，对各不同区域内近水平岩层滑坡的形成条件与演化过程进行了归纳总结。白永健等（2019）针对红层滑坡，以花生地滑坡为例，采用地质分析与离心机模型试验相结合的方法，对降雨作用下滑坡地质演化和灾变过程进行研究。徐伟等（2021）以彝良县红层地区地质灾害为研究对象，对红层边坡变形破坏所引发滑坡、崩塌等灾害特征进行分析。最近，许强等（2023）又提出了一种在强降雨作用下新的红层区易滑地层岩质滑坡破坏类型——横向拖拽式滑坡。

第 2 章　高山峡谷区地质灾害精准调查技术方法

2.1　概　　述

地质灾害精准调查是在充分收集、利用前期地质灾害调查成果的基础上,运用"星-空-地"一体化综合遥感精准调查方法,结合工程地质调(勘)查和模拟分析多尺度开展重大地质灾害的精准调查与风险调查评价,其中综合遥感精准调查包括高精度卫星遥感动态分析、InSAR 形变观测和无人机航空遥感精准解译,工程地质调(勘)查包括地面调绘、物探测量、山地工程和钻探等手段,模拟分析包括试验分析、物理模拟和数值模拟等。通过综合遥感和工程地质调(勘)查对地质环境条件、地质灾害特征和承灾体进行精准调查,查清地质灾害的灾变趋势和成灾模式,并进行不同尺度的风险评估,提出地质灾害隐患风险管控对策建议,为国土空间规划和用途管控提供基础依据。

2.2　高山峡谷区地质灾害精准调查内容

2.2.1　孕灾地质环境条件调查内容

2.2.2.1　气象水文

本章研究内容包括调查降水、蒸发等气象特征值,包括长周期年降水量变化特征,最大日降水量,最大过程降水量,一次降水过程中连续大雨、暴雨天数及其年内时段分布等气象特征;收集流域汇流面积、径流特征,主要河、湖及其他地表水体的流量和水位动态,最高洪水位、最低枯水位的高程、出现日期和持续时间,汛期洪水频率、变幅等资料。

2.2.2.2　地形地貌

调查天然地貌成因类型、分布位置、形态与组合特征、过渡关系与相对时代;调查斜坡的形态、类型、结构、坡度、高度,沟谷、河谷、河漫滩、阶地、冲洪积扇等分布特征,植被发育情况;调查人工地貌类型、分布位置、形态特征、规模、形成时间、运行现状和对工程的影响等;调查建筑物分布情况。

2.2.2.3　岩土体工程地质性质

收集工作区及周边地层层序,调查各类地层和岩浆岩的时代、岩性、结构、构造、产状以及分布特征;调查土体成因、岩性类型、厚度、结构、接触关系以及工程地质特征等,根据需要可投入适当的勘查工作量；调查岩体岩性，结构面类型、产状及组合关系，结构面发育、充填程度，岩体风化，岩体溶蚀等特征，根据需要可投入适当的勘查工作量。

2.2.2.4　地质构造

收集区域地质和构造背景资料，如经历过的构造运动性质与时代、各种构造形迹的特征、主要构造线的展布方向等，分析其对地质灾害的控制性作用；分析研究现今活动特征、构造应力场特征，调查区域性活动断裂的位置、规模、活动性、活动方式、强度等特征及其与地质灾害的关系，评估活动断裂引发地震滑坡的作用；调查工作区地质结构面及构造结构面的规模、产状、形态、性质、密度及其切割组合关系，分析地质结构面对地质体成灾作用的影响；收集区域地震历史资料和附近地震台站测震资料，分析判断地震活动对地质灾害的影响及地壳稳定性。

2.2.2.5　水文地质

调查地下水基本特征和水文地质结构，如地下水类型、水位、流量，泉点、地下水溢出带、斜坡潮湿带、含水层、隔水层特征等，分析地下水与斜坡稳定性的关系；调查地表水流量、历史最高洪水位、水位波动幅度、入渗条件、冲刷强度和流通情况，分析水流作用对地质灾害的影响；调查各含水层组相互间的水力联系及与地表水体的关系，分析地表水地下水对斜坡岩土体的影响及其与地质灾害的关系。

2.2.2.6　人类工程活动程度

收集工作区人类工程活动的类型、规模及分布，分析人类工程活动对地质环境的影响程度。了解大型工程活动及其地质环境效应，如矿山、水电、公路等引起地质应力、水动态和岩土性质等方面的变化，分析地质环境现象及地质灾害与人类工程活动的因果关系；调查可能引发地质灾害的其他人类工程活动。

2.2.2.7　易崩易滑结构

调查易崩易滑地层的分布区域、范围、规模及发育规律，获取物理力学参数、分析易崩易滑地层可能形成地质灾害的类型、规模、稳定性、影响范围等；调查软弱岩组工程地质特性，通过钻探、槽探等获取软弱层样品，土样主要测试黏聚力、内摩擦角、压缩系数、含水量、液限、塑限等；调查岩样主要测试抗剪强度、抗拉强度、抗压强度、膨胀率、耐崩解性指数、块体密度、吸水率等，评价受软弱层控制的斜坡稳定性，分析易发生的地质灾害类型、规模及影响范围等；调查岩体风化程度，查明风化层的分布、风化带厚度、差异风化特征，以及风化裂隙的长度、宽度、填充、密度、交切关系等，分析岩体风化程度与地质灾害的关系；调查岩体结构面发育特征，划分岩体结构类型，确定优势结构面，分析岩体稳定性及发展趋势，评价发生崩塌、滑坡等地质灾害的可能性；调查斜坡结构特征，细化斜坡单元，划分易产生地质灾害的斜坡区段，查明可能形成崩塌、滑坡等地质灾害的斜坡结构类型及特征。

2.2.2　斜坡区精准调查内容

在斜坡区精细调查的基础上，通过调查测绘和勘探，查明斜坡区的地质结构和影响稳定性的相关因素，对斜坡稳定性进行评估和评价。对于重大崩滑灾害隐患，查明可能致灾范围及潜在损失，比选推荐工程治理、搬迁避让、监测预警和不需治理等类别，进行初步投资估算，提出防治方案建议。

调查范围包括完整斜坡及可能发生地质灾害链的影响范围，采用航空影像与实地调查测绘相结合的方法。实地调查测绘包括下述内容：地貌形态，微地貌特征，（河谷或斜坡）地貌演化过程、发育阶段等；地质灾害发育状况；土体的密实程度、年代成因，不同时期的接触状况，基岩面的形态、坡度等；岩石风化和完整程度；岩体的结构类型，主要结构面（特别是软弱结构面）的类型、等级、产状、发育程度、延伸程度、闭合程度、平直程度（光滑度或起伏差）、风化程度、充填状况、充水状况，以及组合关系、力学属性、与临空面关系、结构体性质及其立体形式等；岩（土）体物理力学性质；泉水和湿地的分布、类型、补给来源，以及对坡体的软化、潜蚀等；地表水对坡脚的冲刷情况、坡面植被和风化情况等；岩溶发育情况；矿产开采及采空区情况；针对地质环境条件复杂、存在重大地质灾害隐患的斜坡，结合钻探、物探和山地工程等方法开展勘探工作，并对主要地层或软弱夹层采取试样开展试验测试，为斜坡主剖面图、试验及稳定性评价提供技术参数。

2.2.3　重大地质灾害精准调查内容

在区域详细调查和斜坡精细调查的基础上，针对欠稳定（不稳定）且危害程度较大的地质灾害隐患进行精准调查测绘。采用航空影像和实地测绘相结合的方法。重大隐患勘查的主勘探线可与斜坡区主勘探线重合，二者勘探点可相互利用。查明重大隐患的规模、物质组成、结构特征、地下水存在状态与活动方式、影响与诱发因素、形成机制与变形破坏机理等。开展原位试验或室内试验，初步评价或评估地质灾害隐患的稳定性和危害性。查明重大隐患可能致灾范围内的主要人口和实物指标，进行防治措施分类，比选确定工程治理、搬迁避让、监测预警和不需治理等类别，进行初步投资估算，提出防治方案建议。

2.2.3.1　滑坡精准调查内容

滑坡精准调查范围包括滑坡体及其邻区，后部包括滑坡后壁以上一定范围的稳定斜坡或汇水洼地，前部包括剪出口以下的稳定地段，两侧达到滑体以外的影响范围或邻近沟谷，涉水滑坡达到河（库）主流线（沟心）或对岸，包含可能造成地质灾害链的影响范围。

滑坡调查测绘包括形态特征及边界条件，地质结构及特征，水文地质条件，变形破坏特征，诱发因素（如库水位变动、降雨、冲蚀、人工作用等），预测（地质灾害链）致灾、影响范围，涉水滑坡重视涌浪及对航道的危害；影响范围内的人口、实物指标，危害对象的特性以及可能造成的经济损失。滑坡勘探方法应以钻探、井探、槽探为主，大型以上滑坡可结合洞探、物探等方法。

2.2.3.2　崩塌精准调查内容

崩塌精准调查范围包括危岩带及其影响地段，纵向向上达到坡顶卸荷带之外，向下到达危岩崩塌堆积区、影响区之外，横向两侧延伸至影响范围。

危岩体勘查以专门工程地质测绘和剖面测绘相结合，崩塌体（危岩体）测绘包括位置形态、规模等特征，地质条件、结构和特征，水文地质条件，变形破坏特征，影响或诱发因素，可能的运移路径，评估高速远程运动可能与危害，（地质灾害链）致灾范围及危害预测，影响范围内的人口及实物指标，危害对象的特性以及可能造成的经济损失。

2.2.3.3　泥石流精准调查内容

泥石流精准调查范围包含可能发生泥石流的沟谷流域和可能的地质灾害链影响范围。了解历史上山洪泥石流的发生时间、次数、持续过程、性质特点、成因和防治现状；了解发生山洪泥石流前的降雨时间、雨量大小、暴雨强度、地震、水体溃决、冰雪融化等诱发因素；了解每次灾害危害的对象，造成的人员伤亡、财产损失等情况。

泥石流调查测绘包括根据地形特征和堆积物分布位置，划分山洪泥石流的物源区、流通区和堆积区；全流域气象、水文、植被、地形、地层岩性、地质构造、新构造运动与地震、不良岩质地质体、松散固体物质、水文地质、人类活动、冰川活动等；流域内的湖泊、水库等地表水体分布及影响，泥石流历史侵蚀的部位、方式、范围和强度，淤埋的部位、规模、范围和速率，淤堵主河的原因、部位、断流和溃决情况，以及出现堰塞湖对上游的淹没情况、溃决洪水对下游的水毁灾害等；物源区的水源类型、汇水区面积、流量和搬运能力等，岩体风化破碎程度，斜坡地质结构、坡角、性质和稳定性等，泥石流固体物质（潜在）来源的滑坡、崩塌、岩堆、弃渣等松散堆积层的分布、体积、重量、性质和稳定性等；流通区沟谷的纵横坡度及其变化点，沟床变迁、冲淤变化，跌水、急湾等地形特征，两侧斜坡坡度、松散物质分布、坡体稳定状况，以及已向泥石流供给固体物质的滑塌范围、变化状况等，泥石流流动痕迹，已有的泥石流残体特征、过流断面规模等；堆积区堆积扇的分布、形态、厚度、规模、坡度、物质组成、新老扇的组合及与主河的关系，堆积物的性质、组成成分，堆积旋回的结构、次数、厚度，一般粒径、最大粒径的分布规律，堆积历史，溢出地下水的水质、流量，地面沟道位置、变迁、冲淤情况，估算泥石流前峰端与前方建筑物的距离等。泥石流可能影响范围内的人口和主要实物指标，危害对象的特性以及可能造成的经济损失。

2.2.3.4　高位远程及链式地质灾害链精准调查内容

高位远程及链式地质灾害识别宜采用遥感解译、InSAR 观测、LiDAR 摄影测量、无人机航拍等多种手段相结合的方式开展。对识别出的潜在高位远程地质灾害隐患应进行现场核查，对初步研判可能发生远程灾害的地质灾害体应进行地质测绘，条件允许时应辅以必要的勘查。对难以抵达的高海拔区宜优先采用综合遥感解译手段进行高位远程地质灾害隐患识别，针对地形起伏大、植被覆盖程度高的高位远程地质灾害易发区域，采用 InSAR 观测时可设置角反射镜增加观测精度。高位远程地质灾害隐患调查应基本查明其成灾模式，明确空间分布、边界、规模等,评估高位远程地质灾害成灾模式、运动路径、发展趋势、影响范围和威胁对象。评估不同工况下高位远程地质灾害的活动情况,结合承灾体易损性评价风险等级。斜坡或沟源存在区域性断裂、不利软弱结构面或已存在大型崩塌、滑坡时,应评估发生高位滑坡、崩塌及转化形成碎屑流、泥石流等链式地质灾害的可能性。

2.3　高山峡谷区地质灾害精准调查技术方法

高山峡谷区地质灾害精准调查采用遥感、测绘、钻探、物探、山地工程、试验测试、数值模拟等多种技术方法相结合的方式。引入多种形式新技术和新方法,如无人机航摄、三维激光扫描、风险评价和管理等。

2.3.1　资料收集

收集地质灾害形成条件与诱发因素资料,包括气象、水文、地形地貌、地质构造、地震、水文地质、工程地质和人类工程经济活动等。

收集地质灾害现状与防治资料,包括历史上所发生的各类地质灾害的时间、类型、规模、灾情及其调查、勘查、监测、治理、抢险、救灾等工作的资料。

收集有关社会、经济资料,包括人口与经济现状、发展等基本数据,城镇、水利水电、交通、矿山、耕地等工农业建设工程分布状况,国民经济建设规划、生态环境建设规划、各类自然、人文资源及其开发状况与规划等。

收集各级政府和有关部门制定的地质灾害防治法规规划、群测群防体系等减灾防灾资料。

2.3.2　综合遥感调查

2.3.2.1　光学卫星遥感调查方法

光学卫星遥感调查需要根据调查内容选用适合的卫星数据信息源,充分结合工作需求合理选取数据类型、时相和分辨率等。调查内容主要包括斜坡地质环境调查、地质灾害体调查以及承灾体调查。

斜坡地质环境调查内容包括斜坡的地貌类型、地质构造、岩(土)体类型、水文地质现象、地表覆盖,以及可能的灾害体类型、范围等。地质灾害体调查内容包括识别地质灾害体,确定灾害体的空间分布特征,解译地质灾害体的类型、边界、规模、形态特征,分析其位移特征、活动状态、发展趋势,并评价其危害范围和程度。承灾体调查内容包括承灾体的类型、建筑等级、分布范围等。

遥感数据在满足数据处理精度及要求的基础上经数字加工处理,制作斜坡或地质灾害体高精度正射影像、高程模型、数字线划图、倾斜三维模型,满足对斜坡或灾害体的调查需求。

(1)重大滑坡光学卫星遥感动态解译:重大滑坡变形破坏演化周期一般较长,结合多期卫星影像对滑坡的变形特征和演化过程进行动态解译,分析滑坡的演化过程。

(2)重大泥石流光学卫星遥感动态解译:重大泥石流灾害活动频率高,泥石流冲淤变化大,采用多期卫星遥感对泥石流物源变化、泥石流冲淤变化、人类工程挤占等进行动态解译,分析泥石流历史演化过程,为泥石流的精准调查评价提供基础支撑。

2.3.2.2　雷达卫星遥感调查方法

对重点斜坡及重大地质灾害开展 InSAR 调查,复核现有地质灾害隐患点,分析隐患点变形趋势,调查遗漏的地质灾害隐患点。

InSAR 观测数据主要采用星载 SAR 数据,根据数据量、灾害特征选择差分合成孔径雷达干涉测量(different interferometric synthetic aperture radar,D-InSAR)、干涉图叠加合成孔径雷达干涉测量(stacking-InSAR)、短基线集合成孔径雷达干涉测量(SBAS-InSAR)、像素偏移追踪(offset-tracking)法、永久散射体合成孔径雷达干涉测量(permanent scatterer-different interferometric synthetic aperture radar,PS-InSAR)和分布式散射体合成孔径雷达干涉测量(distributed scatterer-different interferometric synthetic aperture radar,DS-InSAR)技术对数据进行处理。处理结果包括地表形变年速率图、形变时间序列图以及二维-三维形变结果。

1. D-InSAR 遥感监测技术

D-InSAR 即通常所说的差分干涉测量,它是利用同一地区不同时相的 SAR 影像,通过差分干涉,获取该地区地表形变信息的技术手段。D-InSAR 适用于时间间隔短和天气-季节接近的短期监测,如地震前后的形变监测。

2. PS-InSAR 遥感监测技术

永久散射体合成孔径雷达干涉测量(PS-InSAR)技术中的 PS(永久散射体)指对雷达波的后向散射较强,并且在时序上较稳定的各种地物目标,如建筑物与构筑物的顶角、桥梁、栏杆、裸露岩石等。PS-InSAR 适用于地形起伏小、植被覆盖率低的中长时序监测,如城市地面沉降监测、矿山沉降监测等。

3. SBAS-InSAR 遥感监测技术

SBAS-InSAR 即短基线差分干涉方法,该方法将所有的 SAR 影像依据空间和时间基线分成不同的短基线子集,各子集的影像进行差分干涉处理以提高相干性和增大单一主影像条件下的差分干涉图的数量,再对缠绕的干涉相位进行解缠,根据各相干像元相位与观测时间的关系,利用奇异值分解(singular value decomposition,SVD)链接各差分干涉图,抑制 DEM 误差和大气相位延迟对形变信号的影响,从而获取最小二乘解。SBAS-InSAR 适用于多种地表形变的长时序缓慢形变监测,如滑坡蠕滑形变监测、冰川缓慢移动形变监测等。

4. Offset-tracking 遥感监测技术

像素偏移量追踪法是一种能从两景 SAR 影像中同时获取地表视线向(line-of-sight,LOS)和方位向二维形变的方法。该方法基于两景 SAR 影像的强度或干涉条纹信息,利用互相关最优化或相干性追踪等方式获取 SAR 影像在 LOS 和方位向的像素偏移量;然后,在去除轨道和地形偏移量之后,即可获得地表沿着 LOS 和方位向的二维形变。相对于 D-InSAR 技术,Offset-tracking 技术可以仅利用 SAR 影像的幅度信息估计地表二维形变,且不需要相位解缠。Offset-tracking 技术适用于地表大形变监测,如滑坡剧滑形变监测、冰崩岩崩监测。

5. Stacking-InSAR 遥感监测技术

Stacking-InSAR 是将多个 InSAR 数据集叠加起来，以提高测量的精度和可靠性。这个过程需要使用多个 InSAR 图像，并将它们配准到同一地形上；在配准完成后，从每个 InSAR 图像中提取相位信息，并将它们叠加在一起，叠加后的相位信息可以揭示出地表形变的更加准确的信息。相较于其他 InSAR 监测技术，Stacking-InSAR 可以提高地表形变的分辨率和精度，并且可以消除由于天气和其他因素引起的干扰，也可以提供更大的地表覆盖面积，以便更好地监测大范围的地表形变。Stacking-InSAR 适用于多种地表形变的时序监测，如地质灾害形变监测、地表沉降监测等。

利用数据处理结果对灾害体进行调查，内容包括位置、范围、形状、形变方向、面积、活动性、历史发育过程等。

2.3.2.3　无人机航空摄影遥感调查

对重点斜坡开展倾斜摄影或贴近摄影测量，调查地质灾害隐患点的边界和范围。倾斜摄影数据主要采用无人机搭载五镜头倾斜云台或正射云台获取高精度影像。根据数据量、处理难易程度，运用建模软件解析空中三角测量，自动 DEM 匹配，正射纠正制作正射影像，通过三维格网重建，自动纹理映射制作三维模型。倾斜摄影数据处理成果主要有正射影像、高程模型、数字线划图、倾斜三维模型，通过倾斜数据成果可以精确展现现场特征。

利用无人机数据处理结果，调查灾害体的位置、范围、形状、形变方向、长度、宽度、高度、各点位坐标、面积、体积、形变、土石方量、形变部位以及潜在威胁范围等内容。

1. 滑坡无人机航空遥感解译

主要采用多旋翼无人机进行变高航飞获取滑坡地质灾害的大比例尺正射影像，从而基于无人机航空正射影像开展滑坡地质灾害的形变要素特征解译，进而对滑坡的变形破坏机理进行分析和发展趋势预测。

2. 崩塌无人机航空遥感解译

主要采用多旋翼无人机进行变高航飞获取崩塌地质灾害的大比例尺倾斜摄影模型和正射影像，从而基于三维模型和正射影像开展崩塌地质灾害的崩源区、堆积区、拉裂缝、危岩体等形变要素特征的解译，进而对崩塌的变形破坏机理和危险区范围进行分析。

3. 泥石流无人机航空遥感解译

通过多期历史卫星数据和无人机航空数据对泥石流进行动态解译分析，主要解译泥石流发育条件、物源变化、冲淤特征等，通过多期动态解译，结合泥石流发育特征和变化情况，分析泥石流发展趋势。

2.3.2.4　无人机机载激光雷达调查方法

对重点斜坡开展激光雷达扫描，以调查现有地质灾害隐患点变形情况。LiDAR 观测数据采用机载激光雷达扫描数据，数据形式包括 LAS 格式点云数据和影像数据。根据对点云数据进行滤波、分类，提取激光点云单位距离的表层数据，制作出数字表面模型（DSM）；通过筛选过滤出真实地面高程点，制作出数字高程模型（DEM）。处理成果主要有分类点云、数字高程模型、数字表面模型。

通过 LiDAR 数据处理结果调查灾害体的位置、范围、形状、形变方向、形变量、形变部位、面积等。

从数据源来讲，以 LiDAR 数据为主、卫星影像为辅的多源遥感数据解译结合了光学反射的彩色波谱信息和激光反射的地形波谱信息，是对研究区各类地质信息更全面的展示；从解译方法上来讲，从 LiDAR 数据中可以得到无遮挡地面损伤情况，从光学影像的地物类别上可对这些损伤区域进行一定程度的验证；且在 LiDAR 数据范围不足的情况下，光学遥感数据可对通过 LiDAR 数据解译的地质灾害和地质构造进行延展，提高无 LiDAR 数据区域的地质现象的判识准确度。

利用机载 LiDAR 技术可以快速地获取滑坡区高精度三维地面数据，并制作滑坡区数字表面模型。借助高精度数字高程模型（DEM）可获取滑坡壁、滑坡台阶、滑坡舌、滑坡鼓丘、拉张裂缝、剪切裂缝、鼓胀裂缝、后缘洼地等微地貌异常变形特征。

通过地形分析滑坡的变形特征是滑坡解译识别的重要方法，滑坡的一些变形特征在地形阴影上有明显的特征，通过高精度的地形数据可以详细解译滑坡的变形特征。不同精度的地形对变形特征的识别差异较大，1∶1 万的地形能够识别滑坡的边界和规模较大的滑坡壁、溜滑体等；无人机正射航测可以获取高精度的 DSM 数据，该数据不能去除植被影响，在植被覆盖较高的区域，难以识别滑坡变形特征。

光学影像能够直观地反映滑坡体地表地物特征，影像颜色丰富；同时，受到植被影响，难以有效识别植被覆盖区的滑坡变形特征，难以准确的识别滑坡的边界。通过无人机机载 LiDAR 数据，能够去除地表植被的影响，真实反映滑坡区地表形态，基于地表形态特征对滑坡区和次级滑体的边界进行详细识别。通过高精度的机载 LiDAR 地形数据能够对滑坡一定规模的拉裂缝、陡坎等变形特征进行有效识别。

崩塌一般发生在节理裂隙发育的坚硬岩石组成的陡峻山坡与峡谷陡岸上，位于陡峻的山坡地段，一般在 55°～75° 的陡坡前易发生崩塌。在高精度数字正射影像图（DOM）上，崩塌轮廓线明显，崩塌壁颜色与岩性有关，通常比周围浅，多呈浅色调或接近灰白色；崩塌壁、零星掉块以及崩塌体上部较大规模拉张节理等变形特征均能较好的识别。在高精度数字高程模型（DEM）上，崩塌体纵断面形态呈上陡下缓，崩塌体上部表面坎坷不平，影像具有粗糙感，堆积体一般在谷地或斜坡平缓地段，影像相对细腻。

泥石流物源作为其形成和发育的三要素之一，是评估泥石流规模及危害程度的基础，也是泥石流防治工程措施的关键依据。物源识别不准，将影响物源计算的准确性，甚至可能导致泥石流防治工程的治理效果达不到工程预期。泥石流物源的识别解译需要在多视角下开展，因此利用机载 LiDAR 生成的高精度 DEM 和 DOM 数据构建了研究区高精度三维解译场景，在三维空间下进行泥石流物源的解译，可以进一步提高识别的效率和准确率。

2.3.3 地面调查

孕灾地质条件调查宜采用追索法和穿越法，适当布设调查线路和控制点，查明调查区孕灾地质条件。应对工作区所有的已有地质灾害隐患点和风险斜坡单元开展地面调查，地质条件简单、成灾风险低、威胁人员少的地质灾害隐患点和风险斜坡单元可采用现场核查为主的方式开展。对重大、典型的滑坡、崩塌及成灾风险较高的斜坡单元应开展不小于 1∶2000 比例尺的工程地质测绘，对重大、典型的泥石流沟存在泥石流隐患的沟谷应开展不小于 1∶1 万比例尺的工程地质测绘。

2.3.4　物探

物探采用重力、电法、磁法等方法探测，结合地面测绘成果在实施勘探前进行。物探剖面方向应垂直探测对象的总体走向或沿着地质灾害条件变化大的方向布设，测试长度、间距应控制被探测对象。物探深度应大于地质灾害体厚度、基覆界面深度、地下水埋深、斜坡控制性软弱结构面深度、钻孔深度等。物探成果应包括工作方法，斜坡的地球物理特征，资料的解释推断、结论和建议，并附相应的工作布置图、平剖面图、曲线图、解释成果图等。针对滑坡、崩塌、泥石流等地质灾害隐患点应初步查明空间分布状态、地质结构、可能软弱面情况、覆盖层厚度等。

2.3.5　山地工程

山地工程应结合地面测绘开展，工作方法以探槽和浅井为主。探槽和浅井应布设在滑坡、崩塌、泥石流和风险斜坡勘探剖面上，与钻探、物探结合使用，查明地质灾害危险源规模、边界、物质组成、形成条件等。以探槽和浅井还应布设在滑坡、崩塌及泥石流物源厚度较薄的部位，探槽需探明覆盖层厚度，浅井深度需穿过底层滑带。

2.3.6　工程地质钻探

工程地质钻探在地面测绘和物探工作基础上开展，针对典型、重大的风险斜坡和地质灾害隐患点，工作量布设满足初步勘查要求。滑坡钻探工作应揭露滑坡滑动层面位置和要素，了解滑坡稳定程度和深部滑动情况，为评价滑坡稳定性提供有关参数。崩塌（危岩）钻探工作采用水平钻孔、潜孔锤施工、孔内摄像、室内解译编录等，揭露崩塌体内部裂缝和后缘边界，为评价崩塌稳定性和预测发展变化趋势提供有关参数。泥石流钻探工作应查明泥石流物源类型、厚度，以及物源的分布情况和体积，了解物源的稳定程度，为泥石流危险性评估提供有关参数。

2.3.7　测试和试验

开展滑体土、滑带土测试，提供满足稳定性评价的物理和力学参数；针对危岩、崩塌及其母岩、基座，采样做物理性质、抗压强度、变形试验等；针对泥石流进行固体物质含量、颗粒分析、泥石流体稠度等现场试验。

2.3.8　数值模拟分析

在重大地质灾害前期调（勘）查研究成果基础上，正确选取地质灾害地层岩土体的相关参数，采用有限元、离散元等数值模拟方法，分析地质灾害隐患整体稳定性，开展不同工况条件下地质灾害失稳破坏数值模拟研究，分析地质灾害的成因机制与发展趋势，为重大地质灾害风险评价提供理论支撑。

2.3.9　物理模型试验

在重大地质灾害前期调查、勘查研究成果基础上，通过相似比计算，开展重大地质灾害破坏机制的物理模型试验，动态观测地质灾害不同部位结构变形破坏的演化过程，揭示重大地质灾害失稳机制与破坏模式。

2.4　地质灾害风险评价

地质灾害风险评价包括承灾体易损性评价、地质灾害隐患点与斜坡风险评价、城镇地质灾害易发性评价与区划、城镇地质灾害危险性评价与区划、城镇地质灾害风险评价与区划。

地质灾害易发性划分为地质灾害高、中、低和非 4 个等级，地质灾害危险性划分为极高、高、中和低 4 个等级，地质灾害风险可划分为极高、高、中、低 4 个等级。承灾体易损性在承灾体调查基础上，分别评估人员、基础设施等承灾体的易损性，叠加确定承灾体的综合易损性。

2.4.1　承灾体易损性评价

承灾体易损性评价对象包括直接受到灾害影响或损害的人类社会主体及所划定斜坡内潜在的受威胁对象。承灾体易损性调查可采用遥感、无人机、测绘矢量数据等工作手段解译、标注承灾体的类型、分布及范围。承灾体易损性评价采用实地调查的工作方式开展，内容分为乡镇人口与活动范围、居民财产、建筑物、交通设施、厂矿、土地资源等。应充分考虑承灾体的时空概率特征，如人员的活动时间、流动性、交通工具流量等，评价范围包括建成区和规划区。

2.4.2　地质灾害隐患点与斜坡风险评价

根据稳定性评价结果，分析地质灾害发生概率，结合现场调查、历史统计、经验公式和数值模拟等方法划分隐患潜在影响范围。在承灾体调查的基础上，结合灾害体潜在影响范围，评价承灾体易损性。将危险性和易损性评价结果叠加运算，确定地质灾害隐患点与斜坡风险等级。

2.4.3　城镇地质灾害风险评价与区划

精准调查的城镇区应采用定量化的方法开展地质灾害风险评价。可采用统计模型方法以栅格为单元开展地质灾害易发性评价，也可采用无限斜坡模型等方法以斜坡为单元进行易发性划分。地质灾害的危险性评价应在易发性评价的基础上开展，结合 10 年一遇、20年一遇、50 年一遇、100 年一遇降雨工况，以及基本地震、多遇地震、罕遇地震工况，分别进行地质灾害危险性评价，并划定不同条件下的危险区范围，评价时应考虑防治方案的难度等级。将危险性和易损性评价结果叠加运算，形成风险评价结果，划分地质灾害风险区段。根据地质灾害风险评价结果，划分不同等级的风险区，并分区说明地质灾害危险性特征、承灾体风险特征及风险防范建议，同时对分区成果的有效性和局限性进行描述。结合单斜坡地质灾害风险评价结果，修编县域地质灾害风险区划。

2.5 城镇建设场址适宜性评价

精准调查的城镇区开展基于崩塌、滑坡、泥石流地质灾害的城镇建设场址适宜性评价。城镇建设场址适宜性评价范围包括城镇建成区、规划区及拟纳入规划的区域。城镇建设场址适宜性可划分为适宜、基本适宜、适宜性差、不适宜 4 个等级。城镇建设场址适宜性评价采用定性和定量相结合的综合评判方法。

2.5.1 城镇建设场址适宜性评价方法

根据工程地质与水文地质条件，对地质灾害危险性、地质灾害防治难易程度和防治效益进行评价。工程地质与水文地质条件从场地稳定性、地形坡度、岩土体工程地质特征、地表及地下水影响等方面进行评价。

场地稳定性评价是建设适宜性评价的前提，从活动断裂、抗震地段类别、不良地质作用与地质灾害 3 个方面进行定性评价，可划分为不稳定、稳定性差、基本稳定和稳定等 4级。城镇建设场址适宜性的定量评价在定性评价基础上进行，定量评价采用多因子分级加权指数和法。

2.5.2 城镇建设场址适宜性分区

根据城镇建设场址适宜性评价结果，编制城镇建设场址适宜性综合分区图，并进行分区描述。在综合分区的基础上，提出地质灾害隐患风险管控对策建议，为国土空间规划和用途管控提供基础依据。

2.6 小 结

本章主要介绍了高山峡谷区地质灾害精准调查内容和技术方法，地质灾害精准调查内容包括对气象水文、地形地貌、岩土体工程地质性质、地质构造、水文地质、人类工程活动、易崩易滑结构等孕灾地质环境条件调查，以及崩塌、滑坡、泥石流和高位远程等重大地质灾害精准调查。

高山峡谷区地质灾害精准调查技术方法包括资料收集、综合遥感调查、地面调查、物探、山地工程、工程地质钻探、测试与试验、数值模拟分析、物理模拟试验等。在此基础上，开展地质灾害风险评价和城镇建设场址适宜性评价，提出地质灾害隐患风险管控对策建议，为国土空间规划和用途管控提供基础依据。

第3章 高位地质灾害综合遥感精准识别研究

3.1 概　　述

本书研究基于高分卫星遥感、InSAR 遥感、无人机航测、机载 LiDAR 等先进技术方法，开展三江高山峡谷区重要地质灾害及隐患调查研究，建立"空-天-地"一体化的重要地质灾害隐患精准调查评价方法体系；基于无人机倾斜摄影和贴近摄影技术方法，建立典型重要地质灾害隐患三维实景模型，自动获取隐患区地质参数，实现三维实景展示和分析；采用综合技术方法，开展重要地质灾害隐患风险调查评价，为该类地区斜坡地质灾害及隐患精准调查作示范。图 3.1 为重大地质灾害综合遥感精准调查技术路线图。

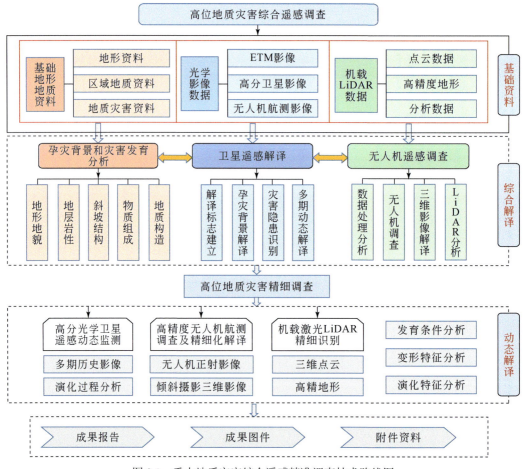

图 3.1　重大地质灾害综合遥感精准调查技术路线图

3.2 综合遥感调查方法

3.2.1 数据源选取

3.2.1.1 遥感信息源选取原则

遥感信息源对遥感解译工作具有重要的影响，不同的数据源特点各异，根据工作区的特点选择合理的数据源能够最大化遥感技术的优势。数据源选择主要考虑以下 4 个方面：

（1）光学卫星遥感主要进行多期遥感动态解译，数据源选取主要为历史多期数据，数据分辨率一般要求优于 1m，早期的卫星遥感数据分辨率相对较低，根据实际情况合理选取数据。卫星遥感数据期数为 3～5 期，时间间隔为 5～10 年，能够反映地质灾害的动态变化及其特征。

（2）雷达卫星遥感主要进行地质灾害形变观测，数据源选取主要根据地质灾害植被特征、地形条件和变形特征等进行综合考虑，采用数据时间不低于 3 年，每年的数据其次不少于 12 期。

（3）无人机航空摄影遥感包括无人机正射航摄和无人机倾斜摄影两种类型，通过无人机航摄获取最新的高精度影像数据，结合二维和三维影像开展地质灾害特征和承灾体精准解译，遥感数据精度要求优于 0.5m。

（4）利用机载 LiDAR 技术可以快速获取灾害区高精度三维地面数据，并制作数字表面模型，通过去除植被后的高精度地表模型数据开展地质灾害要素的精细解译。机载 LiDAR 数据比例要求为 1∶5000～1∶1000，点云密度要求不小于 2 个/m²。

3.2.1.2 遥感信息源分析

通过分析各种卫星数据及航空遥感数据的特点和适用范围（表 3.1），结合工作区特点及工作要求，选取合适的卫星数据及航空遥感数据，卫星数据及航空遥感数据满足以下要求：①地质灾害宜选取灾害前、灾害后等多时相数据，灾后应及时采集航空遥感数据；②要求数据云雪覆盖少（云雪覆盖率<5%）；③阴影较少、色调层次分明；④无噪声；平面坐标系采用 2000 国家大地坐标系（China Geodetic Coordinate System 2000，CGCS2000），高斯-克吕格投影，3°分带。高程基准为 1985 国家高程基准。

表 3.1　主要遥感数据特征表

遥感平台	传感器	数据名称	波段数		地面分辨率/m	幅宽/km	适用比例	解译内容
航天	光学	QuickBird	多光谱	4	2.44	16.5	1∶10000～1∶2000	重大地质灾害的发育特征、变形特征、动态演化等
			全色	1	0.61			
		WorldView-1	全色	1	0.5	17.6		
		WorldView-2	多光谱	8	1.88	16.4		
			全色	1	0.45			

续表

遥感平台	传感器	数据名称	波段数		地面分辨率/m	幅宽/km	适用比例	解译内容
航天	光学	IKONOS	多光谱	3	4.00	11	1∶10000~1∶2000	重大地质灾害的发育特征、变形特征、动态演化等
			全色	1	1.00			
		GeoEye-1	多光谱	4	0.50	15		
			全色	1	1.65			
		K2	多光谱	4	4.00	15		
			全色	1	4.00			
		Eros-B	全色	1	0.70	7		
		高分二号	多光谱	4	3.20	45.3		
			全色	1	0.80			
	雷达	Sentinel						重大地质灾害的变形范围、变形过程和变形特征分析
		ALOS						
		陆探						
航空遥感数据	光学	无人机正射影像			0.20~0.50		1∶5000~1∶2000	重大地质灾害的地质环境条件、要素特征、变形特征、成灾体等精准解译
		无人机倾斜影像			0.10~0.30		1∶5000~1∶1000	
	雷达	机载 LiDAR					1∶5000~1∶2000	

3.2.2　光学遥感调查方法

重大地质灾害点多时相对比解译：利用多时相、高分辨率的遥感数据资料及大比例尺地形数据，开展典型、重大地质灾害点遥感解译及数字地形空间分析。遥感解译及空间分析内容包括：①制作典型、重大地质灾害点地势图；②制作典型、重大地质灾害点坡度图；③制作典型、重大地质灾害点坡向图；④提取典型、重大地质灾害点特征信息，如泥石流物源信息、流域面积、流域高差、主沟长度、主沟纵比降、物源分布位置、物源区坡度、威胁对象等。

利用 1~2 个水文年，对多时相、高分辨率遥感图像（卫星和无人机航片）进行对比研究，开展变形特征、物源、地形地貌等因子的多时相对比分析，分析其演化发展规律，从而开展典型、重大地质灾害点成灾模式研究。

开展重大地质灾害点多时相对比解译，具体要求如下：

（1）选取的典型、重大地质灾害点要具有代表性、典型性，且危害、规模较大。

（2）滑坡拟采用的多期遥感数据要求能够反映滑坡多期变化特征，能够反映滑坡变形前、变形中、滑动后等阶段特征；数据源要求地面分辨率大于 0.5m。泥石流拟采用的多期遥感数据要求能够反映泥石流几个水文年内的发生、变化规律；数据源要求地面分辨率大于 0.5m。崩塌拟采用的多期遥感数据要求能够反映崩塌多期变化特征，能够反映崩塌前、崩塌后以及危岩区拉裂变形等特征；数据源要求地面分辨率大于 0.5m。

（3）典型、重大地质灾害点对比解译，圈定灾害体边界、变形特征、泥石流堆积扇范围、威胁对象等。编制地质灾害点变化图，统计分析地质灾害变化特征要素，总结地质灾害点成灾模式。

重大滑坡变形破坏演化周期一般较长，需结合多期卫星影像对滑坡的变形特征和演化过程进行动态解译，分析滑坡的演化过程。

本次研究采用 2004 年 9 月、2013 年 7 月和 2019 年 6 月的高分卫星数据对尖旺通滑坡变形演化精细对比解译（图 3.2），从 2004 年、2013 年和 2019 年 3 期对比解译来看，滑坡

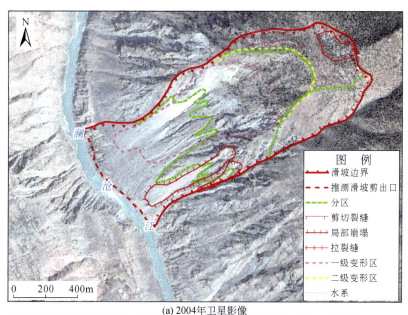

(a) 2004年卫星影像

(b) 2013年卫星影像

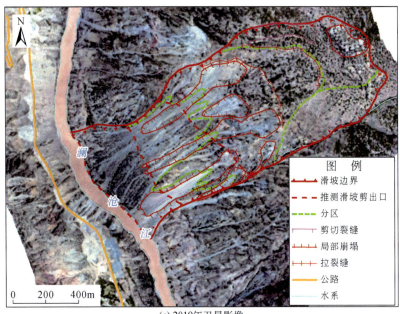

(c) 2019年卫星影像

图 3.2　尖旺通滑坡动态解译示意图

边界明显，基本没有发生变化；滑坡形成于 2004 年之前，至今仅发生局部变形加剧；滑坡主要变化：①滑坡中部局部崩塌范围增大，崩塌向中后缘发展；②滑坡一级错台变形加剧，后缘错坎高度增加了 1～2m，变形体上游侧变形加剧；③滑坡堆积体局部增加，前缘受河流冲刷，局部发生滑塌。

3.2.3　雷达卫星遥感调查方法

目前，常用的 InSAR 遥感监测技术主要有 D-InSAR、PS-InSAR、SBAS-InSAR、Offset-tracking、Stacking-InSAR 等，各种 InSAR 遥感监测技术侧重点不同，适用性也有所区别，具体见 2.3.2.2 节。

本次研究采用 2018 年 11 月 8 日至 2022 年 4 月 21 日的 97 期升轨 Sentinel-1 数据，利用 SBAS-InSAR 技术对沙东滑坡进行持续监测分析，从获取的变形速率分布图来看（图 3.3），滑坡变形区域主要集中在滑坡下游侧和坡体中下部，存在明显的持续变形，变形区域与前面的分区吻合性较好，尤其是下游侧前部变形明显，最大年均变形速率为 100mm/a；在滑坡体上布置了 11 个监测点开展时序分析，并根据监测点布设了横、纵监测剖面。

根据沙东滑坡时序监测点（S1～S4）视线向（LOS）累积形变曲线（图 3.4）分析可知，SZ1 剖面上布设时序监测点 S1～S4，从图 3.4 中可以看到 S4 累积形变最大，监测时间段内其累积形变为-213.1mm，目前仍然处于匀速变形趋势，S1～S3 在进入 2021 年 11 月之后其变形趋势一致，S2 累积形变较小，为-90.8mm，对比形变速率与累积形变曲线发现这两者之间具有较好的一致性。

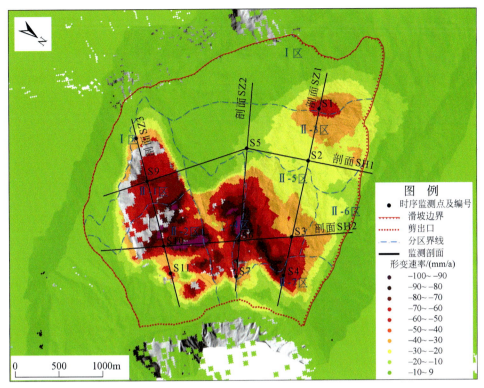

图 3.3　沙东滑坡变形速率分布示意图（监测时间：2018 年 11 月 8 日至 2022 年 4 月 21 日）

Ⅰ、Ⅱ-1～Ⅱ-7 为分区编号；SH1、SH2、SZ1～SZ3 为剖面编号；S1～S11 为时序监测点编号

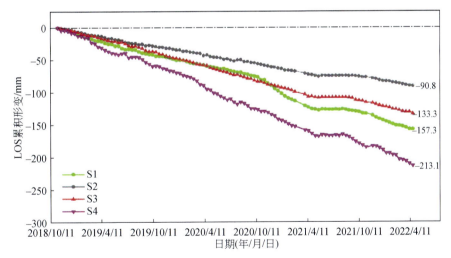

图 3.4　时序监测点 S1～S4 LOS 累积形变曲线图

　　根据沙东滑坡时序监测点 S5～S7 LOS 累积形变曲线（图 3.5）分析，可以看到这几个点除了 S5 之外，其余各点变形趋势一致，受形变速率影响，其累积形变出现差异，其中 S6 累积形变最大，为-224.5mm，S6、S7 在进入 2021 年 5 月之后其变形趋势一致，S5 累积形变为-48.1mm，且其形变速率较小，为-23mm/a，目前处于匀速形变趋势。

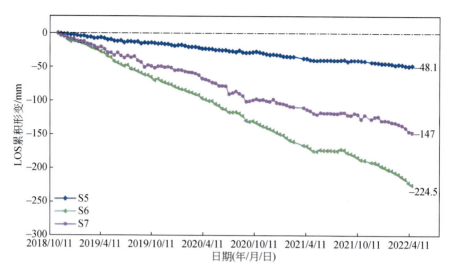

图 3.5　时序监测点 S5～S7 LOS 累积形变曲线图

图 3.6 为 SZ1 剖面监测曲线图，左纵轴为基于无人机获取的数字高程模型（DEM）数据，右纵轴为不同日期沿雷达视线向（LOS）形变，横轴为剖面起点至终点的距离，起点为滑坡后缘。该剖面穿过基于光学解译划分的 I 区和 II 区，剖面下半部分穿过 II 区的 II-3、II-5、II-7 分区，详细分区见图 3.3。分区信息在剖面中有较明显体现，S2 处下侧（即 II-3 与 II-5 交界处）形变速率较缓，剖面变形趋势呈现"哑铃"状，且坡体前部大于后部，为牵引式滑坡变形特征。

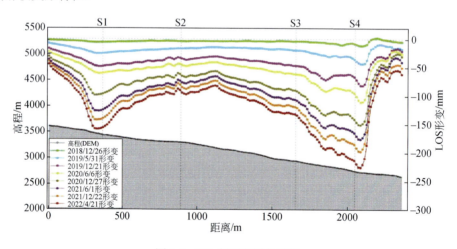

图 3.6　SZ1 剖面监测曲线图

3.2.4　机载 LiDAR 遥感调查方法

3.2.4.1　机载 LiDAR 遥感调查方法

根据机载 LiDAR 的技术特点，在解译过程中主要考虑基于 3D 产品进行综合解译。机载 LiDAR 在飞行过程中，同时挂载了光学相机，不仅可以获得测区高精度 DEM、DSM，而且由于挂载相机，可以获得测区高分辨率数字正射影像图（DOM），因此可对工作区的地质灾害进行多源综合遥感解译（图 3.7、图 3.8）。

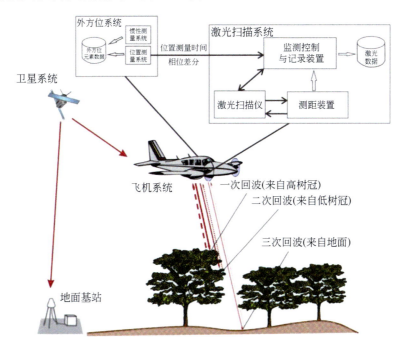

图 3.7　机载 LiDAR 测量技术原理图

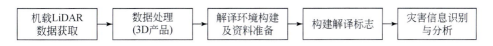

图 3.8　机载 LiDAR 技术地质灾害识别解译技术路线图

3.2.4.2　机载 LiDAR 数据采集方法

机载 LiDAR 数据采集工作前应收集分析基础资料，包括基础地理信息数据库，工作区已有水文、地质、地形地貌、自然地理、交通等基础资料；然后，通过现场踏勘确定合适的起降场所，为保证数据精度及飞行安全，制定数据采集方案（图 3.9）。

3.2.4.3　机载 LiDAR 数据处理方法

利用地面基站静态观测数据和机载 POS 数据联合计算，得到后差分处理结果。再利用后差分 POS 数据、激光测距数据和地面控制点数据联合解算，生成标准的 LAS 点云格式文件，POS 数据后差分处理，原始点云数据解算、去噪点等步骤具体流程如图 3.10 所示。

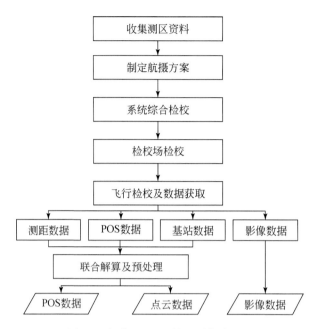

图 3.9 机载 LiDAR 数据采集流程图

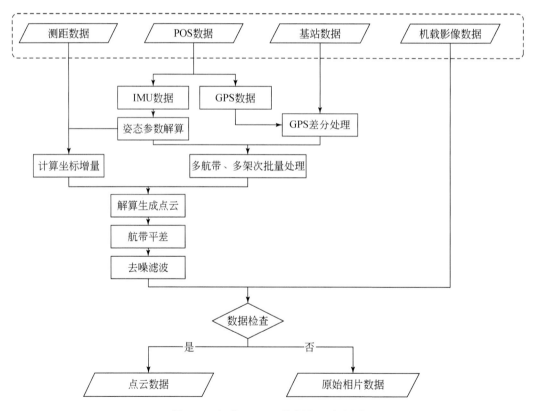

图 3.10 机载 LiDAR 数据处理流程图

DSM 数据生产主要包括加载预处理的点云数据，滤除移动物体和架空线，保存 DSM

点云图层，构网生产格网型数字高程模型。将未分类的激光点云数据抽稀，按照要求的格网间距从所有点云数据中提取关键点，生成高精度 DSM 数据。

DEM 数据生产主要包括点云地面点自动分类、人工精细化点云地面点分类以及不规则三角网构建。另外，对于特殊地物（如水系）需要构建特征线。经过预处理得到的激光点云地面数据和激光点云地表数据都在同一层，需要通过智能激光软件对激光点云数据进行精确分类，通过插值拟合，生成高精度的 DEM 成果。

基于机载 LiDAR 技术制作数字正射影像图（DOM）不需要布设大量控制点，也不需要制作空三加密（即解析空中三角测量）过程。DOM 制作的过程：后差分处理的高精度 POS 数据作为外方位元素，点云制作的 DEM 数据作为正射纠正数据源，激光点云数据作为控制点，经过点云特征点与影像特征点匹配，再经过正射纠正，并对影像进行拼接和匀色，得到 DOM 成果。

3.2.4.4　基于机载 LiDAR 的遥感精准调查

利用机载 LiDAR 技术可以快速获取滑坡区高精度三维地面数据，并制作滑坡区数字表面模型。典型滑坡机载 LiDAR DEM 山体阴影和正射影像如图 3.11 所示，滑坡要素解译标志如图 3.12 所示。

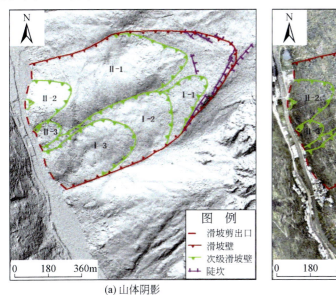
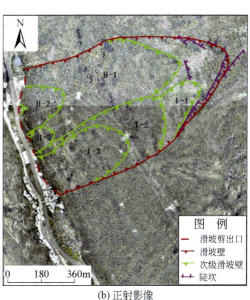

(a) 山体阴影　　　　　　　　　　　　　　(b) 正射影像

图 3.11　典型滑坡机载 LiDAR DEM 山体阴影和正射影像示意图

Ⅰ-1～Ⅰ-3、Ⅱ-1～Ⅱ-3 为次级滑体编号

通过地形分析滑坡变形特征是滑坡解译识别的一种重要方法，不同精度的地形对变形特征的识别差异较大，1∶1 万的地形能够识别滑坡边界和规模较大的滑坡壁、溜滑体等[图 3.13（a）]；无人机正射航测可以获取高精度的 DSM 数据。图 3.13（b）为叶家梨儿院滑坡无人机正射 DSM 阴影解译图，从图上可以识别滑坡边界和次级滑体边界，但后部区域植被覆盖较好，难以识别滑坡裂缝。

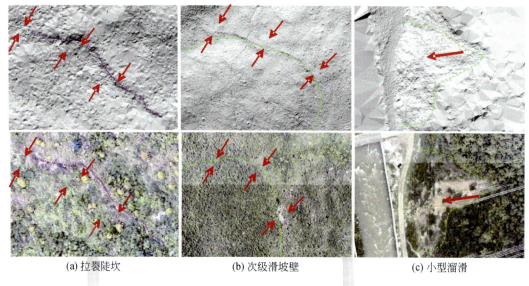

(a) 拉裂陡坎　　　　　　　　(b) 次级滑坡壁　　　　　　　　(c) 小型溜滑

图 3.12　滑坡要素解译标志示意图

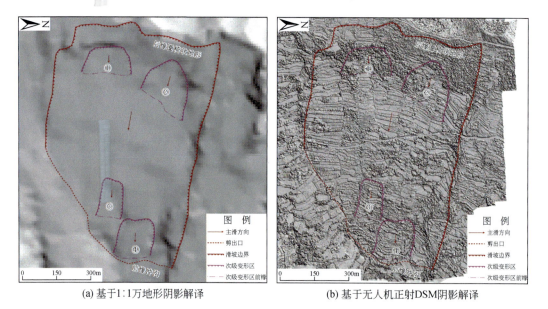

(a) 基于1:1万地形阴影解译　　　　　　　(b) 基于无人机正射DSM阴影解译

图 3.13　滑坡要素特征遥感解译示意图

①~④为次级变形区

本次研究利用机载 LiDAR 获取滑坡区高精度地形数据,通过地形影像开展滑坡解译识别(图 3.14),滑坡后缘呈圈椅状陡坎,两侧以冲沟为界,前缘为一陡坎,斜坡整体呈阶梯状,坡体主要分布居民区、道路和耕地,在滑坡右侧后缘分布 9 处水塘。滑坡体发育 4 处次级变形区(图 3.14 中①~④),边界明显,各次级变形区后缘明显的圈椅状地形,对滑坡区的裂缝进行了详细识别,共识别了 15 条裂缝,主要分布在后部区域和中前部区域。滑坡两侧发育冲沟,中部发育浅冲沟。

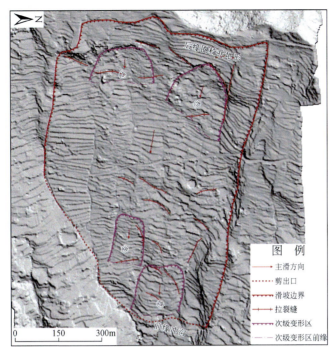

图 3.14　滑坡特征遥感解译示意图（基于机载 LiDAR 数据）

①～④为次级变形区

　　崩塌一般发育在高陡地貌区域，许多重大崩塌具有高位、隐蔽的特点，受到地形条件制约，地面调查难度大，传统的调查方法难以精准识别。通过机载 LiDAR 遥感调查能够获取高精度地形数据，同时去除植被影响，基于高精度数字高程数据和高精度三维影像数据能够精确识别崩塌堆积体和危岩区，能够识别崩源区岩体节理裂隙（图 3.15）。

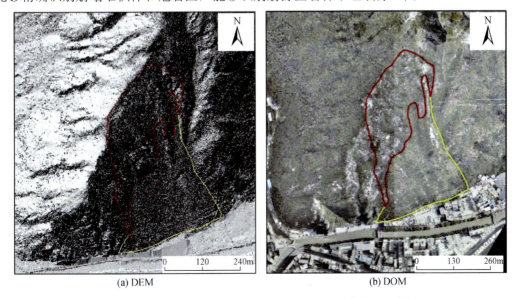

(a) DEM　　　　　　　　　　　　　　(b) DOM

图 3.15　典型崩塌机载 LiDAR DEM 及 DOM 影像特征示意图

泥石流流域地形条件和物源条件是影响泥石流发育的重要因素，受到植被覆盖影响，泥石流流域的沟道地形条件和物源往往难以准确识别。通过机载 LiDAR 可以获取高精度的 DEM 数据，同时构建高精度的三维影像模型，能够极大提高泥石流冲淤地形条件和物源的解译识别精度和准确度。图 3.16 为高植被覆盖区震后典型泥石流精细解译图，基于机载 LiDAR 数据能够精确识别泥石流物源 [图 3.16（a）]，去除植被影响后沟道能够直观反映沟道地形，能够准确识别泥石流沟道的冲淤特征 [图 3.16（b）]，基于机载 LiDAR 数据提高泥石流重要因素解译识别精度，对泥石流的发展预测、评价和防治具有重要意义。

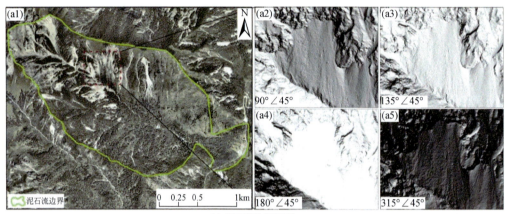

(a) 泥石流物源解译

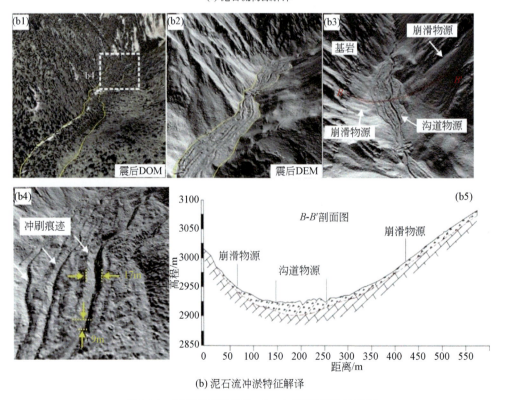

(b) 泥石流冲淤特征解译

图 3.16　泥石流灾害机载 LiDAR 精准解译示意图

3.3　德钦县直溪河高位泥石流精准识别

3.3.1　泥石流基本概况

直溪河泥石流位于德钦县城西北侧，沟口地理坐标为 E98°54′2.47″，N28°29′26.15″，高程为 3365m。沟口位于县城城区边缘，有村道直达，交通便利。

直溪河流域平面形态为桦叶形，流域面积为 5.28km²，地势上北西高、南东低（图 3.17），流域最高处高程为 4470m，沟口高程为 3365m，相对高差为 1105m；主沟由北西向南东延伸，长约 2.95km，平均纵比降为 374.58‰；流域发育一条较大支沟，沟谷两侧斜坡中下部缓，坡度 20°～35°，中上部陡，坡度一般大于 35°（图 3.18），后缘发生大规模风化崩塌，形成大片的基岩光壁。

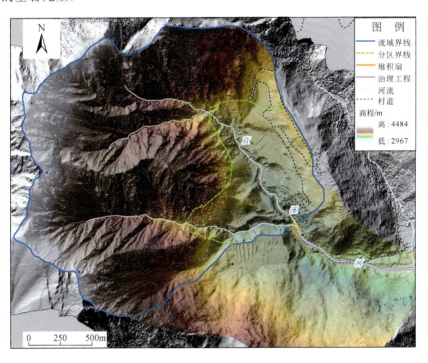

图 3.17　直溪河流域地势示意图

从影像上看，物源以崩塌物源为主，分布于主沟中后部，后缘崩塌光壁明显，呈灰、灰白色块状图斑，纹理粗糙，部分堆积体堵塞沟道；沟口堆积扇沿沟道堆积，呈灰白色带状图斑。沟道内可见 7 处拦挡坝，其中 5 处为前期已建工程，目前坝内已经淤积满；2 处为 2023 年新建工程，呈灰白色矩形图斑。一条排水沟，呈灰白色带状，自 1 号（最下游）坝体至南坪街桥梁处，长约 960m。直溪河泥石流分区特征见表 3.2，直溪河流域分区见图 3.19。

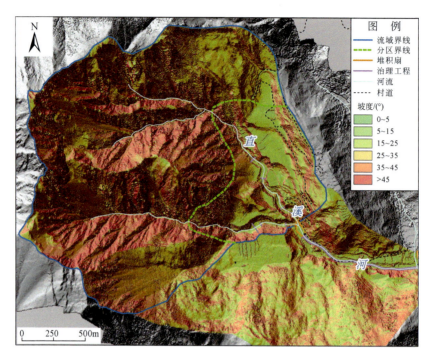

图 3.18　直溪河流域坡度示意图

表 3.2　直溪河泥石流分区特征统计表

量		值
流域面积/km²		5.28
主沟长/km		2.95
沟床平均纵比降/‰		374.58
高程/m（最高点/最低点）		4470/3365
相对高差/m		1105
物源-流通区	面积/km²	5.25
	长度/km	2.85
	纵比降/‰	364.91
	相对高差/m	1040
	沟谷形态	"V"形
堆积区	面积/km²	0.03
	长度/km	0.52
	纵比降/‰	125
	相对高差/m	65
	沟谷形态	"V"形

图 3.19 直溪河流域分区示意图（据 2019 年三维影像）

3.3.2 泥石流物源动态解译

直溪河流域位于澜沧江高山峡谷区，具有山高、谷深、坡陡的特点，区内常年受冰雪冻融影响严重，岩体风化破碎。流域范围内出露三叠系，主要为灰、灰黑色砂岩、页岩，夹灰岩、安山岩、碳质页岩、煤线及砾石，底部砾岩，沟口以下缓坡谷地为冲洪积和冰积堆积层，主要为块石、碎石土。区域属于断裂构造交汇带，断裂极为发育，龙门山中央断裂从流域中上部穿过，受其影响，流域内崩塌、滑坡等松散物源丰富。

本次研究采用 2004 年 11 月、2011 年 2 月和 2015 年 10 月的卫星影像，2019 年 7 月和 2023 年 11 月的无人机航测影像对泥石流沟开展泥石流物源动态解译。

1. 物源量统计

根据现场调查和遥感解译，直溪河流域内的松散固体物源主要为崩塌堆积物、沟床堆积物和滑坡堆积物等，可按照相关经验公式进行物源体积计算。

根据 2004 年 11 月卫星影像解译，流域内共解译物源点 34 处（表 3.3），总物源面积约为 $87.59 \times 10^4 \text{m}^2$，总物源方量（体积）约为 $269.02 \times 10^4 \text{m}^3$。物源主要分布在流域后部，大量的崩塌堆积体分布在沟道两侧和沟道内，主沟下段分布沟道堆积体（图 3.20）。

表 3.3 直溪河流域物源统计表（据 2004 年 11 月卫星影像）

序号	编号	类型	面积/m²	体积/m³
1	B01	崩塌物源	1439	2877
2	B02	崩塌物源	12719	25438

续表

序号	编号	类型	面积/m²	体积/m³
3	B03	崩塌物源	33364	66728
4	B04	崩塌物源	8959	17918
5	B05	崩塌物源	23094	46187
6	B07	崩塌物源	10772	21544
7	B08	崩塌物源	23697	47395
8	B09	崩塌物源	63474	126948
9	B10	崩塌物源	109524	219048
10	B13	崩塌物源	94387	471933
11	B14	崩塌物源	27295	54590
12	B15	崩塌物源	9572	19144
13	B16	崩塌物源	2908	5815
14	B17	崩塌物源	2284	4568
15	B21	崩塌物源	2628	5257
16	B22	崩塌物源	2106	4212
17	B23	崩塌物源	18646	37293
18	B24	崩塌物源	30076	60152
19	B25	崩塌物源	140795	703973
20	B27	崩塌物源	15048	30095
21	B28	崩塌物源	5805	11610
22	B29	崩塌物源	72091	144182
23	B30	崩塌物源	17121	171212
24	B31	崩塌物源	7379	14758
25	B32	崩塌物源	10195	20390
26	B33	崩塌物源	40810	81620
27	B34	崩塌物源	57002	114004
28	GD01	沟道物源	5857	23427
29	GD05	沟道物源	1062	4246
30	GD06	沟道物源	5822	23290
31	GD11	沟道物源	4928	19713
32	H01	滑坡物源	2993	17956
33	H02	滑坡物源	7881	47283
34	H03	滑坡物源	4230	25382
合计			87.59×10^4	269.02×10^4

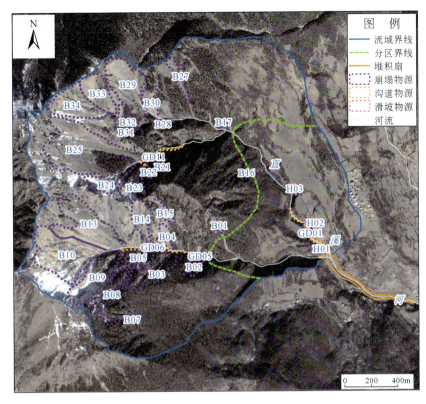

图 3.20　直溪河泥石流遥感解译示意图（据 2004 年 11 月卫星影像）

　　根据 2011 年 2 月卫星影像解译，流域内共解译物源点 43 处（表 3.4），总物源面积约为 93.26×10⁴m²，总物源方量（体积）约为 283.34×10⁴m³。物源主要分布在流域后部，大量的崩塌堆积体分布在沟道两侧和沟道内，主沟下段分布沟道堆积体（图 3.21）。

表 3.4　直溪河流域物源统计表（据 2011 年 2 月卫星影像）

序号	编号	类型	面积/m²	体积/m³
1	B01	崩塌物源	1439	2877
2	B02	崩塌物源	12719	25438
3	B03	崩塌物源	33364	66728
4	B04	崩塌物源	8959	17918
5	B05	崩塌物源	23094	46187
6	B07	崩塌物源	10772	21544
7	B08	崩塌物源	23697	47395
8	B09	崩塌物源	63474	126948
9	B10	崩塌物源	109524	219048
10	B11	崩塌物源	31342	62684
11	B13	崩塌物源	94387	471933

续表

序号	编号	类型	面积/m²	体积/m³
12	B14	崩塌物源	27295	54590
13	B15	崩塌物源	9572	19144
14	B16	崩塌物源	2908	5815
15	B17	崩塌物源	2284	4568
16	B20	崩塌物源	3460	6919
17	B21	崩塌物源	2628	5257
18	B22	崩塌物源	2106	4212
19	B23	崩塌物源	18646	37293
20	B24	崩塌物源	30076	60152
21	B25	崩塌物源	140795	703973
22	B26	崩塌物源	7034	14068
23	B27	崩塌物源	15048	30095
24	B28	崩塌物源	5805	11610
25	B29	崩塌物源	75571	151142
26	B30	崩塌物源	17121	171212
27	B31	崩塌物源	7379	14758
28	B32	崩塌物源	10195	20390
29	B33	崩塌物源	40810	81620
30	B34	崩塌物源	57002	114004
31	GD01	沟道物源	1236	5563
32	GD02	沟道物源	4626	20815
33	GD03	沟道物源	4081	18365
34	GD05	沟道物源	1062	4777
35	GD06	沟道物源	5822	26201
36	GD07	沟道物源	2593	11667
37	GD08	沟道物源	5147	23162
38	GD09	沟道物源	4354	19593
39	GD11	沟道物源	4928	22177
40	H01	滑坡物源	3125	18748
41	H02	滑坡物源	505	3029
42	H03	滑坡物源	4230	25382
43	H04	滑坡物源	2400	14399
合计			93.26×10^4	283.34×10^4

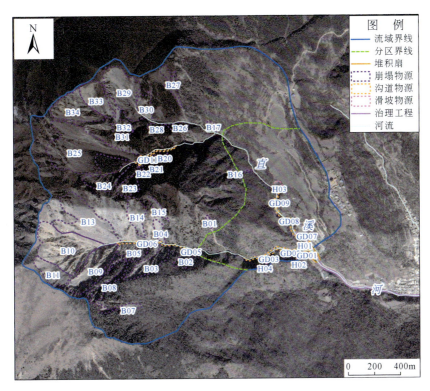

图 3.21 直溪河泥石流遥感解译示意图（据 2011 年 2 月卫星影像）

根据 2015 年 10 月卫星影像解译，流域内共解译物源点 49 处，总物源面积约为 94.74×10⁴m²，总物源方量约为 287.90×10⁴m³。物源主要分布在流域后部，大量的崩塌堆积体分布在沟道两侧和沟道内，主沟下段分布沟道堆积体（图 3.22）。

根据 2019 年 7 月无人机航测影像解译，流域内共解译物源点 49 处，总物源面积约为 95.92×10⁴m²，总物源方量约为 297.80×10⁴m³。物源主要分布在流域后部，大量的崩塌堆积体分布在沟道两侧和沟道内，主沟下段分布沟道堆积体（图 3.23）。

根据 2023 年 11 月无人机航测影像解译，流域内共解译物源点 49 处（表 3.5），其中崩塌物源 34 处、沟道物源 11 处、滑坡物源 4 处，总物源面积约为 100.03×10⁴m²，总物源方量（体积）约为 323.10×10⁴m³。物源主要分布在流域后部，大量的崩塌堆积体分布在沟道两侧和沟道内，主沟下段分布沟道堆积体（图 3.24），目前 5 道拦挡坝已经淤积满。

表 3.5 直溪河流域物源统计表（据 2023 年 11 月无人机航测影像）

序号	编号	类型	面积/m²	体积/m³
1	B01	崩塌物源	1439	2877
2	B02	崩塌物源	12719	25438
3	B03	崩塌物源	33364	66728
4	B04	崩塌物源	8959	17918
5	B05	崩塌物源	28094	56187

续表

序号	编号	类型	面积/m²	体积/m³
6	B06	崩塌物源	5005	10010
7	B07	崩塌物源	10772	21544
8	B08	崩塌物源	23697	47395
9	B09	崩塌物源	63474	126948
10	B10	崩塌物源	129524	259048
11	B11	崩塌物源	31342	62684
12	B12	崩塌物源	8592	17185
13	B13	崩塌物源	94387	566320
14	B14	崩塌物源	27295	54590
15	B15	崩塌物源	9572	19144
16	B16	崩塌物源	5908	11815
17	B17	崩塌物源	2884	5768
18	B18	崩塌物源	3291	6582
19	B19	崩塌物源	1060	2119
20	B20	崩塌物源	3460	6919
21	B21	崩塌物源	2628	5257
22	B22	崩塌物源	2106	4212
23	B23	崩塌物源	18646	37293
24	B24	崩塌物源	30076	60152
25	B25	崩塌物源	140795	703973
26	B26	崩塌物源	7034	14068
27	B27	崩塌物源	15048	30095
28	B28	崩塌物源	5805	11610
29	B29	崩塌物源	75571	151142
30	B30	崩塌物源	35341	353406
31	B31	崩塌物源	7379	14758
32	B32	崩塌物源	10195	20390
33	B33	崩塌物源	40810	81620
34	B34	崩塌物源	57002	114004
35	GD01	沟道物源	1936	9681
36	GD02	沟道物源	4626	23128

续表

序号	编号	类型	面积/m²	体积/m³
37	GD03	沟道物源	4081	20405
38	GD04	沟道物源	3157	15787
39	GD05	沟道物源	1062	5308
40	GD06	沟道物源	5822	29112
41	GD07	沟道物源	2593	12963
42	GD08	沟道物源	5147	25736
43	GD09	沟道物源	4354	21770
44	GD10	沟道物源	2434	12168
45	GD11	沟道物源	4928	24641
46	H01	滑坡物源	3125	18748
47	H02	滑坡物源	505	3029
48	H03	滑坡物源	818	4907
49	H04	滑坡物源	2400	14399
合计			100.03×10^4	323.10×10^4

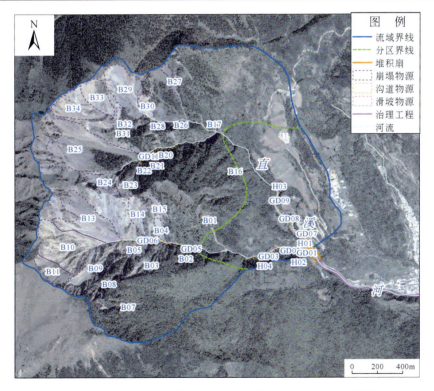

图 3.22　直溪河泥石流遥感解译示意图（据 2015 年 10 月卫星影像）

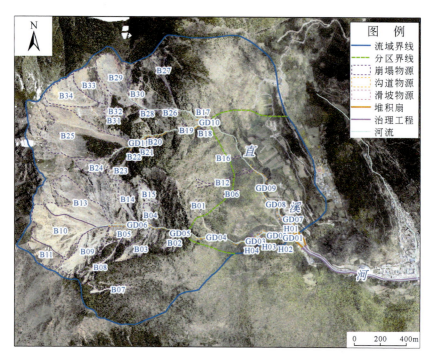

图 3.23 直溪河泥石流遥感解译示意图（据 2019 年 7 月无人机航测影像）

图 3.24 直溪河泥石流遥感解译示意图（据 2023 年 11 月无人机航测影像）

2. 物源变化分析

通过 5 期的高分辨率遥感解译，统计了流域内物源的发展变化（表 3.6），2004 年至今流域内物源方量逐年增加。2004～2011 年，物源方量增加（物源增量）约 14.32×10⁴m³；2004 年至 2015 年，物源方量增加约 18.90×10⁴m³，主要为沟道堆积体和崩塌堆积体物源；2004 年至 2019 年，物源方量增加约 28.82×10⁴m³；2019～2023 年，物源方量增加约 25.26×10⁴m³，主要为沟道堆积体和崩塌堆积体物源。近 20 年来，流域后部的物源在持续增加，物源方量增加约 54.08×10⁴m³（图 3.25），尤其 2019 年以来增速较快，主要受到寒冻风化、断裂构造、降雨等多种因素影响，后缘多处物源处于持续变形状态。

表 3.6　直溪河泥石流物源发展变化统计表

年份	面积/10⁴m²	物源方量/10⁴m³	物源增量/10⁴m³	备注
2004	87.60	269.02	0	主要为崩塌堆积体
2011	93.26	283.34	14.32	增加沟道堆积体和崩塌堆积体
2015	94.74	287.92	18.90	增加沟道堆积体和崩塌堆积体
2019	95.92	297.83	28.82	增加沟道堆积体和崩塌堆积体
2023	100.03	323.10	54.08	增加沟道堆积体和崩塌堆积体

图 3.25　直溪河泥石流物源统计柱状图

3. 重点物源分析

直溪河流域后缘斜坡受断裂构造和寒冻风化影响，斜坡沿山脊附近发生连续崩塌，崩塌堆积分布在斜坡下段，部分堵塞沟道，是目前主要的泥石流物源。通过高精度无人机航测数据和多期卫星数据，流域内共识别出 11 处重点物源处于持续变形状态，总面积约为 71.06×10⁴m²，总体积约为 280.61×10⁴m³，占总物源的 86%（图 3.26，表 3.7）。

通过无人机三维影像解译可知，大量的崩塌堆积体分布在沟道两侧的斜坡中下部，堆积体松散，在降雨或融雪作用下容易发生滑动失稳，直接转换为泥石流活动物质；同时，后部斜坡基岩裸露，岩体破碎，受到寒冻风化和断裂构造影响，斜坡不断发生崩滑破坏（图 3.27、图 3.28）。

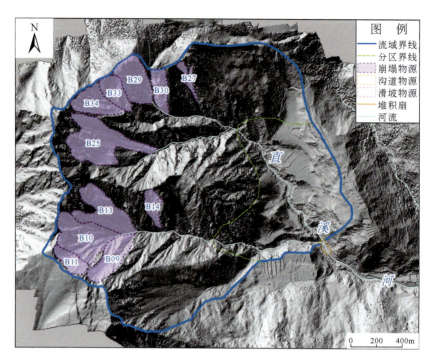

图 3.26　直溪河泥石流重点物源遥感解译示意图（据 2023 年 11 月无人机航测影像）

表 3.7　直溪河泥石流重点物源统计表

序号	编号	类型	面积/m²	体积/m³	备注
1	B09	崩塌物源	63474	126948	堵沟物源，处于持续变形
2	B10	崩塌物源	129524	259048	高位物源，处于持续变形
3	B14	崩塌物源	27295	54590	堵沟物源，处于持续变形
4	B25	崩塌物源	140795	703973	高位物源，处于持续变形
5	B27	崩塌物源	15048	30095	高位物源，处于持续变形
6	B33	崩塌物源	40810	81620	高位物源，处于持续变形
7	B34	崩塌物源	57002	114004	高位物源，处于持续变形
8	B11	崩塌物源	31342	62684	高位物源，处于持续变形
9	B13	崩塌物源	94387	566320	高位物源，处于持续变形
10	B29	崩塌物源	75571	453425	高位物源，处于持续变形
11	B30	崩塌物源	35341	353406	高位物源，处于持续变形
合计			71.06×10⁴	280.61×10⁴	

通过高精度无人机航测数据，B29 号物源分布在流域后部，该物源面积约为 75571m²，物源体积约为 453425m³（表 3.7），后缘发育明显裂缝，延伸长度约 165m，从无人机 LiDAR 数据来看，后缘裂缝（LF1）已经连续贯通（图 3.29），构成后缘失稳边界，该物源可能发生整体失稳，形成高位崩塌—滑坡—碎屑流链式灾害。B30 号物源变形不断扩展，目前已

至后缘山脊，该物源面积约为 35341m^2，物源体积约为 353406m^3（表 3.7）。

图 3.27　直溪河流域典型崩塌物源

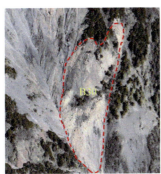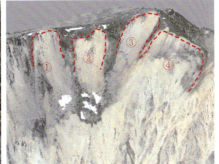

图 3.28　直溪河流域后缘 2004 年后新增物源

①~④为次级变形区

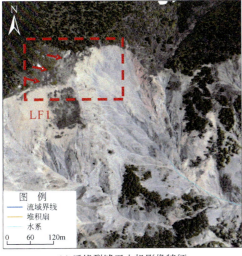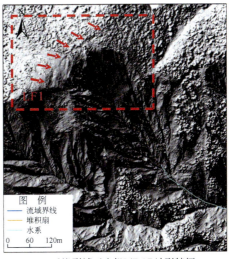

(a) 后缘裂缝无人机影像特征　　　　(b) 后缘裂缝无人机LiDAR地形特征

(c) 全貌照片

图 3.29　直溪河流域后缘典型物源示意图（B29 号物源）

3.3.3　泥石流冲淤特征动态解译

据 2004 年影像解译分析可知，当时该沟未进行工程治理，泥石流堆积体沿沟道堆积，呈灰白色带状图斑，堆积长度约为 0.95km，堆积体延伸至现在的国道处，沟道后缘大量的崩塌堆积堵塞沟道。2010～2013 年，该沟进行了工程治理，修建 5 道拦挡坝和一条排导槽，其间发生多次小规模泥石流，上游坝体淤积大量堆积体，据 2013 年 9 月影像，主沟上游 1 号拦挡坝和支沟上游坝体基本於埋满，排导槽内无泥石流堆积体。2013 年至今，每年均发生小规模泥石流，目前 5 道坝体已经淤积满，并在最下游的拦挡坝进行了清淤，排导槽内无泥石流堆积体。

本次研究采用 2004 年、2015 年、2019 年和 2023 年多期遥感数据解译分析了城镇发展对泥石流堆积区的挤占情况（图 3.30～图 3.34），从图 3.31 统计结果来看，2004 年城镇建设对堆积区的挤占率约 50.53%，2023 年城镇建设对堆积区的挤占率增长到了 68.56%，城镇发展严重挤压泥石流堆积区，城镇建设严重压缩行洪通道区域，不断向泥石流沟内扩展。目前，堆积区沟道偏向南侧，修建有排导槽，按照 20 年一遇降雨工况设计，排导槽宽 10～13m、深 2.5～3m，过流断面为 31.78m^2，最大允许过流流量为 166.12m^3/s。

3.3.4　泥石流发展趋势

根据直溪河泥石流沟现场调查对各因素进行打分、评价，直溪河泥石流严重程度得分为 116 分，按照规范标准所划分的易发性属易发。

根据绘制的直溪河流域面积-高程曲线，得出该流域拟合方程，并在区间 [0，1] 上进行积分，计算的该流域高程-面积积分 S 值为 0.468，目前该沟正处于壮年期。综合以上分析，直溪河今后一段内其演化趋势仍以高频泥石流为主，并具备发生大规模泥石流的条件和可能性。

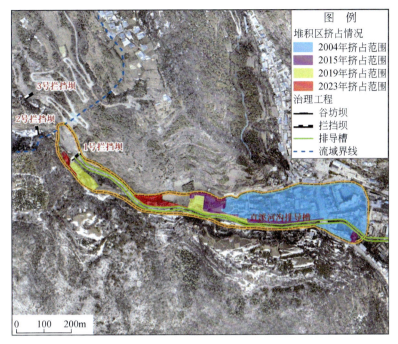

图 3.30 城镇发展对直溪河泥石流堆积区的挤占情况示意图

图 3.31 城镇发展对直溪河泥石流堆积区的挤占情况统计图

(a) 2004年堆积区特征   (b) 2015年堆积区特征

(c) 2019年堆积区特征　　　　　　　　　　(d) 2023年堆积区特征

图 3.32　直溪河泥石流堆积区多期演化特征示意图

图 3.33　直溪河泥石流堆积区全貌

图 3.34　直溪河泥石流下游沟口堆积区

3.4　德钦县水磨房沟高位泥石流精准识别

3.4.1　泥石流基本概况

水磨房沟泥石流（图 3.35）位于德钦县城（升平镇）北侧，主沟长 11.2km，前后缘相对高差达 1980m（沟口海拔为 3255m，沟头海拔为 5235m），平均纵比降为 176.79‰，最陡处纵比降达 395.26‰。陡峭的地形为泥石流的形成、暴发提供了有利地形条件。

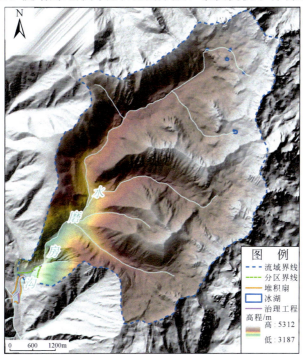

图 3.35　水磨房沟流域地势示意图

水磨房沟泥石流区岩性主要为中三叠统（T_2）的变质砂岩、板岩和片岩，平行接触，产状为 230°∠40°（图 3.36）。受构造活动和风化作用的影响，沟谷两岸岩体节理发育、表层破碎，形成多处崩塌和滑坡，为泥石流提供大量物源。

水磨房沟流域面积为 33.36km²，流量为 0.54m³/s，主要受融雪和降水补给；德钦县多年平均降水量为 662.0mm，6～9 月为雨季，降水占全年降水量年的 67%，降水相对集中在 7、8 月。

经过详细调查发现，水磨房沟泥石流海拔 3800m 以上沟谷两侧植被茂盛，覆盖较好，崩坡积物整体上较为稳定，仅发育一处小型滑坡；沟谷底部主要为经河流冲刷改造的冰碛物，以大块石为主，经过多年流水冲刷已基本稳定。

水磨房沟泥石流沟物源主要分布在海拔 3600～3800m 段沟谷，主要为沟谷两岸的变质砂岩、板岩和片岩崩坡积物，以及沟道中的冲积物（图 3.37、图 3.38，表 3.8）。

图 3.36　水磨房沟流域坡度示意图

图 3.37　海拔 3820m 以上沟道特征示意图

图 3.38　主沟海拔 3740m 处滑坡物源示意图

表 3.8　水磨房沟泥石流分区特统计表

量		值
流域面积/km²		33.36
主沟长/km		11.2
沟床平均纵比降/‰		176.79
高程/m（最高点/最低点）		5235/3255
相对高差/m		1980
物源区	流域面积/km²	1.256
	长度/km	1.265
	纵比降/‰	395.26
	相对高差/m	500
	沟谷形态	"V" 形
流通区	流域面积/km²	33.32
	长度/km	10.55
	纵比降/‰	182.46
	相对高差/m	1925
	沟谷形态	"V" 形
堆积区	流域面积/km²	0.036
	长度/km	0.65
	纵比降/‰	146.15
	相对高差/m	95
	沟谷形态	"U" 形

3.4.2　泥石流物源动态解译

1. 物源量统计

根据现场调查和遥感解译等，水磨房沟流域内的松散固体物源主要为崩塌堆积物、沟床堆积物和滑坡堆积物等，按照相关经验公式进行物源体积计算。

根据 2004 年 11 月卫星影像解译，流域内共解译物源点 42 处（表 3.9），总物源面积约为 1020.34×10⁴m²，总物源方量（体积）约为 2284.34×10⁴m³。物源主要分布在流域后部，大量的崩塌堆积体分布在沟道两侧和沟道内，主沟下段分布沟道堆积体（图 3.39）。

表 3.9　水磨房沟流域物源统计表（据 2004 年 11 月卫星影像）

序号	编号	类型	面积/m²	体积/m³
1	B01	崩塌物源	7459	14918
2	B02	崩塌物源	3767	7534

序号	编号	类型	面积/m²	体积/m³
3	B03	崩塌物源	30981	154903
4	B04	崩塌物源	4672	9343
5	B06	崩塌物源	30278	151392
6	B07	崩塌物源	7401	14803
7	B09	崩塌物源	2793	5585
8	B10	崩塌物源	2371	4743
9	B11	崩塌物源	8294	16588
10	B12	崩塌物源	234003	468006
11	B13	崩塌物源	31339	62677
12	B15	崩塌物源	442318	884636
13	B16	崩塌物源	91332	182665
14	B17	崩塌物源	58296	116591
15	B18	崩塌物源	920786	1841573
16	DT01	冻土堆积物源	825606	1816333
17	DT02	冻土堆积物源	275358	605789
18	DT03	冻土堆积物源	179551	395013
19	DT04	冻土堆积物源	2340297	5148654
20	DT05	冻土堆积物源	202000	444399
21	DT06	冻土堆积物源	462283	1017022
22	DT07	冻土堆积物源	163547	359803
23	DT08	冻土堆积物源	1099340	2418549
24	DT09	冻土堆积物源	642751	1414052
25	DT10	冻土堆积物源	150412	330907
26	DT11	冻土堆积物源	780153	1716337
27	GD01	沟道物源	3539	7079
28	GD02	沟道物源	3654	7308
29	GD03	沟道物源	3558	7117
30	GD04	沟道物源	3622	7243
31	GD05	沟道物源	4612	9225
32	GD06	沟道物源	66773	166933
33	GD07	沟道物源	186931	467327
34	GD08	沟道物源	63853	159633
35	GD09	沟道物源	162367	405917
36	GD10	沟道物源	242976	607439

续表

序号	编号	类型	面积/m²	体积/m³
37	GD11	沟道物源	267243	668107
38	GD12	沟道物源	167984	419961
39	H01	滑坡物源	6310	31548
40	H02	滑坡物源	3751	18756
41	H03	滑坡物源	5055	50546
42	H04	滑坡物源	13764	206454
合计			1020.34×10^4	2284.34×10^4

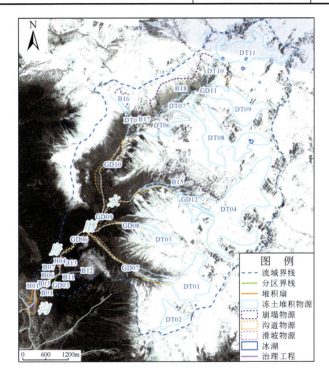

图 3.39　水磨房沟泥石流遥感解译示意图（据 2004 年 11 月卫星影像）

根据 2011 年 2 月卫星影像解译，流域内共解译物源点 44 处（表 3.10），总物源面积约为 $1021.42 \times 10^4 \mathrm{m^2}$，总物源方量（体积）约为 $2433.23 \times 10^4 \mathrm{m^3}$，物源主要分布在流域后部，大量的崩塌堆积体分布在沟道两侧和沟道内，主沟下段分布沟道堆积体（图 3.40）。

表 3.10　水磨房沟流域物源统计表（据 2011 年 2 月卫星影像）

序号	编号	类型	面积/m²	体积/m³
1	B01	崩塌物源	7459	14918
2	B02	崩塌物源	3767	7534
3	B03	崩塌物源	30981	154903

序号	编号	类型	面积/m²	体积/m³
4	B04	崩塌物源	4672	9343
5	B06	崩塌物源	30278	242227
6	B07	崩塌物源	7401	14803
7	B08	崩塌物源	1548	3096
8	B09	崩塌物源	2793	5585
9	B10	崩塌物源	2371	4743
10	B11	崩塌物源	8294	16588
11	B12	崩塌物源	234003	538207
12	B13	崩塌物源	31339	62677
13	B14	崩塌物源	9276	27829
14	B15	崩塌物源	442318	884636
15	B16	崩塌物源	91332	182665
16	B17	崩塌物源	58296	116591
17	B18	崩塌物源	920786	1841573
18	DT01	冻土堆积物源	825606	1898894
19	DT02	冻土堆积物源	275358	633324
20	DT03	冻土堆积物源	179551	412968
21	DT04	冻土堆积物源	2340297	5382684
22	DT05	冻土堆积物源	202000	464599
23	DT06	冻土堆积物源	462283	1063250
24	DT07	冻土堆积物源	163547	376158
25	DT08	冻土堆积物源	1099340	2528483
26	DT09	冻土堆积物源	642751	1478327
27	DT10	冻土堆积物源	150412	345948
28	DT11	冻土堆积物源	780153	1794352
29	GD01	沟道物源	3539	8141
30	GD02	沟道物源	3654	8405
31	GD03	沟道物源	3558	8184
32	GD04	沟道物源	3622	8330
33	GD05	沟道物源	4612	10608
34	GD06	沟道物源	66773	200319
35	GD07	沟道物源	186931	560792
36	GD08	沟道物源	63853	191560
37	GD09	沟道物源	162367	487100

续表

序号	编号	类型	面积/m^2	体积/m^3
38	GD10	沟道物源	242976	728927
39	GD11	沟道物源	267243	801729
40	GD12	沟道物源	167984	503953
41	H01	滑坡物源	6310	31548
42	H02	滑坡物源	3751	18756
43	H03	滑坡物源	5055	50546
44	H04	滑坡物源	13764	206454
合计			1021.42×10^4	2433.23×10^4

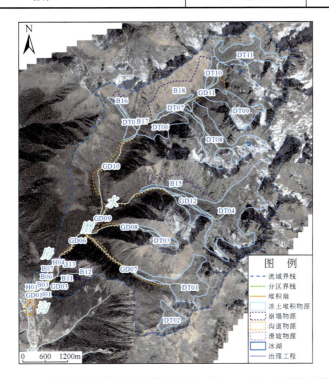

图 3.40　水磨房沟泥石流遥感解译示意图（据 2011 年 2 月卫星影像）

根据 2015 年 10 月卫星影像解译,流域内共解译物源点 49 处,总物源面积约为 2021.40×10^{4}m^2,总物源方量约为 2581.60×10^{4}m^3。物源主要分布在流域后部,大量的冰碛物堆积体分布在沟道内,沟道两侧分布大量崩塌堆积体,主沟下段分布崩塌堆积体和沟道堆积体（图 3.41）。

根据 2019 年 7 月无人机航测影像解译,流域内共解译物源点 45 处,总物源面积约为 1021.40×10^{4}m^2,总物源方量约为 2800.50×10^{4}m^3。物源主要分布在流域后部,大量的冰碛物堆积体分布在沟道内,沟道两侧分布大量崩塌堆积体,主沟下段分布崩塌堆积体和沟道堆积体（图 3.42）。

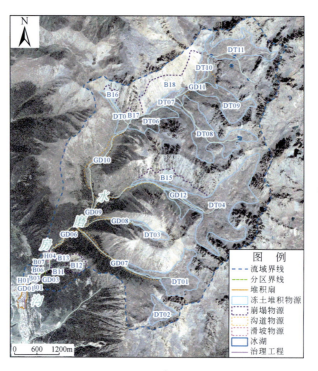

图 3.41　水磨房沟泥石流遥感解译示意图（据 2015 年 10 月卫星影像）

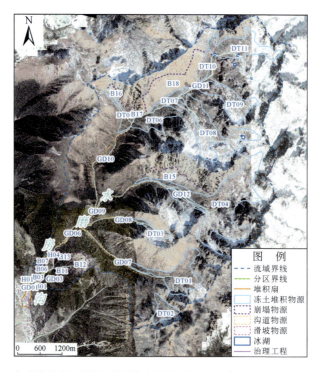

图 3.42　水磨房沟泥石流遥感解译示意图（据 2019 年 7 月无人机航测影像）

采用 2023 年无人机航测影像和高分辨率卫星影像对流域内物源进行详细解译，流域内共解译物源点 44 处（表 3.11），其中崩塌物源 17 处、沟道物源 12 处、滑坡物源 4 处、冻土堆积物源 11 处，总物源面积约为 1021.42×10⁴m²，总物源方量（体积）约为 2954.41×10⁴m³。物源主要分布在流域后部和流域下部，流域后部分布大量冰碛物堆积体。目前，参与泥石流活动的物源主要集中在下部区域，大量的崩塌堆积体分布在沟道两侧和沟道内，主沟下段分布沟道堆积体，5 道拦挡坝已经淤积满（图 3.43）。

表 3.11　水磨房沟流域物源统计表（据 2023 年无人机航测影像和高分辨率卫星影像）

序号	物源编号	物源类型	物源面积/m²	物源体积/m³
1	B01	崩塌物源	7459	14918
2	B02	崩塌物源	3767	7534
3	B03	崩塌物源	30981	154903
4	B04	崩塌物源	4672	9343
5	B06	崩塌物源	30278	242227
6	B07	崩塌物源	7401	14803
7	B08	崩塌物源	1548	3096
8	B09	崩塌物源	2793	5585
9	B10	崩塌物源	2371	4743
10	B11	崩塌物源	8294	16588
11	B12	崩塌物源	234003	702009
12	B13	崩塌物源	31339	94016
13	B14	崩塌物源	9276	46381
14	B15	崩塌物源	442318	884636
15	B16	崩塌物源	91332	182665
16	B17	崩塌物源	58296	116591
17	B18	崩塌物源	920786	1841573
18	DT01	冻土堆积物源	825606	2476818
19	DT02	冻土堆积物源	275358	826075
20	DT03	冻土堆积物源	179551	538654
21	DT04	冻土堆积物源	2340297	7020892
22	DT05	冻土堆积物源	202000	605999
23	DT06	冻土堆积物源	462283	1386848
24	DT07	冻土堆积物源	163547	490640
25	DT08	冻土堆积物源	1099340	3298021
26	DT09	冻土堆积物源	642751	1928253
27	DT10	冻土堆积物源	150412	451237
28	DT11	冻土堆积物源	780153	2340460
29	GD01	沟道物源	3539	10618
30	GD02	沟道物源	3654	10962
31	GD03	沟道物源	3558	10675
32	GD04	沟道物源	3622	10865
33	GD05	沟道物源	4612	13837
34	GD06	沟道物源	66773	200319
35	GD07	沟道物源	186931	560792
36	GD08	沟道物源	63853	191560

续表

序号	物源编号	物源类型	物源面积/m²	物源体积/m³
37	GD09	沟道物源	162367	487100
38	GD10	沟道物源	242976	728927
39	GD11	沟道物源	267243	801729
40	GD12	沟道物源	167984	503953
41	H01	滑坡物源	6310	31548
42	H02	滑坡物源	3751	18756
43	H03	滑坡物源	5055	50546
44	H04	滑坡物源	13764	206454
合计			1021.42×10^4	2954.41×10^4

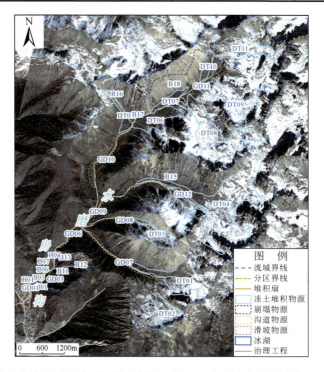

图 3.43　水磨房沟泥石流遥感解译示意图（据 2023 年无人机航测影像和卫星影像）

2. 物源变化分析

通过 5 期的高分辨率遥感解译，统计了流域内物源的发展变化（表 3.12），2004 年至今流域内物源方量逐年增加。2004～2011 年，物源方量增加（物源增量）约 $148.89 \times 10^4 \mathrm{m}^3$；2004 年至 2015 年，物源方量增加约 $297.30 \times 10^4 \mathrm{m}^3$，主要为冰碛堆积体和崩塌堆积体物源；2004 年至 2019 年，物源方量增加约 $516.19 \times 10^4 \mathrm{m}^3$；2019～2023 年，物源方量增加约 $153.88 \times 10^4 \mathrm{m}^3$，主要为冰碛堆积体和崩塌堆积体物源。近 20 年来，流域后部的物源在持续增加，物源方量增加 $670.07 \times 10^4 \mathrm{m}^3$（图 3.44），主要受到寒冻风化、断裂构造、降雨等多种因素影响，后部冰碛堆积体和下部多处物源处于持续变形状态。

表 3.12   水磨房沟泥石流物源发展变化统计表

年份	面积/10^4m^2	物源方量/10^4m^3	物源增量/10^4m^3	备注
2004	1020.34	2284.34	0	主要为冰碛堆积体和崩塌堆积体
2011	1021.42	2433.23	148.89	增加冰碛堆积体和崩塌堆积体
2015	1021.42	2581.64	297.30	增加冰碛堆积体和崩塌堆积体
2019	1021.42	2800.53	516.19	增加冰碛堆积体和崩塌堆积体
2023	1021.42	2954.41	670.07	增加冰碛堆积体和崩塌堆积体

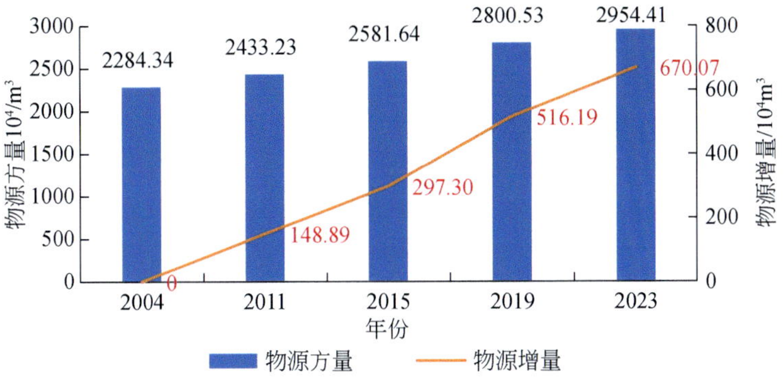

图 3.44   水磨房沟泥石流物源统计柱状图

3. 重点物源分析

水磨房流域后缘斜坡受断裂构造和寒冻风化影响，斜坡沿山脊附近发生连续崩塌，崩塌堆积分布在斜坡下段，部分堵塞沟道，是目前主要的泥石流物源（表 3.13，图 3.45～图 3.47）。

表 3.13   水磨房沟泥石流重点物源统计表

序号	编号	类型	面积/m^2	体积/m^3	备注
1	B09	崩塌物源	63474	126948	堵沟物源，处于持续变形
2	B10	崩塌物源	129524	259048	高位物源，处于持续变形
3	B14	崩塌物源	27295	54590	堵沟物源，处于持续变形
4	B25	崩塌物源	140795	703973	高位物源，处于持续变形
5	B27	崩塌物源	15048	30095	高位物源，处于持续变形
6	B33	崩塌物源	40810	81620	高位物源，处于持续变形
7	B34	崩塌物源	57002	114004	高位物源，处于持续变形
8	B11	崩塌物源	31342	62684	高位物源，处于持续变形
9	B13	崩塌物源	94387	566320	高位物源，处于持续变形
10	B29	崩塌物源	75571	453425	高位物源，处于持续变形
11	B30	崩塌物源	35341	353406	高位物源，处于持续变形
合计			$71.06×10^4$	$280.6×10^4$	

图 3.45　水磨房沟泥石流遥感解译示意图（据 2023 年无人机航测影像）

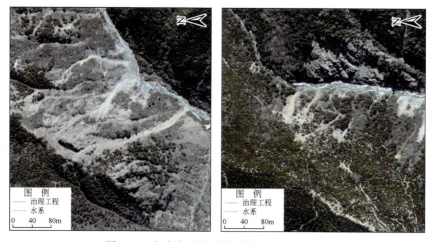

图 3.46　水磨房沟流域典型崩塌物源示意图

3.4.3　泥石流冲淤特征动态解译

　　据 2004 年影像解译分析可知，当时该沟未进行工程治理，泥石流堆积体沿沟道堆积，呈灰白色带状图斑，堆积体延伸至现在的国道处，沟道后缘大量的崩塌堆积堵塞沟道。2004～2015 年，该沟进行了工程治理，修建 4 道拦挡坝和 1 条排导槽，其间发生多次小规模泥石流，上游坝体淤积大量堆积体，据 2019 年 9 月影像，主沟上游①号拦挡坝和支沟上游坝体基本於埋满，排导槽内无泥石流堆积体。2019 年至今，每年均发生小规模泥石流，目前 4 道坝体已经淤积满，并在最下游的拦挡坝进行了清淤，排导槽内无泥石流堆积体。

水磨房沟堆积扇沿沟谷分布，堆积体挤压主沟道。通过地形条件和历史影像分析，泥石流堆积于德钦县示范小学附近，泥石流堆积扇面积约为 0.11km^2，堆积长度约为 0.68km。

图 3.47 水磨房沟流域后缘 2004 年后新增物源示意图

本次研究采用 2004 年、2015 年、2019 年和 2023 年多期遥感数据解译分析了城镇发展对泥石流堆积区的挤占情况（图 3.48～图 3.51），从统计结果来看（图 3.49），2004 年城镇建设对堆积区的挤占率约 46.56%，2023 年城镇建设对堆积区的挤占率增长到了 82.07%，城镇发展严重挤压泥石流堆积区，城镇建设严重压缩行洪通道区域，不断向泥石流沟内扩

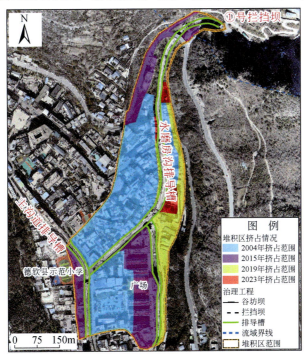

图 3.48 城镇发展对水磨房沟泥石流堆积区的挤占情况示意图

展。目前，堆积区沟道分布在中部，修建有排导槽，按照 20 年一遇降雨工况设计，排导槽宽 10～13m、深 2～2.5m、长约 0.65km。

图 3.49　城镇发展对水磨房沟泥石流堆积区的挤占情况统计图

图 3.50　水磨房沟泥石流堆积区全貌

(a) 2004年堆积区特征

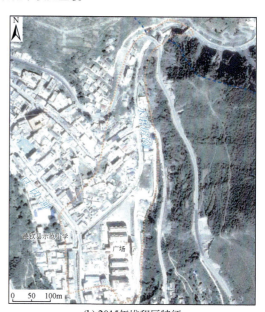
(b) 2015年堆积区特征

(c) 2019年堆积区特征　　　　　　　　　(d) 2023年堆积区特征

图 3.51　水磨房沟泥石流堆积区多期演化特征示意图

3.5　德钦县温泉村沟泥石流精准识别

3.5.1　泥石流概况

温泉村沟泥石流位于德钦县城东侧，沟口地理坐标为 E98°54′2.47″，N28°29′26.15″，高程为 3365m。沟口位于县城城区中部，国道横穿流域，流域中下部分布村道公路，上部为林区机耕道，交通便利。

温泉村沟平面形态为桦叶形，流域面积为 3.5km²，地势上东高、南低（图 3.52），流域最高处高程为 4535m，沟口高程为 3145m，相对高差为 1390m；主沟由北西向南东延伸，长约 2.58km，平均纵比降为 537.09‰；主沟顺直，支沟不发育，沟谷两侧斜坡中下部缓，坡度为 20°～35°，中上部陡，坡度一般大于 35°（图 3.53，表 3.14），后缘发生大规模风化崩塌，形成大片的基岩光壁（图 3.54）。

从影像上看，物源以崩塌物源为主，分布于主沟中后部，后缘崩塌光壁明显，呈灰、灰白色块状图斑，纹理粗糙，部分堆积体堵塞沟道；沟口堆积扇沿沟道堆积，呈灰白色带状图斑。

3.5.2　泥石流物源动态解译

1. 物源量统计

根据现场调查和遥感解译，温泉村沟流域内的松散固体物源主要为崩塌堆积物、沟床堆积物和滑坡堆积物，按照相关经验公式进行物源体积计算。

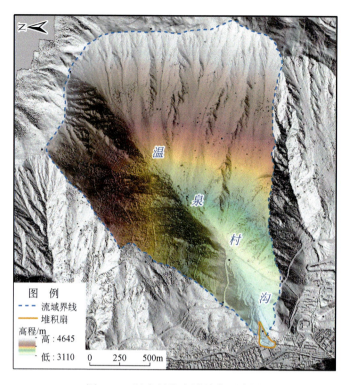

图 3.52　温泉村沟流域地势示意图

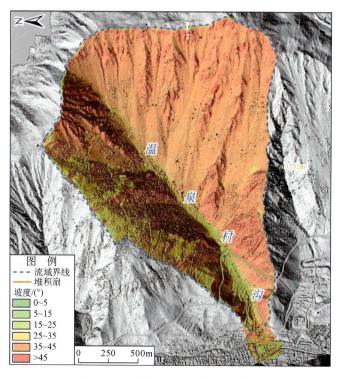

图 3.53　温泉村沟流域坡度示意图

图 3.54 温泉村沟流域分区示意图（据 2019 年三维影像）

根据 2004 年 11 月卫星影像解译，流域内共解译物源点 32 处（表 3.15），总物源面积约为 68.93×10⁴m²，总物源方量（体积）约为 108.46×10⁴m³。物源主要分布在流域后部，大量的崩塌堆积体分布在沟道两侧和沟道内，主沟下段分布沟道堆积体（图 3.55）。

表 3.14 温泉村沟泥石流分区特征统计表

特征		值
流域面积/km²		3.5
主沟长/km		2.588
沟床平均纵比降/‰		537.09
高程/m（最高点/最低点）		4535/3145
相对高差/m		1390
物源–流通区	面积/km²	3.486
	长度/km	2.338
	纵比降/‰	588.11
	相对高差/m	1375
	沟谷形态	"U"形
堆积区	面积/km²	0.014

续表

特征		值
堆积区	长度/km	0.25
	纵比降/‰	160
	相对高差/m	40
	沟谷形态	"U"形

表 3.15　温泉村沟流域物源统计表（据 2004 年 11 月卫星影像）

序号	编号	类型	面积/m²	体积/m³
1	G01	沟道物源	32895	98686
2	G02	沟道物源	9294	27882
3	G03	沟道物源	2520	2520
4	G04	沟道物源	17350	26025
5	G05	沟道物源	4417	8833
6	H01	滑坡物源	2064	6192
7	H02	滑坡物源	2844	8532
8	M01	人工弃渣堆积体物源	11370	45482
9	M02	人工弃渣堆积体物源	35456	70911
10	M03	人工弃渣堆积体物源	7258	21775
11	B01	崩塌物源	3102	6203
12	B02	崩塌物源	11159	33476
13	B03	崩塌物源	980	980
14	B04	崩塌物源	5279	5279
15	B05	崩塌物源	7509	7509
16	B06	崩塌物源	1658	1658
17	B07	崩塌物源	3353	3353
18	B08	崩塌物源	7915	15829
19	B09	崩塌物源	2827	2827
20	B10	崩塌物源	2459	2459
21	B11	崩塌物源	14543	17451
22	B12	崩塌物源	33840	33840
23	B13	崩塌物源	39947	51931
24	B14	崩塌物源	45336	40803
25	B15	崩塌物源	18075	9037
26	B16	崩塌物源	25445	25445
27	B17	崩塌物源	35003	28003
28	B18	崩塌物源	61897	49518
29	B19	崩塌物源	98057	49028

续表

序号	编号	类型	面积/m²	体积/m³
30	H03	滑坡物源	30142	120567
31	H04	滑坡物源	81991	245972
32	B20	崩塌物源	33346	16673
合计			68.93×10⁴	108.46×10⁴

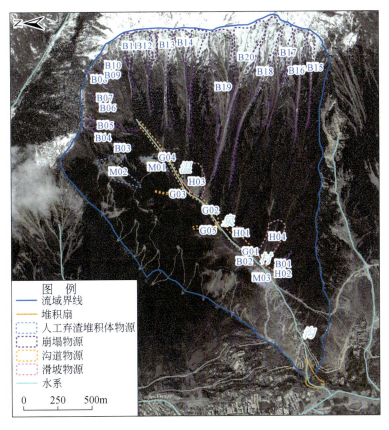

图 3.55　温泉村沟泥石流遥感解译示意图（据 2004 年 11 月卫星影像）

根据 2011 年 2 月卫星影像解译，流域内共解译物源点 32 处（表 3.16），总物源面积约为 70.67×10⁴m²，总物源方量（体积）约为 113.93×10⁴m³。物源主要分布在流域后部，大量的崩塌堆积体分布在沟道两侧和沟道内，主沟下段分布沟道堆积体（图 3.56）。

表 3.16　温泉村沟流域物源统计表（据 2011 年 2 月卫星影像）

序号	编号	类型	面积/m²	体积/m³
1	G01	沟道物源	32895	98686
2	G02	沟道物源	9294	27882
3	G03	沟道物源	2520	2520

序号	编号	类型	面积/m²	体积/m³
4	G04	沟道物源	17350	26025
5	G05	沟道物源	4417	8833
6	H01	滑坡物源	2064	6192
7	H02	滑坡物源	2844	8532
8	M01	人工弃渣堆积体物源	11370	45482
9	M02	人工弃渣堆积体物源	35456	70911
10	M03	人工弃渣堆积体物源	7258	21775
11	B01	崩塌物源	3102	6203
12	B02	崩塌物源	11159	33476
13	B03	崩塌物源	980	980
14	B04	崩塌物源	5279	5279
15	B05	崩塌物源	7509	7509
16	B06	崩塌物源	1658	1658
17	B07	崩塌物源	3353	3353
18	B08	崩塌物源	7915	15829
19	B09	崩塌物源	2827	2827
20	B10	崩塌物源	2459	2459
21	B11	崩塌物源	14543	17451
22	B12	崩塌物源	33840	33840
23	B13	崩塌物源	39947	51931
24	B14	崩塌物源	45336	40803
25	B15	崩塌物源	18075	9037
26	B16	崩塌物源	25445	25445
27	B17	崩塌物源	35003	28003
28	B18	崩塌物源	61897	49518
29	B19	崩塌物源	98057	49028
30	H03	滑坡物源	32556	130224
31	H04	滑坡物源	96995	290985
32	B20	崩塌物源	33346	16673
合计			70.67×10^4	113.93×10^4

根据 2015 年 10 月卫星影像解译，流域内共解译物源点 32 处，总物源面积约为 $70.60 \times 10^4 \mathrm{m}^2$，总物源方量约为 $118.5 \times 10^4 \mathrm{m}^3$。物源主要分布在流域后部，大量的崩塌堆积体分布在沟道两侧和沟道内，主沟下段分布沟道堆积体（图 3.57）。

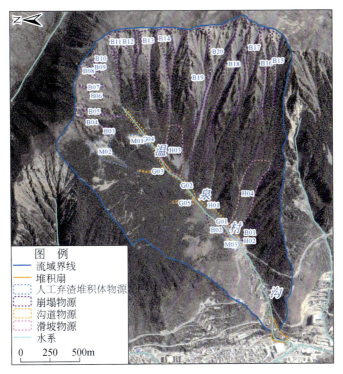

图 3.56　温泉村沟泥石流遥感解译示意图（据 2011 年 2 月卫星影像）

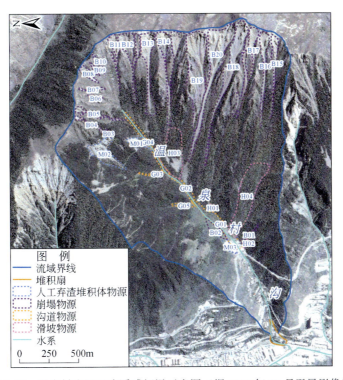

图 3.57　温泉村沟泥石流遥感解译示意图（据 2015 年 10 月卫星影像）

根据 2019 年 7 月卫星影像解译，流域内共解译物源点 32 处，总物源面积约为 75.50×10^{4}m^2，总物源方量约为 123.50×10^{4}m^3，物源主要分布在流域后部，大量的崩塌堆积体分布在沟道两侧和沟道内，主沟下段分布沟道堆积体（图 3.58）。

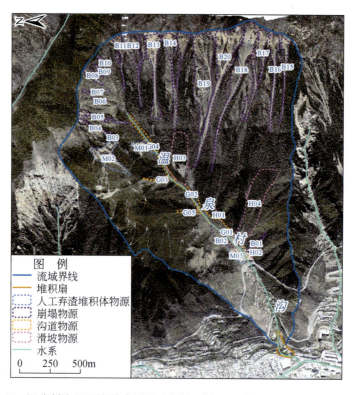

图 3.58　温泉村沟泥石流遥感解译示意图（据 2019 年 7 月无人机航测影像）

采用 2023 年 11 月无人机航测影像对流域内物源进行详细解译，流域内共解译物源点 32 处（表 3.17），其中崩塌物源 20 处、沟道物源 5 处、滑坡物源 4 处、人工弃渣堆积体物源 3 处，总物源面积约为 87.09×10^{4}m^2，总物源方量（体积）约为 156.45×10^{4}m^3。物源主要分布在流域后部，大量的崩塌堆积体分布在沟道两侧和沟道内（图 3.59）。

表 3.17　温泉村沟流域物源统计表（据 2023 年 11 月无人机航测影像）

序号	编号	类型	面积/m²	体积/m³
1	G01	沟道物源	32895	98686
2	G02	沟道物源	9294	27882
3	G03	沟道物源	2520	2520
4	G04	沟道物源	17350	26025
5	G05	沟道物源	4417	8833
6	H01	滑坡物源	2064	6192
7	H02	滑坡物源	14645	43935

续表

序号	编号	类型	面积/m²	体积/m³
8	M01	人工弃渣堆积体物源	11370	45482
9	M02	人工弃渣堆积体物源	35456	106367
10	M03	人工弃渣堆积体物源	7258	21775
11	B01	崩塌物源	3102	6203
12	B02	崩塌物源	11159	33476
13	B03	崩塌物源	980	980
14	B04	崩塌物源	5279	5279
15	B05	崩塌物源	7509	7509
16	B06	崩塌物源	1658	1658
17	B07	崩塌物源	3353	3353
18	B08	崩塌物源	7915	15829
19	B09	崩塌物源	2827	2827
20	B10	崩塌物源	2459	2459
21	B11	崩塌物源	14543	21814
22	B12	崩塌物源	33840	43993
23	B13	崩塌物源	67468	101202
24	B14	崩塌物源	45336	54404
25	B15	崩塌物源	18075	9037
26	B16	崩塌物源	25445	25445
27	B17	崩塌物源	35003	28003
28	B18	崩塌物源	61897	49518
29	B19	崩塌物源	98057	49028
30	H03	滑坡物源	56509	226034
31	H04	滑坡物源	149257	447771
32	B20	崩塌物源	81991	40995
合计			87.09×10⁴	156.45×10⁴

2. 物源变化分析

通过 5 期的高分辨率遥感解译，统计了流域内物源的发展变化（表 3.18），2004 年至今流域内物源方量逐年增加。2004～2011 年，物源方量增加（物源增量）约 $5.47×10^4 m^3$；2004 年至 2015 年，物源方量增加 $10.10×10^4 m^3$，主要为沟道堆积体和崩塌堆积体物源；2004 年至 2019 年，物源方量增加约 $15.06×10^4 m^3$；2019～2023 年，物源方量增加 $32.93×10^4 m^3$，主要为滑坡堆积体和崩塌堆积体物源。近 20 年来，流域后部的物源在持续增加，物源方量增加约 $47.98×10^4 m^3$（图 3.60），主要受到寒冻风化、断裂构造、降雨等多种因素影响，后部冰碛堆积体和下部多处物源处于持续变形状态。

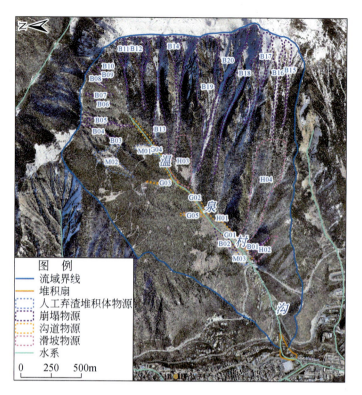

图 3.59　温泉村沟泥石流遥感解译示意图（据 2023 年 11 月无人机航测影像）

表 3.18　温泉村沟泥石流物源发展变化统计表

年份	面积/10^4m^2	物源方量/10^4m^3	物源增量/10^4m^3	备注
2004	68.93	108.47	0	主要为崩塌堆积体
2011	70.67	113.93	5.47	增加沟道堆积体和崩塌堆积体
2015	70.67	118.56	10.10	增加沟道堆积体和崩塌堆积体
2019	75.54	123.52	15.06	增加滑坡堆积体和崩塌堆积体
2023	87.09	156.45	47.98	增加滑坡堆积体和崩塌堆积体

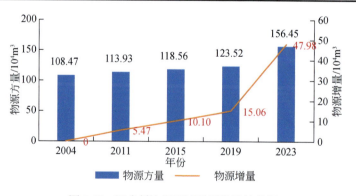

图 3.60　温泉村沟泥石流物源统计柱状图

3.5.3　泥石流发展趋势

根据温泉村沟泥石流沟现场调查的各因素进行打分、评价，温泉村沟泥石流严重程度得分为 87 分，按照规范标准所划分的易发性属中易发。

根据绘制的温泉村沟流域面积-高程曲线，得出该流域拟合方程，并在区间 [0，1] 上进行积分，计算的该流域高程-面积积分 S 值为 0.43，目前该沟正处于壮年期。综合以上分析，温泉村沟今后一段内其演化趋势仍以高频泥石流为主，并具备发生大规模泥石流的条件和可能性。

3.6　小　　结

本章采用了 Landsat 8、高分二号和北京二号卫星影像和无人机航测影像等多源、多时相遥感数据，结合无人机机载 LiDAR 调查等工作，开展了德钦县城高位泥石流的孕灾地质背景条件，泥石流物源区、流通区和堆积区综合解译，得出如下结论：

（1）在遥感精细化解译的基础上，结合现场调查，对直溪河、水磨房沟和温泉村沟 3 条重大泥石流的物源进行了精准识别，查清了泥石流物源特征与冲淤特征。

（2）选用了 2004 年、2011 年、2015 年、2019 年和 2023 年 5 期高分卫星影像和无人机航测影像开展了直溪河、水磨房沟和温泉村沟 3 条重大泥石流多时相遥感动态解译，查清了泥石流演化特征和发展趋势。

（3）通过综合遥感分析可知，德钦县城区域断裂构造发育，同时受到寒冻风化影响严重，地质灾害发育程度一直处于增强的态势，尤其是 2019 年以来，多处重大地质灾害变形不断加剧，建议持续开展重大地质灾害变形遥感监测。

第4章 时序 InSAR 技术及滑坡识别影响因素分析

4.1 概　述

　　合成孔径雷达干涉测量（InSAR）是近几十年发展起来的一种对地观测技术，具有覆盖范围广、监测精度高、不受天气影响的优点，在滑坡监测领域获得了广泛的应用。但是，该技术在监测高山峡谷区的地质灾害时，由于其特殊的地形地貌以及合成孔径雷达侧视成像的特点，不可避免地会出现几何畸变（包括阴影、叠掩和透视收缩）、干涉失相干、大气延迟等问题，致使滑坡灾害识别过程中出现误识、漏识等情况。因此，针对高山峡谷区 InSAR 技术滑坡识别所面临的问题，本章提出一些针对性的措施和解决方案。本章是提高 InSAR 技术在高山峡谷区滑坡识别可靠性和精度的重要基础。

4.2 时序 InSAR 技术

4.2.1 SBAS-InSAR 技术

　　2002 年，Berardino 等（2002）提出的短基线集合成孔径雷达干涉测量（SBAS-InSAR）技术，主要应用于低分辨率、大尺度时间序列形变监测。首先，SBAS 技术通过对时空基线赋阈值和空间滤波，可以降低因垂直基线和时间基线过大引起的失相干现象，减弱失相干对地表监测的影响（Gatelli et al.，1994；Funning et al.，2005）；然后，利用差分干涉获得差分干涉图和相干图，并对差分干涉图进行相位解缠；最后，通过时空域滤波来去除大气误差的影响，获取高精度地累积形变时间序列。对 N 幅 SAR 影像设立时空阈值并进行干涉组合，从而生成 M 幅干涉图：

$$\frac{N}{2} \leqslant M \leqslant \frac{N(N-1)}{2} \tag{4.1}$$

　　对 M 幅干涉对进行地形相位与平地相位的去除。假设第 j 幅干涉图是由 t_A、t_B 两个时间获得的 SAR 影像干涉生成，且 $t_B > t_A$，则像元 x 的差分干涉相位为

$$\Delta \varphi_j(x) \approx \phi(t_B, x) - \phi(t_A, x) = \frac{4\pi}{\lambda} [d(t_B, x) - d(t_A, x)] \tag{4.2}$$

式中，$d(t_A, x)$ 和 $d(t_B, x)$ 为相对于 t_0 的雷达视线方向累积形变，$d(t_0, x) = 0$；$\phi(t_A, x)$ 和 $\phi(t_B, x)$ 分别为 $d(t_A, x)$ 和 $d(t_B, x)$ 所引起的形变相位；λ 为波长。式（4.2）可表示为如下线性模型形式：

$$A\phi = \Delta\phi \tag{4.3}$$

式中，ϕ 为 N 幅 SAR 影像待求形变相位矩阵；$\Delta\phi$ 为 M 幅差分干涉相位图矩阵；A 是大小为

$M×N$ 的系数矩阵。当 $M≥N$ 时，A 矩阵的秩为 N，则利用最小二乘法可得

$$\boldsymbol{\phi} = \boldsymbol{A}^{\#} \cdot \Delta\boldsymbol{\phi}, \ \boldsymbol{A}^{\#} = (\boldsymbol{A}^{\mathrm{T}}\boldsymbol{A})^{-1}\boldsymbol{A}^{\mathrm{T}} \tag{4.4}$$

为了求解得到方程组的唯一解，利用矩阵的奇异值分解（SVD）方法求取最小范数意义上的最小二乘解。首先将矩阵 A 进行 SVD：

$$\boldsymbol{A} = \boldsymbol{U}\boldsymbol{S}\boldsymbol{V}^{\mathrm{T}} \tag{4.5}$$

式中，U 为由 AA^{T} 的特征向量 u_i 组成对角矩阵，其对角线元素为 AA^{T} 的特征值 λ_i；V 是由 AA^{T} 的特征向量 v_i 组成的正交矩阵。假设 A 矩阵的秩为 R，那么 AA^{T} 的前面 R 个特征值非零，后面 $M-R$ 个特征值为零。A^{+} 为 A 伪逆，即

$$\boldsymbol{A}^{+} = \sum_{i=1}^{R} \frac{1}{\sqrt{\lambda_i}} v_i u_i \tag{4.6}$$

则相位估计值为 $\hat{\boldsymbol{\phi}} = \boldsymbol{A}^{+}\delta\boldsymbol{\phi}$，将相位转化为平均相位速度：

$$\boldsymbol{v}^{\mathrm{T}} = \left[v_1 = \frac{\phi_2}{t_2 - t_1}, \cdots, v_{N-1} = \frac{\phi_N - \phi_{N-1}}{t_N - t_{N-1}} \right] \tag{4.7}$$

将式（4.7）代替式（4.2）中的相位，则可得

$$\sum(t_{k+1} - t_k)v_k = \Delta\varphi_j, \ j = 1, \cdots, M \tag{4.8}$$

将上式表达为

$$\boldsymbol{D}\boldsymbol{v} = \Delta\boldsymbol{\phi} \tag{4.9}$$

对矩阵 D 做 SVD 得到 v 的最小范数解。若要考虑高程误差相位 ξ 则可建立如下方程组：

$$\boldsymbol{D}\boldsymbol{v} + \boldsymbol{C} \cdot \boldsymbol{\xi} = \Delta\boldsymbol{\phi} \tag{4.10}$$

式中，C 是与垂直基线分量相关的系数矩阵，由此可以计算高程误差。SBAS-InSAR 技术计算过程如图 4.1 所示。

4.2.2　Stacking-InSAR 技术

Stacking 技术基本原理是对多幅解缠图进行加权平均解算，获取研究区域的形变速率（Sandwell and Sichoix，2000；Strozzi et al.，2001）。该方法成立的基本条件是假设独立干涉对中的大气扰动误差是随机的，而要获取的地面形变信息是线性的。为此，单幅干涉图相位形变速率的标准差与成像时间间隔应成比例：

$$\mathrm{std}(v_i) = \mathrm{std}(\mathrm{ph}_i / \Delta t_i) \tag{4.11}$$

式中，v_i 表示第 i 幅干涉图的相位形变速率；ph_i 表示第 i 幅干涉图的解缠相位；Δt_i 表示第 i 幅干涉图的成像时间间隔。对干涉相位图进行叠加处理，则地面点的平均相位形变速率为

$$v = \sum_{i=1}^{N} w_i \mathrm{ph}_i / \sum_{i=1}^{N} w_i \tag{4.12}$$

式中，w_i 表示第 i 幅干涉图的权，$w_i = \Delta t_i^2$。则相位变化速率的标准差为

$$\mathrm{std}(v) = \mathrm{sqrt}\left(\frac{1}{N} \sum_{i=1}^{N} \left[w_i^2 \left(\frac{\mathrm{ph}_i}{\Delta t_i} - v \right)^2 \right] \middle/ \sum_{i=1}^{N} (w_i^2) \right) \tag{4.13}$$

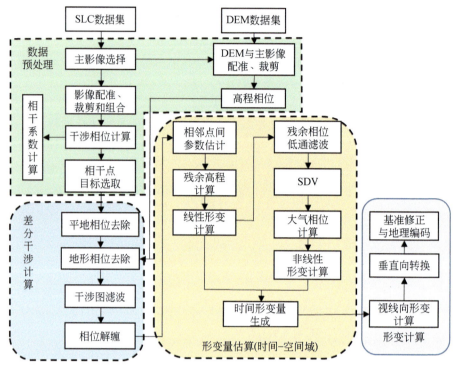

图 4.1　SBAS-InSAR 技术计算过程示意图

相位的标准差为

$$\text{std(ph)} = \text{sqrt}\left(\frac{1}{N}\sum_{i=1}^{N}w_i^2(\text{ph}_i - v \cdot \Delta t_i)^2\right) \tag{4.14}$$

Stacking-InSAR 技术可以有效地抑制大气延迟误差和 DEM 误差,有利于开展大范围地质灾害普查。但是,该技术不适用于活动量较小的非线性形变区。Stacking-InSAR 技术数据处理流程如图 4.2 所示。

4.2.3　SAR 偏移量跟踪技术

偏移量跟踪技术是基于影像同名点的距离向和方位向坐标信息,利用影像的互相关算法提取 SAR 影像同名点的位置变化信息,从而获取地表形变的信息。SAR 偏移量跟踪算法的基本思路:首先,对主影像和从影像进行大致配准以及空间重采样处理,并选择恰当的搜索窗口大小,估算窗口内主、从像元的相似性,得到同名点在距离向和方位向的位移量;然后,进行双线性的多项式拟合,得到整体偏移量,即产生的系统误差偏移值;最后,在偏移量结果中减去系统偏移,获取方位向和距离向的地表形变结果。SAR 偏移量跟踪技术只需要两幅形变前后的 SAR 影像就能处理得到形变信息,具备全天时、全天候的工作能力和空间覆盖连续性好等优点。因此,该技术适合提取大型形变场,具体流程如图 4.3 所示。

（1）影像配对。根据目标区域形变特征,选取合适的 SAR 影像作为主影像,与从影像进行配对。

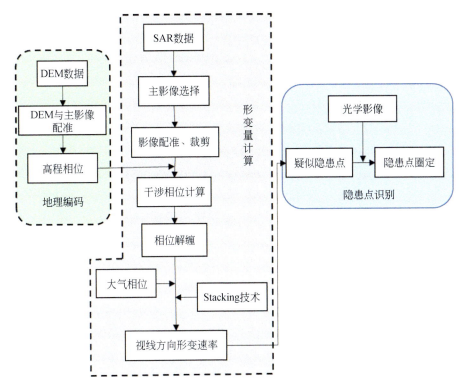

图 4.2　Stacking-InSAR 技术数据处理流程图

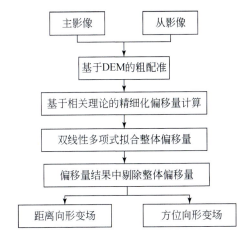

图 4.3　SAR 偏移量跟踪技术数据处理流程图

（2）影像配准。首先，比较两幅影像的信息，初始化偏移量；然后，对主、从影像设置合适的窗口大小和步长，计算互相关系数，并选取最大互相关系数，从而获得初步的偏移量；最后，计算两幅影像间的偏移多项式，并使用最小二乘回归估计多项式参数。

（3）影像重采样。通过影像配准获取多项式参数精化查找表，并对从影像进行重采样，获得高精度配准的主、从影像对。

（4）归一化互相关算法偏移量跟踪。在主从影像过采样的基础上进行开窗运算，根据窗口内影像强度信息计算的归一化系数为标准，估算最优匹配，进一步获取偏移量。在此步骤中，搜索窗口的大小会严重影响最终结果。因此，应该根据研究区的特点确定窗口的大小。

（5）解算方位向和距离向偏移量。将计算所得结果进行实部与虚部的分离，分别获得方位向和距离向的偏移量。

4.2.4　光学偏移量跟踪技术

光学偏移量跟踪技术是基于亚像素互相关算法来获取较高精度大量级形变信息。该技术以光学影像的幅度信息为基础，通过寻找同一区域不同日期获取的两幅图像间的同名像点，来估算同名点在东西向和南北向的偏移量。在进行偏移量估算前，该技术需要对两幅形变前后的影像进行精准配准。对于 Landsat 8 数据和 Sentinel-2 数据已经过配准，但对于其他的影像数据，仍需要利用外部 DEM 进行辅助配准。此外，两幅光学影像需要进行正射校正与重采样，使两幅影像的同名点一一对应，具有统一的分辨率和坐标系。一般来说，在配准之后，两幅影像同名像点是一一对应的，但仍有部分区域的同名点不能完全重合，这些不重合地方是地表形变导致的。

假设 i_1 与 i_2 为获取的两景光学图像，则（Δx, Δy）为两幅图像上同名点的位置差异，这两幅图像间的关系可表示为

$$i_2(x, y) = i_1(x - \Delta x, y - \Delta y) \tag{4.15}$$

设 I_1，I_2 分别为两景图像的傅里叶变换，则有

$$I_2(w_x, w_y) = I_1(w_x, w_y)e^{-j(w_x\Delta x + w_y\Delta y)} \tag{4.16}$$

式中，w_x 与 w_y 分别为图像行和列的频率变化。两景图像中的互能量谱可表示为

$$C_{i_1i_2}(w_x, w_y) = \frac{I_1(w_x, w_y)I_2^*(w_x, w_y)}{\left|I_1(w_x, w_y)I_2^*(w_x, w_y)\right|} = e^{j(w_x\Delta x + w_y\Delta y)} \tag{4.17}$$

式中，$C_{i_1i_2}(w_x, w_y)$ 为两景图像 i_1 与 i_2 的对应点（x, y）间的互能量谱。然后对式（4.17）做傅里叶逆变换处理，则有

$$F^{-1}\{e^{j(w_x\Delta x + w_y\Delta y)}\} = \delta(w_x\Delta x + w_y\Delta y) \tag{4.18}$$

假设通过计算得到两幅图像的互能量谱为 $Q(w_x, w_y)$，理论图像的互能量谱为 $C(w_x, w_y)$，则可以得到以下函数：

$$\phi(\Delta x, \Delta y) = \sum_{w_x}^{\pi} = -\pi \sum_{w_y}^{\pi} = -\pi W(w_x, w_y) \times |Q(w_x, w_y) - e^{j(w_x\Delta x + w_y\Delta y)}|^2 \tag{4.19}$$

式中，$W(w_x, w_y)$ 是加权矩阵。

通过搜索两幅影像上对应点的形变差异（Δx, Δy）使 $\phi(w_x, w_y)$ 的值为最小，可得到图像对应点的位移（Δx, Δy）。计算的偏移量结果中包括信噪比（signal-to-noise ratio，SNR），可表示为

$$\text{SNR} = 1 - \frac{\sum w_x \sum w_y \phi(\Delta w_x, \Delta w_y)}{4\sum w_x \sum w_y W(w_x, w_y)} \tag{4.20}$$

光学影像配准与关联技术主要通过频率相关和统计相关两种方法来估算地面形变。在

本次研究中，该技术是在傅里叶算法的基础上，利用形变前后的两张光学图像，采用频率相关算法来检测光学图像中的亚像素地面形变。其中，较早的图像作为基底图像，用于检测地面位移。在 COSI-Corr 软件处理结果中，每个图像对生成 3 个结果：东西向位移、南北向位移以及信噪比（SNR）。其中，东西向和南北向结果为正值，表明形变向东、向北移动；东西向和南北向结果为负值，表明形变向西、向南移动；SNR 值范围从 0 到 1，数值越高，估计位移的可信度越高。此外，在该算法中，初始窗口和最终窗口应该参数化。初始窗口用于粗略估计像素位移量，最终窗口用于检查亚像素级的细微位移，最终窗口应不大于初始窗口。光学偏移量数据处理主要基于 COSI-Corr 软件进行，其主要流程（图 4.4）包括：

（1）首先，对互相关匹配的影像对进行正射校正与精配准。通过外部 DEM 对图像进行校正，以消除地形引起的几何变化。选择合适的图像作为主图像，并将主图像与其他匹配图像进行匹配。

（2）其次，通过时间基线、云量情况、太阳高度角、太阳方位角等几个要素进行影像配对；通过影像互相关算法、对两幅影像的偏移量进行计算；选取合适的初始窗口、终止窗口、步长等参数，获取南北向、东西向位移结果，以及影像互相关信噪比结果。

（3）然后，对获取结果轨道误差、条带误差以及影像噪声等进行处理。

（4）最后，利用奇异值分解（SVD）方法对处理后的影像对进行时序反演，得到南北向和东西向时序形变。

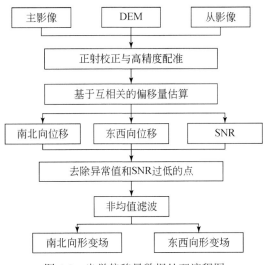

图 4.4　光学偏移量数据处理流程图

4.3　高山峡谷区 InSAR 滑坡识别影响因素研究

4.3.1　几何畸变对滑坡识别的影响

1. 几何畸变的原理

SAR 影像的成像特点是主动式、侧视雷达微波成像。在地表高程变化较大的区域容易出现叠掩、透视收缩和阴影等几何畸变现象（李振洪等，2019）。几何畸变会引起解缠误差，干扰干涉测量相位的连续性（Bianchini et al.，2013；Cigna et al.，2014）。在高山峡谷区进行地质灾害普查时，需要将几何畸变区域识别出来，并在相位解缠时进行掩膜处理，从而提高 InSAR 监测结果的精度。图 4.5 给出了几何畸变与雷达卫星的关系，其中，阴影区由于山体遮挡雷达发出的信号，导致山体背部发生滑坡时无法监测；叠掩区在雷达信号获取地面滑坡形变的过程中，雷达信号接收机同时接收到山体顶部的信号和山体底部的信号，导致两个信号之间产生干扰，降低了滑坡的监测精度；透视收缩区由于信号接收的过程中压缩了滑坡原有的高度或距离，导致监测结果不准确。为了提高监测精度，可采用局部入射角来判别几何畸变（戴可人等，2021；卓冠晨等，2022）。

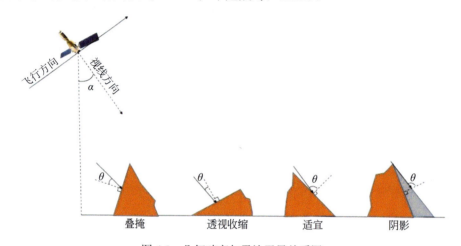

图 4.5　几何畸变与雷达卫星关系图

2. SAR 影像可视性分析

图 4.6 给出了 R 指数求解过程中，太阳高度角和太阳方位角的位置关系，图中 α 为卫星参数中的入射角，θ 为局部入射角。入射角（α）的计算公式为

$$\alpha_i = \arccos\left(\frac{R_H - R_h}{iP_r + L_1}\right) \tag{4.21}$$

式中，α_i 为第 i 列像素入射角；R_H 为雷达卫星距离地心高度；R_h 为雷达卫星大地高；L_1 为近斜距；P_r 为斜距分辨率。通过对比入射角和局部入射角的关系，就可以筛选出几种几何畸变现象，两者的关系为

$$\begin{cases} \theta_i < 0°，\text{叠掩} \\ 0 \leqslant \theta_i < \alpha_i \leqslant 90°，\text{透视收缩} \\ 0 \leqslant \alpha_i \leqslant \theta_i \leqslant 90°，\text{适宜} \\ \theta_i > 90°，\text{阴影} \end{cases} \tag{4.22}$$

几何畸变的计算结果可以辅助滑坡的识别，为了计算出几何畸变区域，Tianhe 等（2021）提出了一种改进的 R 指数的方法，其计算公式如下：

$$R = \sin\{\theta + \arctan[\tan(\alpha) \times \cos(\varphi - \beta)]\} \times Sh \times La \times Fa \tag{4.23}$$

式中，θ 为卫星 LOS 的入射角；φ 为卫星 LOS 的方位角；α 为地形坡度；β 为地形坡向；Sh 为阴影系数，阴影区该值为 0，其他区值为 1.0；La 为叠掩系数，主动及近被动叠掩区该值为 0，其他区为 1.0；Fa 为远被动叠掩系数，叠掩区该值为 0，其他区为 1.0。叠掩系数、阴影系数和远被动叠掩系数可通过 ArcGIS 中的山体阴影模型来进行计算，具体请参考 Notti 等（2014）文献。

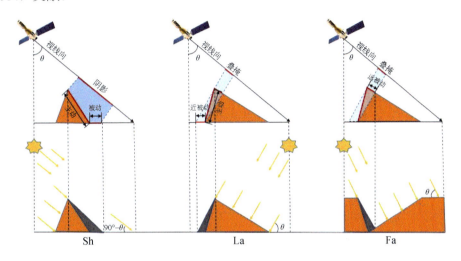

图 4.6　R 指数的 3 个系数定义关系图

由于 Sentinel-1A 升、降轨飞行姿态的不同，R 指数的 3 个系数计算结果存在差异。在用山体阴影计算阴影系数（Sh）、叠掩系数（La）和远被动叠掩系数（Fa）时，对于太阳方位角的计算，其关系如图 4.7 所示。

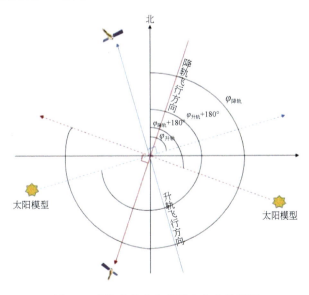

图 4.7　太阳方位角与视线方位角关系图

最后，将计算得到的 R 指数结果与 $\sin(\theta)$ 的值进行对比可得

$$\begin{cases} R \geqslant \sin(\theta)，可视性良好（适宜区）\\ 0 < R < \sin(\theta)，可视性中等（透视收缩区）\\ R = 0，可视性较差（叠掩区或阴影区） \end{cases} \quad (4.24)$$

对于某个区域的地表形变监测，需要进行数据查询、选择、预订、下载等过程。由于研究区可能处于叠掩区或者阴影区，因此在开展地形起伏剧烈的地质灾害调查时，需要确定是选择降轨数据还是升轨数据。本次研究依据 SAR 成像原理，以覆盖巴塘县、芒康县、得荣县、德钦县区域 DEM 为实验区，分别统计 Sentinel-1 升、降轨数据在实验区中正常区、叠掩区、阴影区的分布情况。使用的 SAR 数据参数如表 4.1 所示。

表 4.1　SAR 数据参数表

SAR 传感器	方向	飞行方位角*/(°)	视线入射角/(°)
Sentinel-1	升轨	-12.5236	33.9085
Sentinel-1	降轨	-167.505	33.9399

*以正北方向为基准，顺时针方向为正。

本次研究依据 SAR 成像机理和叠掩、阴影产生机制，计算获取的升、降轨数据叠掩区、阴影区分布情况（图 4.8）以及不同可视性区域面积统计情况（图 4.9），同时为了便于分析，收集了实验区坡度统计图（图 4.10）。

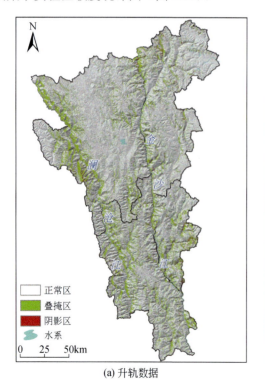

(a) 升轨数据

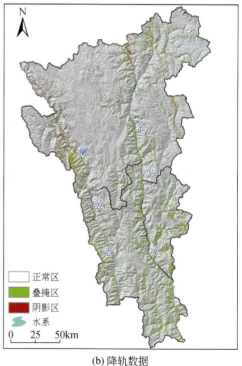

(b) 降轨数据

图 4.8　Sentinel-1 升、降轨数据不同可视性区域分布示意图

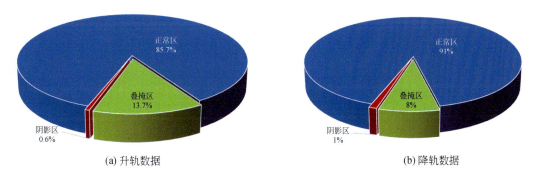

(a) 升轨数据　　　　　　　　　　　　　(b) 降轨数据

图 4.9　Sentinel-1 升、降轨数据不同可视性区域面积占比图

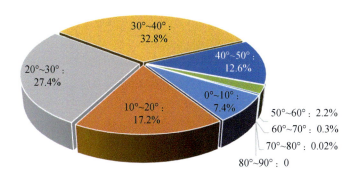

图 4.10　实验区坡度统计图

结合图 4.8~图 4.10 有以下 4 个结论：

第一，升轨数据可以很好监测金沙江流域西侧区域。其中，阴影区面积占整个实验区比例极少。相较于降轨数据，升轨数据叠掩区占整个实验区比例较大。结合图 4.8 分析可知，澜沧江两侧升轨数据叠掩区明显多于降轨数据，且入射角相比降轨数据小。

第二，降轨数据可以很好监测金沙江流域沿江东侧区域。其中，正常区、阴影区各自占比均高于升轨数据的。分析原因有以下两个方面：①与卫星飞行方向和卫星入射角有关；②实验区的地形分布情况有利于降轨数据进行地表形变监测。

第三，升、降轨数据的正常区占比大于 85.7%，说明单个数据监测可以覆盖绝大部分区域。坡度小于入射角区域占比大于 60%，这表明在进行沿江流域地质灾害调查时，单个轨道数据往往并不能满足实际需要。

第四，比对图 4.8 和图 4.9 可以发现，在进行两侧流域地表形变监测时，只有升、降轨数据联合才可以满足实验区的监测要求。

综合分析可知，为了全面获取研究区域的地质灾害分布情况，可采用"升、降轨数据联合监测"模式，其监测模式示意如图 4.11 所示。

为了验证"升、降轨数据联合监测"模式的实用性，分别计算、统计"升、降轨数据联合监测"模式下不同可视性区域叠加分布情况和面积占比（图 4.12、图 4.13），以及"升、降轨数据联合监测"模式下可探测区域（正常区）分布情况和面积占比（图 4.14、图 4.15）。

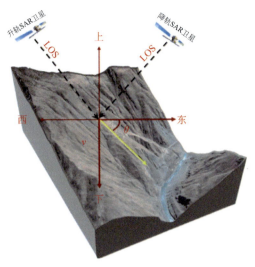

图 4.11   升、降轨联合监测模式示意图

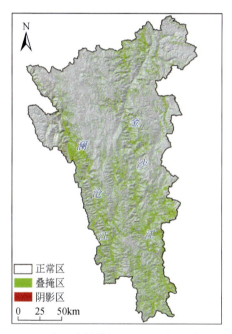

图 4.12   Sentinel-1 升、降轨数据不同可视性区域叠加分布示意图

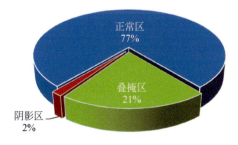

图 4.13   Sentinel-1 升、降轨数据不同可视性区域叠加面积占比图

图 4.14 "升、降轨数据联合监测"模式下可探测区域示意图

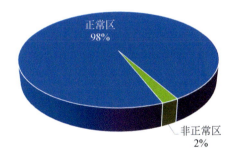

图 4.15 "升、降轨数据联合监测"模式下可探测区域面积占比图

结合图 4.8～图 4.15 可以有以下 3 个结论：

第一，基于"升、降轨数据联合监测"模式进行实验区滑坡隐患调查，调查面积可由之前的 91%扩大到 98%，扩大了滑坡隐患的调查范围，证明该模式在金沙江流域开展滑坡隐患早期识别具有很强的潜力。

第二，"升、降轨数据联合监测"模式下有 77%的区域被同时观测，即利用升、降轨数据识别的滑坡隐患可以相互验证的面积占 77%。但是，从实际情况（图 4.12）分析可知，滑坡主要沿金沙江两侧分布，且升、降轨数据的叠掩区、阴影区在两侧交替分布。因此，在金沙江两侧可以用升、降轨同时监测的区域比较少。

第三，基于"升、降轨数据联合监测"模式可以开展高山峡谷区滑坡隐患的早期识别。对于后期监测需要选择合适的数据进行，有些滑坡不能通过升、降轨数据监测的结果来验证其形变的大小。

3. SAR 影像敏感性分析

敏感性是指 SAR 卫星可以测量到的斜坡移动总量的百分比，即地面三维形变在雷达 LOS 上的投影。敏感性越高，监测到滑坡位移的可能性越大。敏感性高低一般用灵敏度（Wang et al.，2021）来表示，计算方法如下：

$$灵敏度 = \cos\boldsymbol{A},\boldsymbol{B} = \frac{\boldsymbol{A} \cdot \boldsymbol{B}}{|\boldsymbol{A}| \cdot |\boldsymbol{B}|} = \boldsymbol{A} \cdot \boldsymbol{B} = \sin(\alpha + 90^\circ) \cdot \sin\theta \cdot \cos\beta \cdot \sin\gamma$$
$$+ \cos(\alpha + 90^\circ) \cdot \sin\theta \cdot \cos\beta \cdot \cos\gamma + \cos\theta \cdot \sin\beta \tag{4.25}$$

式中，$\boldsymbol{A}$ 为雷达 LOS 形变矢量；$\boldsymbol{B}$ 为滑坡向形变矢量；α 为雷达卫星的飞行方向角；θ 为雷达卫星的入射角；β 为地形坡度；γ 为地形坡向。灵敏度值位于-1 到 1，值越大，说明可监测滑坡形变百分比越高；当视线向和坡面呈垂直关系时，灵敏度为 0，此时监测结果不可靠。以上各个参数间的关系如图 4.16 所示。

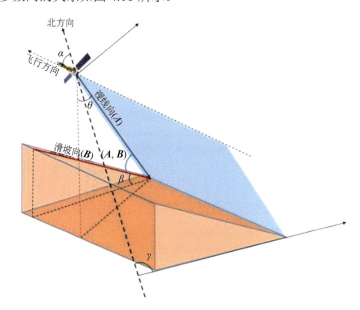

图 4.16　灵敏度计算各参数关系图

4.3.2　干涉相干性对滑坡识别的影响

InSAR 技术应用于高山峡谷区滑坡灾害调查时，在影像数据处理过程中可获得干涉图。干涉图中提取的相干系数可以作为评判影像质量的指标，其范围为 0～1。当相干系数越趋近于 0，表示 SAR 图像失相干程度越高，在相干图上表现为失相干区域面积越大；当相干系数趋近于 1，表示 SAR 影像相干性越高，在相干图上表现为越亮的区域。由于高山峡谷区地形地貌复杂、植被茂密，导致在这些地区获得的干涉图相干系数很低，这给后续的数据处理带来极大的挑战。从数据获取和数据处理两个方面来考虑，InSAR 技术在高山峡谷区面临着以下 3 个方面的问题：第一，在地形起伏较大区域，配准误差过大引发的失相干；第二，地表植被覆盖茂密或者冰雪覆盖导致的相干性较低；第三，在 SAR 传感器重复成像时，地表发生大梯度变形（如滑坡发生滑移等）导致的失相干。

1. 配准误差

配准误差是由于主、从影像各像元之间偏移距离过大而造成的一种误差，是造成干涉失相干的重要原因之一。在进行 SBAS-InSAR 处理过程中，Just 和 Bamler（1994）认为主、从影像配准精度若能达到 1/8 像元，就会限制失相干问题。但在山区，SAR 影像除了会有一些几何变形外，还会受到噪声及相干斑的干扰（周荣荣，2019），从而导致 SAR 影像配准精度达不到 1/8 像元的要求。假设主、从影像的像素之间偏移为 μ_r，那么距离向配准失相干的函数见下式（Just and Bamle，1994）。

$$\rho_{\text{coreg,r}} = \begin{cases} \text{sinc}(\mu_r) = \dfrac{\sin(\pi\mu_r)}{\pi\mu_r}, & 0 \leqslant \mu_r \leqslant 1 \\ 0, & \mu_r > 1 \end{cases} \tag{4.26}$$

总的配准失相干为

$$\rho_{\text{coreg}} = \rho_{\text{coreg,a}} \cdot \rho_{\text{coreg,r}} \tag{4.27}$$

式中，$\rho_{\text{coreg,a}}$ 为方位向配准失相干。

当两幅 SAR 图像发生干涉时，如果配准精度较低，则差分干涉图的干涉条纹会较差，甚至会出现不相干现象，从而导致形变监测的精度降低，甚至不能进行形变监测。目前，对于 SAR 影像的配准精度较低的问题，主要是通过参考地形进行 SAR 影像的配准，该方法可以有效提高配准精度，得到较好的干涉效果（Werner et al.，2000；Liu X. J. et al.，2020）。

2. 植被覆盖

InSAR 技术应用于高山峡谷区时，由于植被覆盖率高，雷达接收器收到的回波信号较少，造成相干性较低。植被覆盖区域 SAR 图像相干性与 SAR 数据的时间分辨率、空间分辨率以及搭载传感器的波长等原因有关。因此，在植被覆盖茂密地区进行滑坡识别时，需要选择合适的数据和方法来提高相干性。常用的方法主要有以下两种：

第一，选择高时空分辨率的 SAR 数据。可以降低主、从 SAR 影像成像期间地物的变化，保证在较短的时间间隔内干涉对具有更高的相干性。目前，免费获取 SAR 数据中 Sentinel-1A/B 数据时间分辨率可以达到 12 天，有些地方甚至可以达到 6 天，大大提高了基于 C 波段 SAR 影像干涉对的相干性。图 4.17 为基于 Sentinel-1 数据在金沙江流域不同时间间隔相干性对比图（未进行滤波处理，多视比为 10×2），可以看出时间间隔在 12 天相干性最好，时间间隔超过 36 天相干性下降。但是，Sentinel-1 数据的空间分辨率不能满足滑坡变形面积小的情况。因此，可以选择 X 波段的 TerraSAR-X、COSMO-SkyMed 数据，搭载 L 波段的 ALOS PALSAR-2 SM1 模式下数据等更高空间分辨率的 SAR 数据（蒋弥等，2013）。

第二，选择波长较长的 SAR 数据。SAR 卫星因搭载微波传感器不同，所获取 SAR 数据在植被茂密地区的穿透性也不同。一般认为雷达波长越长，对地表植被的穿透能力越强，SAR 影像受植被覆盖的影响较小。表 4.2 是一些常用卫星的波长等参数。

目前主流 SAR 影像搭载的传感器有 C、X、L 波段等，如图 4.18 所示。当下搭载 C 波段的 Sentinel-1 数据可以免费获取，已经退役且搭载 L 波段的日本 ALOS PALSAR-1 数据也可免费获取部分数据，后继卫星 ALOS PALSAR-2 为商业数据。图 4.19 为 ALOS PALSAR-1 数据和 Sentinel-1 在相同位置，不同时间段相干性对比图（未做滤波处理）。图 4.19（a）为时间间隔 368 天的金沙江流域某处 ALOS PALSAR 数据，图 4.19（b）为 12 月相干性较好的数据 Sentinel-1A 数据，对比发现图 4.19（a）的相干性更好。

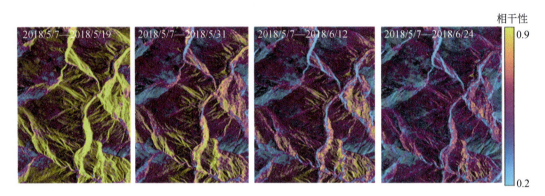

图 4.17　Sentinel-1 数据不同时间间隔相干性对比示意图（金沙江流域巴塘县处）

表 4.2　常用卫星参数表

卫星名称	波段	波长/mm	分辨率/m
ERS（Envisat）	C	56.6	25×25
JERS-1、ALOS PALSAR	L	235	18×18
TerraSAR	X	31	3×2

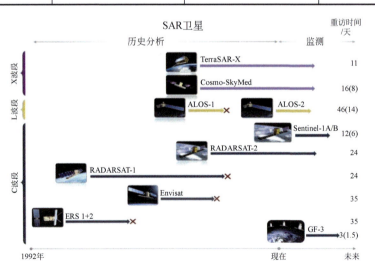

图 4.18　国内外主要 SAR 卫星示意图

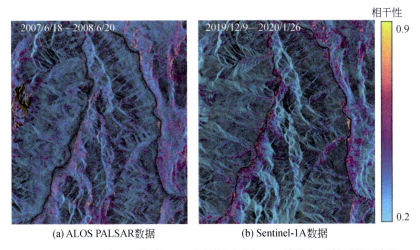

(a) ALOS PALSAR数据　　　　　　(b) Sentinel-1A数据

图 4.19　相同区域不同传感器、不同时间间隔 SAR 影像相干性对比示意图

3. 大梯度形变

InSAR 技术在高山峡谷区开展滑坡灾害识别与监测时，精度可以达到毫米级；但该技术在监测精度方面存在局限性，如形变达到一定程度时，InSAR 结果出现失相干的情况。目前，该技术可探测到的最大形变梯度为 $\lambda / (2\eta)$，其中，λ 为 SAR 传感器的雷达波长，η 为像元的大小（牛玉芬，2020）。在监测大梯度的地表形变时，可采用基于 SAR 强度像素偏移量追踪技术（Offset-tracking 技术），通过搜索 SAR 幅度影像中匹配窗口的互相关峰值来获取子像素的偏移量，从而获取方位向和距离向（或 LOS）的二维形变。与常规 InSAR 技术相比，Offset-tracking 技术在精度方面要低一个数量级。但是，在数据处理方面，该方法只需要两幅 SAR 影像就可以进行形变监测。图 4.20 给出了 Offset-tracking 技术获取形变场的具体流程。

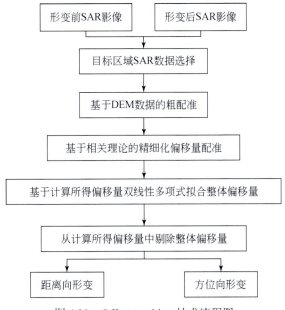

图 4.20　Offset-tracking 技术流程图

4.3.3 大气延迟对滑坡识别的影响

对于星载重复轨道来说,大气延迟效应是影响 InSAR 技术监测精度的主要误差源之一。如图 4.21 所示,在两次获取地面信息的过程中,电磁波经过的大气环境中湿度、气压等不同,会导致电磁波返回雷达天线时存在路径差,致使 SAR 影像中包含大气延迟误差。高山峡谷区地形起伏巨大,峡谷间最大高差可达 5000m。在这种情况下,该技术对地面进行形变监测就会受到大气延迟(对流层延迟)的干扰。因此,需要选择合适的方法来减弱大气延迟误差。

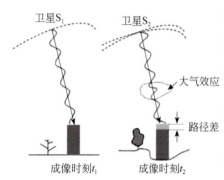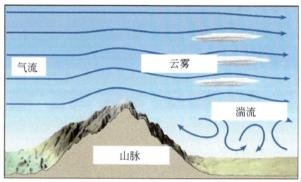

图 4.21　大气延迟效应展示图

目前,对于大气延迟误差的研究主要分为两类:基于 SAR 影像自身数据的校正方法和基于外部辅助数据的校正方法。基于 SAR 影像自身数据的校正方法是利用各幅影像中大气延迟的分布规律来减弱大气延迟的影响。该方法主要包括逐对分析法(Massonnet and Feigl,2013)、层叠法(Emardson,2003)、永久散射体法(Alessandro et al.,2001)等。基于外部辅助数据的校正方法通过利用 GPS 数据(Bock and Williams,1997)、MODIS 数据(Li et al.,2003)、MERIS 数据(Li et al.,2006)和地面气象数据(Bonforte et al.,2001)的外部数据来模拟大气相位,然后从 SAR 影像中减去,达到削弱大气延迟的目的。对于这两种方法,第一种方法不仅降低了数据的时间分辨率,而且对气候复杂的山区效果很微弱;相比较前一种方法,第二种方法削弱大气延迟的效果较好,但是存在数据难以获取、空间分辨率不同的局限性。由于 SRTM DEM 覆盖范围广且容易获取,通过数字高程模型和大气延迟之间存在线性关系来改正大气延迟的方法也受到了很多人的关注。康亚(2020)基于外部 DEM 提出了一种改进的四叉树干涉图分块处理方法,可以有效地削弱大气延迟误差对 InSAR 形变监测结果的影响。接下来,本节分别列举了 IPTA-InSAR 技术、基于外部 DEM 的分块大气模拟方法和 Stacking-InSAR 技术等来削弱大气延迟相关误差。

1. 与地形相关的大气相位的削弱

1)方法一:IPTA-InSAR 技术

2003 年,Werner 等(2004)提出了干涉点目标分析(interferometric point target analysis,IPTA)技术,提高了监测精度。该方法对解缠干涉相位进行线性回归,通过估计 DEM 和线性形变速率的改正值,来去除大气延迟等相位,以求得 PS 点的形变速率。IPTA-InSAR

技术数据处理过程如图 4.22 所示。

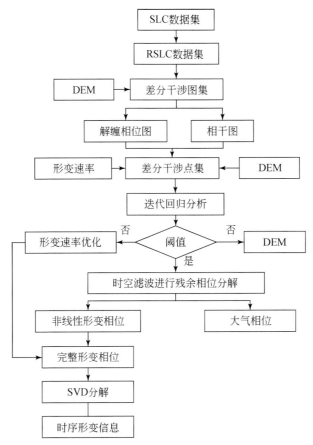

图 4.22 IPTA-InSAR 技术数据处理流程图

针对 IPTA-InSAR 技术去除大气延迟相位的方法，本次研究将其应用于云南省迪庆藏族自治州德钦县燕门乡，利用欧空局（European Space Agency）在 2019 年和 2020 年两年的 Sentinel-1A 数据，其结果如图 4.23 所示。图 4.23（a）为 SBAS-InSAR 技术处理的形变监测结果，图 4.23（b）为 IPTA-InSAR 技术处理的结果，从整体上来说 IPTA-InSAR 结果抑制大气的作用较强，很大程度上去除了大气对监测结果的干扰。然而，通过对比年平均形变速率，发现 SBAS-InSAR 的年累积形变可达到-0.1m，而 IPTA-InSAR 的年累积形变为0.08m，这说明 IPTA-InSAR 技术在剔除大气相位的过程中，对形变区的年累积形变造成了一定的影响。因此，如何合理地使用 IPTA-InSAR 技术来抑制与地形相关的大气延迟误差的干扰，防止形变区的年累积形变受到影响接下来需要进一步研究。

2）方法二：基于外部 DEM 的分块大气模拟方法

基于外部 DEM 的分块大气模拟方法是通过对干涉图进行分块，然后将分块之后的每个小区域与外部 DEM 进行模型拟合，并使用两个评价指标互相干系数（R^2）和归一化均方根误差（normalized root-mean-square error，NRMSE）来对拟合值进行筛选。R^2 的计算方法如下：

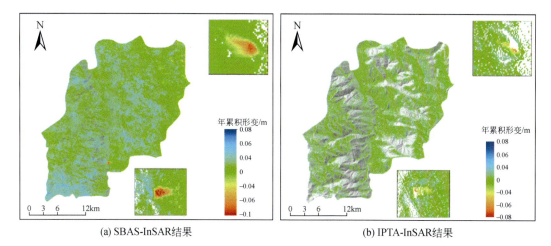

(a) SBAS-InSAR结果   (b) IPTA-InSAR结果

图 4.23   SBAS-InSAR 技术与 IPTA-InSAR 技术监测结果对比示意图

$$
\begin{cases}
R^2 = \dfrac{\mathrm{SSR}}{\mathrm{SST}} = 1 - \dfrac{\mathrm{SSE}}{\mathrm{SST}} \\[2mm]
\mathrm{SSR} = \displaystyle\sum_{i=1}^{n}(\varphi_i - \overline{\varphi}_i) \\[2mm]
\mathrm{SSE} = \displaystyle\sum_{i=1}^{n}(\varphi_i - \hat{\varphi}_i)
\end{cases}
\tag{4.28}
$$

式中，$\hat{\varphi}_i$ 为模拟相位；φ_i 为干涉图的解缠相位；$\overline{\varphi}_i$ 为解缠相位的均值。归一化均方根误差是由均方根误差（root mean square error，RMSE）计算来的，而 RMSE 的计算公式为

$$
\mathrm{RMSE} = \sqrt{\frac{1}{n}\sum_{i=1}^{n}(\varphi_i - \hat{\varphi}_i)}
\tag{4.29}
$$

由于分块之后的每个小区域各自的相位范围不同，有些严重湍流区域可能会对结果造成影响，因此可以通过对 RMSE 进行归一化处理：

$$
\varphi_{\mathrm{N}} = \frac{\varphi - \varphi_{\min}}{\varphi_{\max} - \varphi_{\min}}
\tag{4.30}
$$

式中，φ_{N} 为归一化之后的 RMSE；φ 为归一化之前的 RMSE；$\varphi_{\max}$ 和 $\varphi_{\min}$ 分别为归一化之前的 RMSE 最大值和最小值。

在进行筛选之后，本书对不同的结果赋予不同的参数；然后，将这些参数整体平滑之后通过线性插值的方式插入干涉图的每个像素中；最后，在原始干涉图中减去依据这些参数模拟出的大气相位，从而达到削弱大气延迟的目的。具体分两步进行：第一，分割和参数估计；第二，k 和 φ 的插值。图 4.24 为基于外部 DEM 的分块大气模拟方法流程图。

本次研究以金沙江流域为研究区，研究数据为 Sentinel-1A 数据。首先，在数据处理的过程中，对于未经常规大气误差去除的解缠干涉对和外部 DEM 数据，将 DEM 裁剪为与干涉对同等范围大小后，通过分块的方式分别将其进行 4×4 分块处理，这里选择 4×4 是考虑到分割的完整性和分割后的效果；然后，对干涉对和 DEM 数据所对应的每个分块进行拟合处理，其拟合结果如图 4.25 所示，从图中可以看出，各分块区域外部 DEM 数据与干涉对之间存在一定的正相关关系。

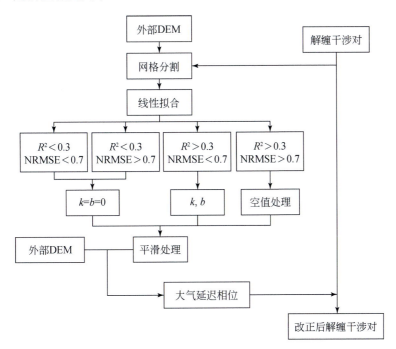

图 4.24　基于外部 DEM 的分块大气模拟方法流程图

k 表示斜率；b 表示截距

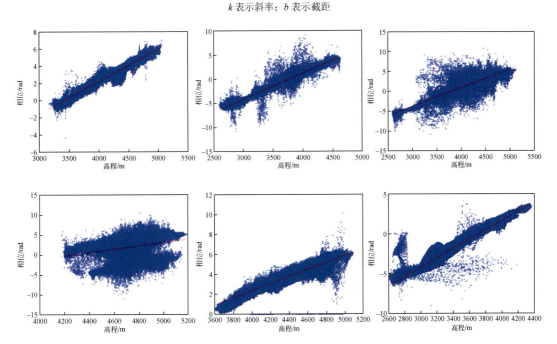

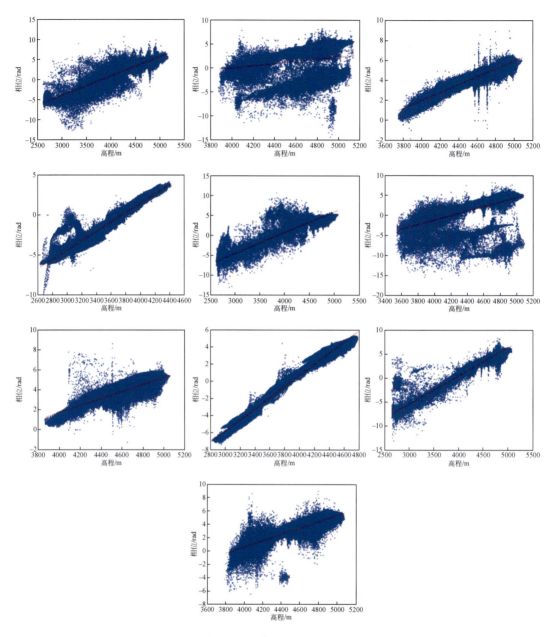

图 4.25　分块拟合结果示意图

对于拟合结果，本次研究通过 R^2 和 NRMSE 进行判断并赋值。R^2 的范围为 0～1，值越接近 1，说明拟合程度越好；NRMSE 反映了观测相位与模拟相位之间的偏差，其值越接近 0 越好。首先，进行赋值，赋值情况根据图 4.24 中的条件进行；然后，将各分块所赋值作为各自的中心像素值，以各分块中心像素值为参考值进行其他像素的整体线性插值；最后，对于插值后的结果进行平滑处理，其具体的过程如图 4.26 所示。

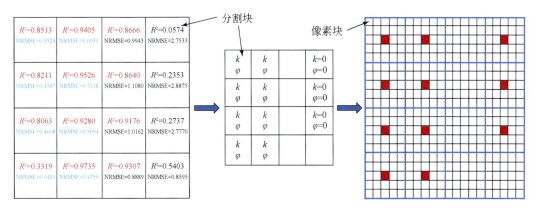

图 4.26　分块赋值与插值处理过程示意图

对整体像素块值进行插值平滑处理后，利用外部 DEM 数据与其各像素块值进行模拟计算，得到依据外部 DEM 数据模拟的大气相位。紧接着，将模拟得到的大气相位从原始干涉图中减去，获取削弱大气相位之后的解缠干涉对，其结果如图 4.27 所示。图 4.27（a）为去大气之前的原始解缠干涉图，图 4.27（b）为依据外部 DEM 数据模拟的大气相位，图 4.27（c）为原始解缠干涉图减去模拟大气相位之后的结果。由图 4.27 可知，该方法整体上对于大气相位的抑制作用比较明显。结合图 4.25 中的分块拟合结果可知，与地形存在强相关的区域拟合大气较好，可以很好地从原始干涉图中去除。然而，图 4.27 中各相位图的右上角区域，拟合效果不好，从图 4.26 中每个分块的 NRMSE 值来看，此区域值过大，初步判断该区域为湍流大气延迟影响较大的区域。因此，该区域很难用外部 DEM 数据来削弱大气延迟误差。

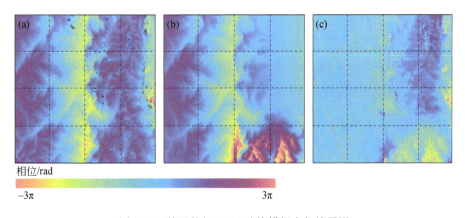

相位/rad

−3π　　　　　　　　　　　　3π

图 4.27　基于外部 DEM 分块模拟大气结果图

为了验证 NRMSE 值对结果的影响，对其值分别取 0.5 和 0.9 来进行比对，其结果分别如图 4.28、图 4.29 所示，图中，（a）为原始解缠干涉图、（b）为依据外部 DEM 数据模拟的大气相位、（c）为原始解缠干涉图减去大气相位之后的结果。可以发现，当 NRMSE 值取 0.5 时，图中标注的 A 区域大气模拟效果很差，大气相位的削弱并没有体现出来；当 NRMSE 取 0.9 时，A 区域大气模拟效果较好，对于该区域的大气相位削弱比较明显；当

NRMSE 取 0.7 时，A 区域的大气相位也较大程度上地进行了削弱。当 NRMSE 取 0.5 和 0.7 时，B 区域的大气没有能够很好地削弱；当 NRMSE 取 0.9 时，B 区域的大气相位被很好地模拟出来，达到了很好削弱垂直大气延迟相位的效果。综上，NRMSE 阈值在误差允许的情况下，适当的提高该值可以将混合在原始解缠干涉图中的垂直大气延迟相位分离出来并进行削弱，从而提高 InSAR 在高山峡谷区地质灾害监测的精度。

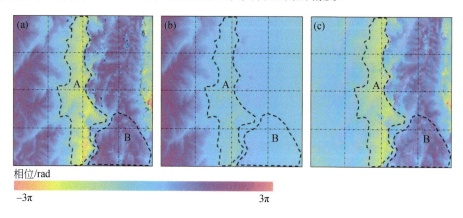

图 4.28　NRMSE 值取 0.5 结果图

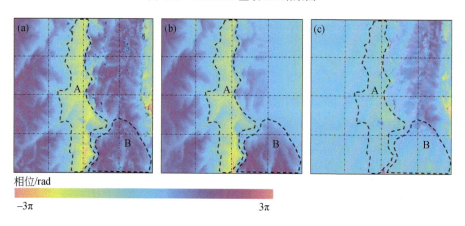

图 4.29　NRMSE 值取 0.9 结果图

2. 湍流大气相位的削弱

Stacking-InSAR 技术是求解地面形变速率的一种常规方法，该技术可以很大程度上减弱 DEM 误差和大气延迟误差对监测结果的影响。Stacking-InSAR 技术的主要原理：假设单个独立干涉对中的大气扰动误差相位是随机的，要获取的地面形变信息是线性的，当对多幅影像进行加权平均处理时，就可以很大程度上削弱随机大气延迟误差的影响。本次研究以贡山独龙族怒族自治县（贡山县）为例，利用 Stacking-InSAR 技术对研究区的 Sentinel-1A 数据进行了处理。贡山县位于云南省西北部，地理坐标为 98°08′E～98°56′E，27°29′N～28°23′N。贡山县地形呈"三山夹两江"特点，为典型高山峡谷地貌，海拔最大高差可达 3958m。

在处理过程中,本次采用了 SBAS-InSAR 技术和 Stacking-InSAR 技术对贡山县 2019～2020 年 Sentinel-1A 数据(表 4.3)进行了处理。首先,将时间基线设置为 60 天,空间基线设置为 150m,对满足其基线条件的影像进行干涉处理,在对所有的影像进行干涉处理后,升轨总共产生了 197 个干涉对,降轨总共为 239 个干涉对;然后,对所有的干涉对采用 32×32 的像素窗口进行自适应滤波处理,以此来消除噪声误差;最后,通过选取相干性高于 0.3 的区域进行相位解缠,利用最小费用流相位解缠方法求解出相位图的完整相位。图 4.30 为升轨和降轨处理过程中产生了解缠干涉图,可以看出,贡山县研究区的解缠图质量比较差,里面混杂着许多的湍流大气延迟相位。

表 4.3　贡山县数据情况列表

参数	Sentinel-1A 升轨	Sentinel-1A 降轨
路行	172	33
框架	1267+1272	497+502
波段	C	C
影像数量	58+57	60+60
影像日期范围(年-月-日)	2019-01-12—2020-12-20	2019-01-02—2020-12-22

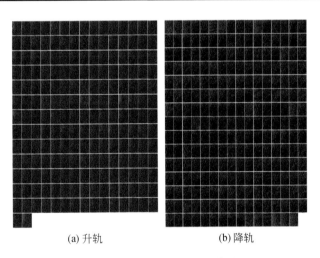

(a) 升轨　　　　　　(b) 降轨

图 4.30　升、降轨解缠干涉图

对所有的干涉图进行加权平均处理之后,可以削弱了湍流大气延迟误差对贡山县形变监测的影响,具体结果如图 4.31 所示。从图 4.31 可以看出,降轨数据的结果整体比升轨数据质量要好。由于贡山县该地区植被覆盖率很高,达到了 83.89%,植被覆盖带来失相干问题,整体上升、降轨监测结果不太理想,好多区域存在误差掩盖了形变真实的情况。

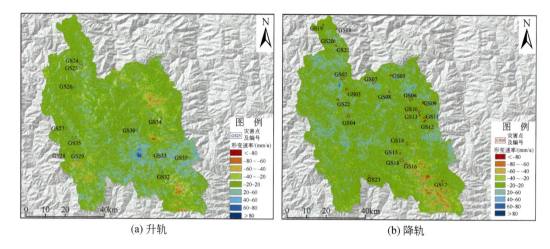

(a) 升轨　　　　　　　　　　　　　　(b) 降轨

图 4.31　升、降轨 Stacking-InSAR 形变结果示意图

4.4　小　　结

本章主要对高山峡谷区滑坡调查中常用的 SBAS-InSAR 技术、Stacking-InSAR 技术以及偏移量跟踪技术的原理及数据处理流程进行了介绍。SBAS-InSAR 技术可以以较高的点位密度获取相干点上的时间序列变形结果，一定程度上削弱了失相干对 InSAR 长时序监测结果的影响，尤其是在植被覆盖的区域，该技术方法具有较好的适用性；Stacking-InSAR 技术在影像数量较少或者干涉对在时间上不能连续覆盖时（如夏季失相干严重时段）可用，该技术可以以较高的点位密度获取较可靠的形变速率结果，但该方法是以地表线性变化为假设，不能获取相干点的时序变形结果，对非线性形变估算有一定的偏差。在此基础上，本章对高山峡谷区地形地貌所造成的 InSAR 技术监测难点问题展开了讨论，通过实例对几何畸变、干涉失相干和大气延迟等现象产生的原因以及对滑坡的影响进行了分析，并参考已有的研究成果给出了相应的改进措施，为高精度地获取地表形变特征和开展滑坡隐患识别与监测提供了支撑。

第 5 章　高山峡谷区典型崩滑灾害 InSAR
精准监测研究

5.1　概　　述

高山峡谷区地质条件复杂、崩滑灾害频发，对当地居民生命财产安全和基础设施建设构成严重威胁。InSAR 技术能够连续、高分辨率地监测地表形变，及时发现崩滑灾害的预兆，为崩滑灾害的预警和防治提供关键的科学依据，有助于相关部门提前采取预防措施，减少灾害损失。同时，通过对崩滑灾害高分辨率 InSAR 监测结果的分析和解读，对揭示崩滑灾害的发生规律，深入了解崩滑灾害的成因机制、演化过程、灾害风险评估和应急处置等均能提供重要的数据支撑。本章选取白格滑坡、希夏邦马峰大型冰川、贵州尖山营滑坡和色拉滑坡等 4 个典型地质灾害，综合利用 InSAR 技术、SAR 偏移量跟踪技术、光学偏移量跟踪技术，以及 SAR 偏移量与光学偏移量联合解算方法开展了地质灾害的精细监测，揭示了各自运动特征和量级大小等活动特征，并分析了其运动和演化过程。同时，针对色拉滑坡，基于岩土力学参数、现场地质探测和 InSAR 形变结果确定的滑坡体边界，利用离散元 MatDEM 软件对其进行模拟，判断滑坡的目前状态，并预测滑坡失稳时的致灾范围，为开展滑坡灾害精细监测和风险评估提供参考。本章所选取的典型地质灾害融合了多种形变监测技术，为典型地质灾害的精细监测提供参考，为地质灾害的防治和分析提供强有力支持。

5.2　基于 SBAS-InSAR 与偏移量技术的高位滑坡
形变时序监测与分析

5.2.1　实验区与数据介绍

1. 研究区概况

白格滑坡位于西藏自治区昌都市江达县和四川省甘孜藏族自治州白玉县境内，是典型的高山峡谷地貌。滑坡后缘为条形山脊，前缘为金沙江，金沙江在滑坡区域内为深切的"V"形，在白格滑坡坡脚处金沙江出现了转弯。白格滑坡位于金沙江右岸，滑坡整体长度约 1406m，宽度约 820m（图 5.1），平均厚度为 45m，滑前该区域的斜坡坡度整体上较陡，且滑坡区的地势起伏较大，易发生滑坡等地质灾害。

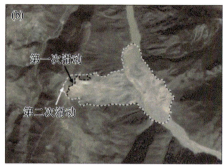

图 5.1 白格滑坡地理位置与光学影像图

2. 实验数据介绍

本次实验所采用的数据有 Sentinel-1、ALOS-2 和 Landsat 8 等。其中，Sentinel-1 数据为欧空局获取的间隔 12 天的 2018 年 1 月 12 日至 2021 年 11 月 28 日间的 107 景升轨影像，参数信息如表 5.1 所示。收集了 2018 年 5 月与 7 月的 2 景升轨 ALOS-2 数据用于 SAR 偏移量计算。对于光学数据，采用了 2014 年 11 月至 2018 年 3 月间的 14 景美国 Landsat 8 影像，用于计算白格滑坡的光学偏移量和时间序列，影像数据如表 5.2 所示。Landsat 8 全色波段的空间分辨率为 15m。

表 5.1 研究所采用的 Sentinel-1 数据集主要参数表

参数	指标
轨道方向	升轨
轨道号	99
入射角	33.9°
方位角	−10.1°
成像模式	IW 宽幅模式
极化方式	VV
影像数量/景	滑前：22，滑后：85
影像时间间隔/天	12
影像时间范围	2018 年 1 月 12 日—2021 年 11 月 28 日

表 5.2 研究所采用的光学数据集主要参数表

序号	数据源	影像时间	太阳高度角/(°)	太阳方位角/(°)
1	Landsat 8	2014-11-29	33.8383	158.8180
2	Landsat 8	2015-02-01	35.4081	150.0562
3	Landsat 8	2015-11-16	36.7622	158.6266
4	Landsat 8	2015-12-02	33.3418	158.7252
5	Landsat 8	2016-01-03	31.1800	155.3246
6	Landsat 8	2016-02-04	36.0984	149.5566

续表

序号	数据源	影像时间	太阳高度角/(°)	太阳方位角/(°)
7	Landsat 8	2016-12-04	32.9005	158.6314
8	Landsat 8	2017-01-21	33.2561	152.0792
9	Landsat 8	2017-02-06	36.8157	149.0233
10	Landsat 8	2017-10-20	44.4975	154.8352
11	Landsat 8	2017-12-23	31.1084	156.8331
12	Landsat 8	2018-01-24	33.7481	151.5319
13	Landsat 8	2018-02-25	42.5780	145.2663
14	Landsat 8	2018-03-29	54.2072	137.8200

5.2.2　白格滑坡形变监测技术方法

1. SBAS-InSAR 技术

本次实验利用 SBAS-InSAR 技术获取白格滑坡的形变时间序列信息。首先，通过设置 2018 年 1 月 12 日至 10 月 3 日获取的 Sentinel-1 影像的时空基线阈值，组成 59 个 SAR 影像对（图 5.2），解算白格滑坡滑前的时序形变；然后，通过设置 2018 年 11 月 8 日至 2021 年 11 月 28 日获取的 Sentinel-1 影像的时空基线阈值，组成了 350 个 SAR 影像对（图 5.3），解算白格滑坡滑后的时序形变。

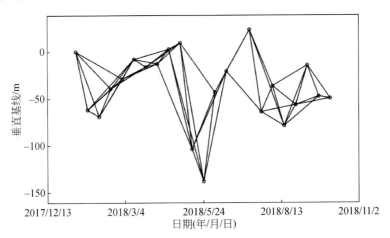

图 5.2　白格滑坡滑前短基线集时空基线 SAR 影像对组合图

2. SAR 偏移量跟踪

基于 SAR 影像的偏移量跟踪技术是利用归一化互相关方法来获取距离向和方位向上的形变信息。考虑到偏移量结果精度较低的问题，本次实验采用 2 景 ALOS-2 影像进行白格滑坡滑前的偏移量计算。通过多次实验来确定搜索窗口大小，即距离向 128 像素×方位向 256 像素，搜索步长为距离向 12 像素×方位向 9 像素，相关系数阈值为 0.2。

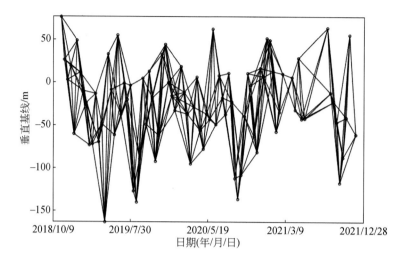

图 5.3 白格滑坡滑后短基线集时空基线 SAR 影像对组合图

3. 光学偏移量互相关

基于光学影像的偏移量估算是利用亚像素互相关匹配方法获取东西向和南北向的偏移量结果。考虑到失相关噪声的影响，首先设置 2014 年 11 月 16 日至 2018 年 3 月 29 日的 14 景 Landsat 8 影像的太阳高度角差值和太阳方位角差值的阈值，并选择小于 1 年的时间间隔组成 21 个影像对（图 5.4），估算白格滑坡滑前的偏移量。本次实验用 COSI-Corr 软件进行白格滑坡偏移量的估算，具体参数设置为初始和最终窗口为 64×64；步长为 1；迭代次数为 4；掩膜阈值为 0.9。然后，对于获取的偏移量结果中失相关噪声、轨道误差、条带误差、卫星姿态角误差等的影响，分别利用以下 3 种方式进行去除：通过设置信噪比阈值大于 0.9 去除失相关噪声引起的误差；通过一次多项式曲面拟合模型去除轨道误差；采取"均值相减法"算法消除条带误差；通过改进的"均值相减法"算法去除卫星姿态角误差（贺礼家等，2019）。最后，对估算的结果进行非均值滤波，得到影像对的东西向和南北向偏

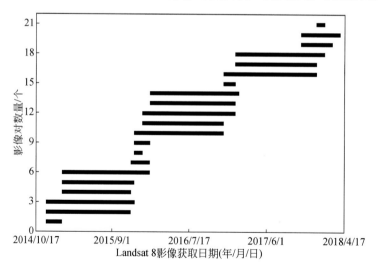

图 5.4 白格滑坡滑前光学影像对组合图

移量。由于白格滑坡以东西向滑动为主，南北向形变较小，所以计算得到的影像对水平向形变用于时序解算。

5.2.3　白格滑坡监测结果与分析

1. 基于 SAR 与光学数据的滑前时序监测

本次实验利用光学偏移量、SAR 偏移量和 SBAS-InSAR 技术监测白格滑坡滑前的形变。收集滑前的 1 景光学影像，分析了白格滑坡的形变特征（图 5.5），其中，A1、A2、A3 和 A4 区为滑坡强变形区范围，B 区为滑坡主要滑塌体范围。

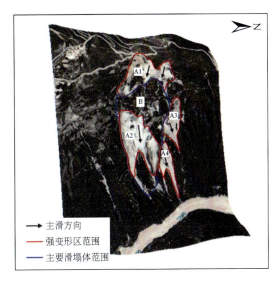

图 5.5　白格滑坡滑前光学影像形变特征示意图

图 5.6 是利用 Landsat 8 影像解算的白格滑坡滑前的光学偏移量水平向时序形变结果，并根据白格滑坡滑前的边界对形变区进行裁剪。从图 5.6 可以看出，白格滑坡的形变从 2014 年 11 月逐渐增大，到 2018 年 3 月 29 日累积形变可达到 40m，其形变区主要位于滑坡的中部，即 B 区。图 5.7 是利用 2 景滑前 ALOS-2 影像进行了 SAR 偏移量的形变估算结果，并根据滑坡滑前的边界裁剪出形变区域。从图 5.7 可以看出，白格滑坡的形变达到 6.4m，形变较大。结合图 5.8 分析，该时间段（2018 年 5 月 28 日至 7 月 23 日）滑坡位于滑前的剧烈变形阶段，其形变区域主要位于滑坡中部。结合图 5.6 分析，本次实验采用两种方法计算所得的滑坡形变区都位于滑坡中部。

为了更好地分析其形变特征，选取了图 5.6 中的 3 个特征点进行形变时间序列分析，结果如图 5.8 所示。从图 5.8 可以看出，白格滑坡滑前的形变特征在 2014 年底到 2018 年 3 月底可分为 4 个阶段：I 阶段（2015 年 11 月 16 日之前）为初级变形阶段；II 阶段（2015 年 11 月 16 日至 2016 年 12 月 4 日）为初加速变形阶段；III 阶段（2016 年 12 月 4 日至 2017 年 10 月 20 日）为快速变形阶段；IV 阶段（2017 年 10 月 20 日之后）为剧烈变形阶段。

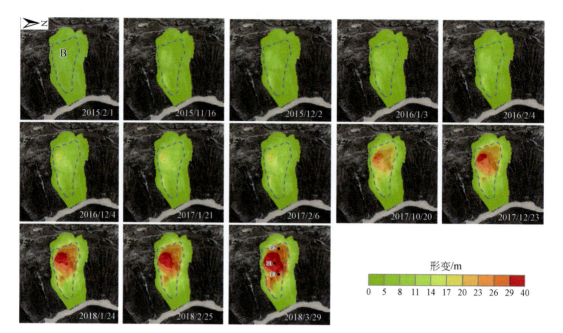

图 5.6　白格滑坡滑前光学偏移量时序形变结果示意图

P1～P3 为特征点

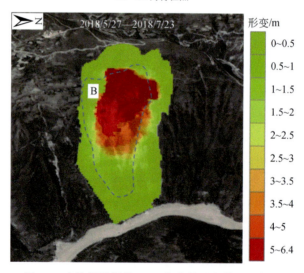

图 5.7　白格滑坡滑前 SAR 偏移量形变结果示意图

图 5.9 是不同数据源计算所得的白格滑坡滑前的形变速率。其中，图 5.9（a）为 2014 年 11 月 19 日至 2018 年 3 月 29 日的 Landsat 8 数据的形变速率结果，形变速率最大为 26mm/d。图 5.9（b）为 2018 年 2 景 ALOS-2 数据的形变速率结果，形变速率最大为 113mm/d。结合光学影像滑坡特征与两种数据的形变监测结果，将滑坡滑前的形变区域分成 Q1、Q2、Q3、Q4 和 Q5，其中，Q1、Q4 与 Q5 皆为不稳定区域，Q2 为第一次崩滑的滑源区域。为进一步分析不同滑前形变区域的形变速率，我们做 AB 剖面进行分析，结果如图 5.9（c）所示，可以看出 Q2 形变区域的形变速率变化较大，Q1 与 Q3 形变区域的形变速率变化稳定。

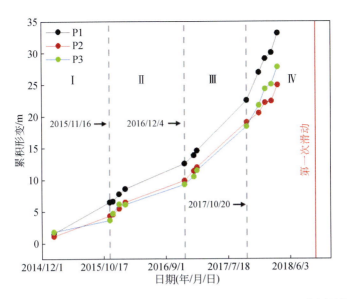

图 5.8　白格滑坡滑前特征点光学偏移量时序形变图（P1、P2、P3 位置见图 5.6）

本次实验利用 SBAS-InSAR 技术处理 2018 年 1 月 12 日至 2018 年 10 月 3 日的 22 景 Sentinel-1 影像数据，得到白格滑坡滑前 LOS 地表形变速率，结果如图 5.10（a）所示。由图 5.10（a）可知，由于 SAR 影像失相干的影响，滑坡中部大部分无形变信息，但滑坡顶部具有明显形变，年平均沉降速率最大为 143mm/a。对于失相干部分可以通过偏移量跟踪技术获取其形变特征（图 5.6、图 5.7）。为进一步分析 SBAS-InSAR 的时间序列结果，选择图 5.10（a）中的 3 个特征点（m1、m2、m3）进行分析，如图 5.10（b）所示，3 个特征点整体变化趋势一致，累积形变最大达到了 50mm。

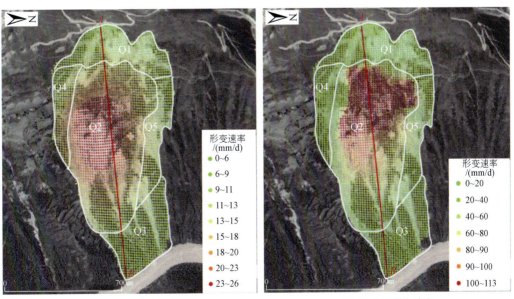

(a) Landsat 8形变速率　　　　　　　　　(b) ALOS-2形变速率

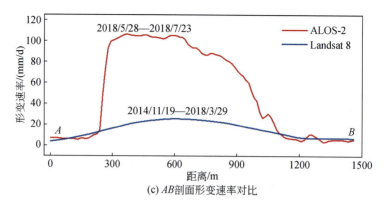

(c) AB剖面形变速率对比

图 5.9　白格滑坡滑前 Landsat 8 与 ALOS-2 的形变速率示意图

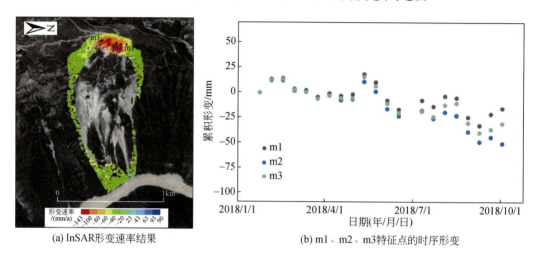

(a) InSAR形变速率结果　　　　　　(b) m1、m2、m3特征点的时序形变

图 5.10　白格滑坡滑前 InSAR 形变示意图

2. 白格滑坡两次滑动 InSAR 监测

白格滑坡于 2018 年 10 月 11 日发生了第一次滑动，利用 InSAR 技术获取第一次滑动后的形变信息。图 5.11（a）为第一次滑动滑前和滑后的 2 景 Sentinel-1 影像的 LOS 形变，最大达到了 48mm，形变部分基本为第一次滑动的滑源区，K1 为潜在形变区，可以看出白格滑坡左上侧同样发生了形变。图 5.11（b）为第一次滑动和第二次滑动期间 2 景 Sentinel-1影像的 LOS 形变，最大达到了 41mm，滑坡后缘和滑坡左上侧发生了形变，K1 潜在形变区仍在发生形变。

白格滑坡于 2018 年 11 月 3 日发生了第二次滑动，利用 InSAR 技术获取第二次滑动后的形变信息。图 5.12 为第二次滑动滑前和滑后影像的形变结果，形变达到了 72mm，可以看出，在白格滑坡左上侧 K2 潜在形变区和右上侧 K3 潜在形变区发生了形变，说明白格滑坡在第二次滑动后后缘两侧发生沉降；并且图 5.12（b）较图 5.12（a）的潜在变形区范围有所扩大延伸，说明在发生滑动后仍然在持续变形。

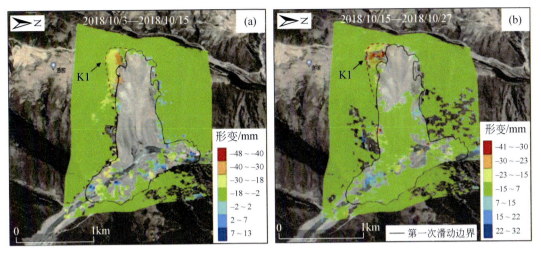

图 5.11　白格滑坡第一次滑动 InSAR 形变示意图

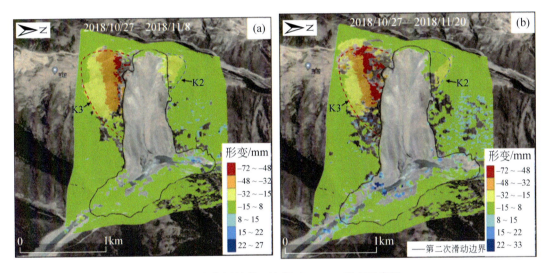

图 5.12　白格滑坡第二次滑动 InSAR 形变示意图

3. 基于 Sentinel-1 数据的滑后时序监测

本次实验利用 SBAS-InSAR 技术处理的 2018 年 11 月 8 日至 2021 年 11 月 28 日的 85 景 Sentinel-1 影像数据，得到白格滑坡滑后的形变速率，结果如图 5.13 所示，从图可以看出，形变速率最大为-140mm/a，并且变形区主要为滑坡左上侧。图 5.13（b）显示其形变区域涉及建筑物和公路，对人民的生命安全造成了潜在危险。为了更好地分析其形变特征，选取了如图 5.13（a）所示的 10 个特征点进行滑后形变时序的分析，其中，J1、J2、J6 位于滑坡形变剧烈变化的区域，J3、J4、J5、J7、J8 位于滑坡后缘和滑坡变化较缓的区域，J9、J10 位于滑坡前缘发生缓慢形变的部分。位于图 5.13（c）为特征点的 InSAR 时序图，可以看出，白格滑坡的累积形变持续增大，并且形变速率变化较小。

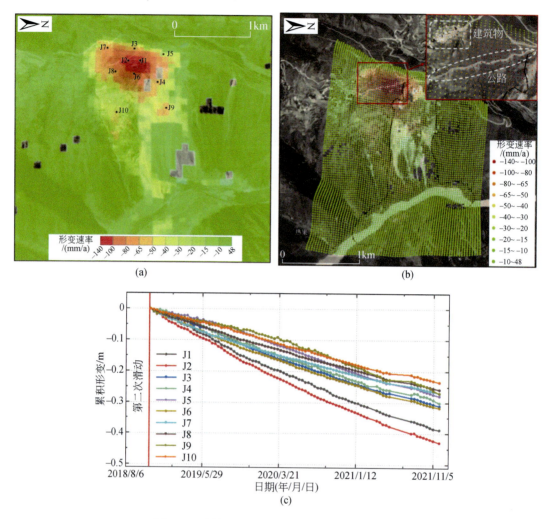

图 5.13　白格滑坡滑后 InSAR 形变速率示意图

5.3　联合 SAR 与光学偏移量技术的大型冰川监测与分析

5.3.1　实验区与数据介绍

1. 研究区概况

希夏邦马峰是中国西藏地区聂拉木县境内的一座高峰，山势险峻，气候差异大，为周围冰川灾害的发生提供了孕育条件。该地区常年覆盖冰川和积雪，布满了很多纵横交错的山地冰川（苏珍和奥尔洛夫，1991）。由于全球变暖的影响，使得冰川消融加剧，导致冰湖溃决以及泥石流等地质灾害的发生（李海等，2021）。例如，Jiang 等（2018）对 1988～2015 年吉隆河流域冰川面积变化进行了研究，发现吉隆河流域冰川面积减少了 16.45%；Zhang G.Q.等（2019）研究发现 1964～2017 年波曲流域的冰湖面积增加了 110%，其中该流域的 8 个冰湖被认定为具有风险的冰川湖。本次实验的研究对象为希夏邦马峰地区附近的目标冰川，冰川范围如图 5.14 所示。该冰川的特征是 3 条支流汇集形成主流，为研究冰川三维运动提供了典型实验区域。

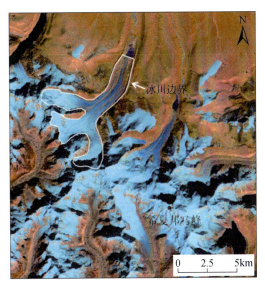

图 5.14　实验区冰川 Landsat 8 假彩色影像示意图

2. 实验区数据

本次实验选取了来自欧空局官网间隔 24 天的 31 景 Sentinel-1 升轨影像数据，时间范围为 2019 年 1 月 6 日至 2020 年 12 月 26 日，详细参数信息如表 5.3 所示。光学数据来自美国地质调查局获取的 19 景 Landsat 8 陆地成像仪（Operational Land Imager，OLI）影像。Landsat 8 影像的时间范围为 2019 年 1 月 3 日至 2021 年 1 月 8 日，主要参数信息如表 5.4 所示。Landsat 8 影像数据已经基于外部 DEM 进行了正射校正（Ding et al.，2020）。

表 5.3　研究所采用的 Sentinel-1 数据参数表指标表

参数	指标
轨道方向	升轨
轨道号	85
入射角	33.9°
方位角	−10.1°
成像模式	干涉宽幅
极化模式	VV
影像数量/景	31
影像时间范围	2019 年 1 月 6 日—2020 年 12 月 26 日

表 5.4　研究所采用的 Landsat 8 影像参数表

参数	指标
影像波段	全色波段
空间分辨率/m	15
数据产品级别	Level-1T
中心波长/μm	0.59
重访周期/天	16
影像数量/景	19
影像时间范围	2019 年 1 月 3 日—2021 年 1 月 8 日

5.3.2　SAR 偏移量与光学偏移量联合解算方法

本次实验采用像素偏移量跟踪技术与方差分量估计结合的方法反演冰川的三维流速。该技术基本原理是通过对同一区域两幅图像中同一目标的相似度检测，计算得到同一目标在两幅图像间的偏移量。数据处理主要分为 3 个步骤：SAR 偏移量估计、光学偏移量估计以及联合解算（图 5.15）。

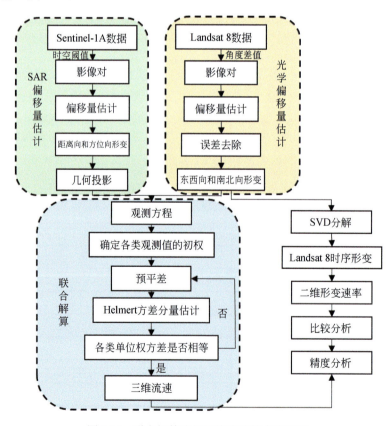

图 5.15　联合解算冰川三维流速技术流程图

（1）利用像素偏移量跟踪技术对 Sentinel-1A 影像进行处理，得到目标区域在距离向和方位向上的偏移量计算结果，并对获得的形变数据进行几何分解和分辨率重采样，得到东西向、南北向和垂直向的 SAR 偏移量结果。

（2）利用像素偏移量跟踪技术对 Landsat 8 影像进行处理，获取目标像素在东西向和南北向形变。

（3）根据测量结果的误差来源不同，将 SAR 偏移量得到的距离向和方位向形变数据与光学偏移量得到的东西向和南北向形变数据组成 4 个观测方程；基于方差分量估计进行 SAR 偏移量结果和光学偏移量结果的随机模型验后估计，从而得到冰川最优的三维流速估值。

1. SAR 偏移量估计

基于 SAR 影像的偏移量跟踪技术是利用影像幅度信息，通过归一化互相关算法来获取偏移量估算结果。SAR 偏移量能够有效克服失相干现象，适用于大梯度形变信息的获取。为了得到基于 SAR 影像的长时间序列的偏移量结果，本次实验首先基于短基线集像素跟踪算法（Berardino et al.，2002）的思想进行时间基线和空间基线的组合选择，通过选取小于时空阈值的组合得到偏移量估算影像对（图 5.16）；然后，基于强度跟踪算法进行偏移量的估算；最后，通过多次实验最终确定搜索窗口大小为距离向 128 像素×方位向 128 像素，步长为距离向 5 像素×方位向 1 像素，相关系数大小为 0.2。

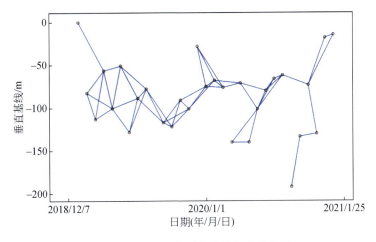

图 5.16　SAR 影像时空基线组合分布图

2. 光学偏移量估计

基于光学影像的像素偏移跟踪算法是利用亚像素相关性匹配算法得到东西向和南北向的偏移量结果。光学影像偏移量计算软件 COSI-Corr 通常可以获得较好的精度和可靠性（孔繁司等，2016），因此，本次研究利用 COSI-Corr 软件进行光学影像偏移量的估算。由于光学偏移量结果会受到失相关噪声的影响，并且结果的标准差与太阳角度密切相关（Bontemps et al.，2018）。影像的太阳角度差值越小，结果越可靠。图 5.17（a）为挑选的太阳高度角差值与太阳方位角差值均较小（太阳高度角差值小于 3.58°，太阳方位角差值小于 15.82°）的 34 个光学影像对；图 5.17（b）为 34 个光学影像对的时间基线。

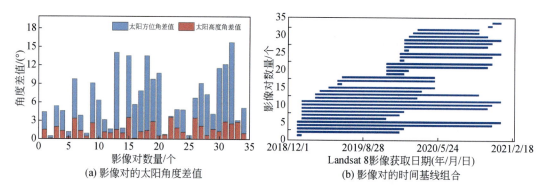

图 5.17　研究所采用的 Landsat 8 影像对示意图

利用 COSI-Corr 软件计算偏移量过程中，为了获取精度较高的数据处理结果，我们采取了二级窗口搜索的策略。首先，设置 64×64 的窗口大小进行初始搜索，获得初始偏移量；然后，将搜索窗口大小设置为 32×32，以获取更多的形变细节；搜索步长设置为 4 像素，迭代次数为 2，并根据对数互相关频谱的振幅进行失相关噪声的掩膜，掩膜阈值为 0.9。光学偏移量估算结果包括东西向形变、南北向形变以及信噪比。针对南北向和东西向形变结果中的误差，通过选取信噪比大于 0.9 像素去除失相关噪声导致的误差；通过一次多项式曲面拟合模型的方法去除轨道误差；利用经典算法"均值相减法"来消除条带误差（柳林等，2021）；同时，对最终的偏移量结果进行非均值滤波处理，以平滑局部噪声的影响。

3. 联合解算

作为多类别数据的联合平差方法，赫尔默特（Helmert）方差分量估计通常能够获取观测量的最优估值。该方法的基本理论：将参与计算的形变结果按不同的数据来源分类，确定各类参与数据的初始权，进行预平差；将几类数据组合成观测方程，然后计算各类观测值的验后单位权方差，进行观测量方差的迭代计算，直至各类观测值的单位权中误差相等或各类单位权方差之比等于 1。本次研究利用该方法对获取的 SAR 偏移量和光学偏移量进行三维流速最优值的估算。其基本原理和过程如下：

首先，为了解决 Sentinel-1 和 Landsat 8 影像像素大小不等的问题，我们将 Sentinel-1 影像坐标系转换为与 Landsat 8 影像相一致的坐标系；然后，将 Sentinel-1 影像重新采样，以达到与 Landsat 8 影像像素大小一致。假设有 N 幅研究区的 SAR 影像组成了 m 个干涉对，对第 r（$r \leqslant m$）个干涉对的相干点 i 来说，假设发生了匀速形变，则有

$$\mathbf{Los}^{ri} = [t_r \cdot C_e^i \quad t_r \cdot C_n^i \quad t_r \cdot C_u^i] \cdot [v_e^i \quad v_n^i \quad v_u^i]^{\mathrm{T}} \tag{5.1}$$

$$\mathbf{Az}^{ri} = [t_r \cdot D_e^i \quad t_r \cdot D_n^i \, t_r \cdot D_u^i] \cdot [v_e^i \quad v_n^i \quad v_u^i]^{\mathrm{T}} \tag{5.2}$$

式中，$\mathbf{Los}^{ri}$ 和 $\mathbf{Az}^{ri}$ 分别为第 r 个干涉对得到的相干点 i 在视线向（LOS）和方位向形变；v_e^i、v_n^i 和 v_u^i 分别为相干点 i 在东西向、南北向和垂直向上的形变速率（流速）；t_r 为第 r 个干涉对的时间间隔；C_e^i、C_n^i 和 C_u^i 分别为视线向上的相干点 i 在东西向、南北向和垂直向上的投影；D_e^i、D_n^i 和 D_u^i 分别为在方位向上的相干点 i 在东西向、南北向和垂直向上的投影，可根据投影的几何关系（图 5.18）来计算：

$$C_e^i = -\sin\theta_{inc}^i \sin(\alpha_{azi}^i - 3\pi/2) \tag{5.3}$$

$$C_n^i = -\sin\theta_{inc}^i \cos(\alpha_{azi}^i - 3\pi/2) \tag{5.4}$$

$$C_u^i = \cos\theta_{inc}^i \tag{5.5}$$

$$D_e^i = -\cos(\alpha_{azi}^i - 3\pi/2) \tag{5.6}$$

$$D_n^i = -\sin(\alpha_{azi}^i - 3\pi/2) \tag{5.7}$$

$$D_u^i = 0 \tag{5.8}$$

式中，θ_{inc}^i 和 α_{azi}^i 则为相干点 i 的入射角和方位角。

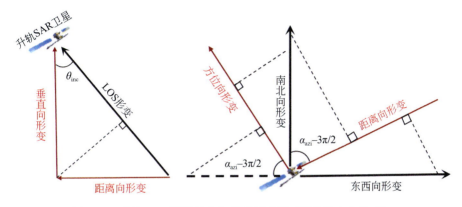

图 5.18　升轨 SAR 影像的几何关系示意图（箭头的方向为正）

利用光学偏移量跟踪技术获取了 f 幅影像对，对第 k 幅影像对的相干点 i 来说，则有

$$[Q_e^{ki} \quad Q_n^{ki}]^T = t_k \cdot [v_e^i \quad v_n^i]^T \tag{5.9}$$

式中，Q_e^{ki} 和 Q_n^{ki} 分别为第 k 幅影像对的相干点 i 在东西向、南北向上的形变。

基于最小二乘模型融合 SAR 干涉对观测量和光学影像对观测量求解三维地表形变：

$$L = BX + V \tag{5.10}$$

式中，$X = [v_e^i \ v_n^i \ v_u^i]^T$ 求解的三维形变速率；V 为相对应的观测残差；$L = [\text{Los}^{1i} \cdots$ $\text{Los}^{mi} \quad \text{Az}^{1i} \cdots \text{Az}^{mi} \quad Q_e^{1i} \cdots Q_e^{fi} \quad Q_n^{1i} \cdots Q_n^{fi}]^T$ 为 $2m$ 个 SAR 偏移量测量值和 $2f$ 个光学偏移量组成的观测量；B 为 3 个方向上的观测值组成的矩阵：

$$B = \begin{bmatrix} t_1 \cdot C_e^{1i} & \cdots & t_m \cdot C_e^{mi} & t_1 \cdot D_e^{1i} & \cdots & t_m \cdot D_e^{mi} & t_1 & \cdots & t_f & 0 & \cdots & 0 \\ t_1 \cdot C_n^{1i} & \cdots & t_m \cdot C_n^{mi} & t_1 \cdot D_n^{1i} & \cdots & t_m \cdot D_n^{mi} & 0 & \cdots & 0 & t_1 & \cdots & t_f \\ t_1 \cdot C_u^{1i} & \cdots & t_m \cdot C_u^{mi} & t_1 \cdot D_u^{1i} & \cdots & t_m \cdot D_u^{mi} & 0 & \cdots & 0 & 0 & \cdots & 0 \end{bmatrix}^T$$

假设观测值方差是已知的，则利用最小二乘平差可以计算得到三维形变速率的最优估值：

$$\hat{X} = (B^T P B)^{-1} B^T P L \tag{5.11}$$

式中，P 为各个观测量方差组成的权阵，即

$$P = \begin{bmatrix} 1/\sigma_{\text{Los}^{1i}}^2 & & & \\ & 1/\sigma_{\text{Az}^{1i}}^2 & & \\ & & \ddots & \\ & & & 1/\sigma_{Q_n^{fi}}^2 \end{bmatrix}$$

为了获得三维形变速率的最优估值，除了函数模型外，观测量的随机模型是必要的计算步骤，即先验方差，就可以在平差模型中精确定权。一般观测值的方差往往难以准确获得，因此权阵的验后估计是基于方差分量估计进行的。SAR 偏移量估算结果的误差受失相干、过采样和匹配窗口等影响，光学偏移量估算结果的误差受各种噪声、系统误差、匹配窗口和步长等影响，因此可根据观测值误差的不同进行分组，将 SAR 观测值的距离向和方位向各自分成 1 组，光学观测值的东西向和南北向各自分为 1 组，总计 4 组。设每组的观测值为 L_i、权重为 P_i（$i=1,2,3,4$），基于最小二乘方法得到第一次的估值（魏春蕊等，2022）：

$$\begin{cases} \hat{X} = N^{-1}W \\ V_1 = B_1\hat{X} - L_1 \\ V_2 = B_3\hat{X} - L_2 \\ V_3 = B_3\hat{X} - L_3 \\ V_4 = B_4\hat{X} - L_4 \end{cases} \quad (5.12)$$

式中，$N = B^{\text{T}}PB = \sum_{i=1}^4 B_i^{\text{T}}P_iB_i = \sum_{i=1}^4 N_i$，$B = \begin{bmatrix} B_1 & B_2 & B_3 & B_4 \end{bmatrix}^{\text{T}}$；$W = B^{\text{T}}PL = \sum_{i=1}^4 B_i^{\text{T}}P_iL_i$，$L = \begin{bmatrix} L_1 & L_2 & L_3 & L_4 \end{bmatrix}^{\text{T}}$。假设初始权阵 P_i 为单位阵，则方差分量和观测残差的关系为

$$\hat{\theta} = S^{-1}W_{\hat{\theta}} \quad (5.13)$$

式中，$\hat{\theta} = \begin{bmatrix} \sigma_{01} & \sigma_{02} & \sigma_{03} & \sigma_{04} \end{bmatrix}^{\text{T}}$ 为 4 组观测值的单位权中误差；$W_{\hat{\theta}} = \begin{bmatrix} V_1^{\text{T}}P_1V_1 & V_2^{\text{T}}P_2V_2 & V_3^{\text{T}}P_3V_3 & V_4^{\text{T}}P_4V_4 \end{bmatrix}^{\text{T}}$；并且

$$S = \begin{bmatrix} m - 2\text{tr}(N_1N^{-1}) + tr(N_1N^{-1})^2 & \text{tr}(N_1N^{-1}N_2N^{-1}) & \text{tr}(N_1N^{-1}N_3N^{-1}) & \text{tr}(N_1N^{-1}N_4N^{-1}) \\ \text{tr}(N_2N^{-1}N_1N^{-1}) & m - 2\text{tr}(N_2N^{-1}) + tr(N_2N^{-1})^2 & \text{tr}(N_2N^{-1}N_3N^{-1}) & \text{tr}(N_2N^{-1}N_4N^{-1}) \\ \text{tr}(N_3N^{-1}N_1N^{-1}) & \text{tr}(N_3N^{-1}N_2N^{-1}) & f - 2\text{tr}(N_3N^{-1}) + tr(N_3N^{-1})^2 & \text{tr}(N_3N^{-1}N_4N^{-1}) \\ \text{tr}(N_4N^{-1}N_1N^{-1}) & \text{tr}(N_4N^{-1}N_2N^{-1}) & \text{tr}(N_4N^{-1}N_3N^{-1}) & f - 2\text{tr}(N_4N^{-1}) + tr(N_4N^{-1})^2 \end{bmatrix}$$

最后计算新的权阵估计值：

$$\hat{P}_1 = P_1, \quad \hat{P}_2 = \frac{\sigma_{0_1}^2}{\sigma_{0_2}^2 P_2^{-1}}, \quad \hat{P}_3 = \frac{\sigma_{0_1}^2}{\sigma_{0_3}^2 P_3^{-1}}, \quad \hat{P}_4 = \frac{\sigma_{0_1}^2}{\sigma_{0_4}^2 P_4^{-1}} \quad (5.14)$$

将得到的新权阵估计值代入式（5.6）中计算最小二乘估计值 $\hat{X}$，循环进行迭代式（5.6）至式（5.8），直到

$$\hat{\sigma}_{0_1}^2 \approx \hat{\sigma}_{0_2}^2 \approx \hat{\sigma}_{0_3}^2 \approx \hat{\sigma}_{0_4}^2 \quad (5.15)$$

当循环迭代结束时，此时的 $\hat{P}_1$、$\hat{P}_2$、$\hat{P}_3$、$\hat{P}_4$ 就是利用方差分量估计所得到的权阵，将其代入式（5.14）中即可得到最优的三维形变速率。

5.3.3 联合解算的冰川三维位移结果对比分析

1. 联合解算的迭代次数与权值分析

当研究区内像元的三维形变达到最优值时，此时每个像元的迭代次数如图 5.19 所示，通过简单运算可得平均次数为 5 次，最大次数为 64 次。图 5.20 为方差分量估计获取的方位向、东西向和南北向结果相对于 SAR 偏移量的距离向结果的权值，可以看出冰川上游消融区域局部权值比较高。

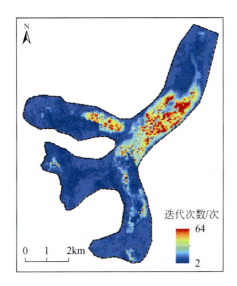

图 5.19　方差分量估计达到收敛的迭代次数示意图

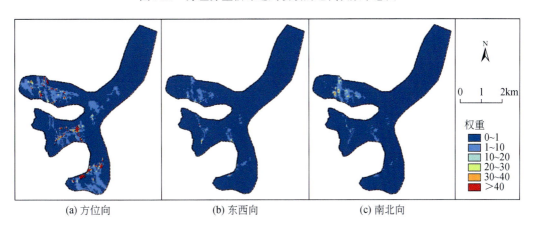

(a) 方位向　　　　　　　　(b) 东西向　　　　　　　　(c) 南北向

图 5.20　相对于距离向形变单位权的各方向权值示意图

2. SAR 偏移量和光学偏移量联合解算冰川三维流速

利用 Sentinel-1 与 Landsat 8 两种影像，基于方差分量估计进行 SAR 偏移量和光学偏移量的联合解算，计算的最优冰川三维流速（形变速率）[图 5.21（a）～（c）]。联合解算结果表明，方差分量估计模型可以获得冰川的三维流速，通过图 5.21 可以看出东西向的最大流速为 85mm/d，南北向的最大流速为 126mm/d，垂直向的最大流速为 88mm/d。整体上表现出冰川上游的运动速度较快，中游的运动速度较慢，下游的运动速度逐渐减小。将联合解算后东西向、南北向和垂直向的流速进行合成，如图 5.21（d）所示，从图可以看出，冰川的运动是从西南向东北流动的，符合其自然运动规律。

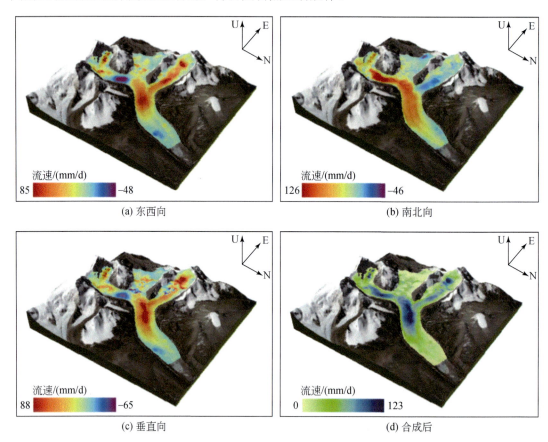

(a) 东西向　　　　　　　　　　　　　　　　　　(b) 南北向

(c) 垂直向　　　　　　　　　　　　　　　　　　(d) 合成后

图 5.21　冰川表面流速分布示意图

3. 联合解算与同期光学偏移量分析结果对比分析

为了检验联合解算的冰川三维流速结果及其运动特征的可靠性，将联合解算 SAR 偏移量与光学偏移量得到的冰川东西向 [图 5.22（a）] 和南北向 [图 5.22（b）] 流速与同期光学偏移量分析的冰川流速 [图 5.22（c）、（d）] 进行对比。选择光学偏移量分析结果进行对比是因为：①方向一致，都是南北向和东西向；②SAR 偏移量结果被重采样到光学影像的像元大小，使得光学偏移量的结果与联合解算后的像元大小一致。

从整体上看，联合解算后的冰川流速和运动特征与同期光学偏移量分析结果较为符合，东西向最大流速相差 3mm/d，南北向最大流速相差 2mm/d，并且流速较大的位置是冰川的上游和中游区域。由于联合解算的结果融合了 SAR 影像的位移量，所以两种方法的结果在局部区域具有差别。图 5.23 为两种方法分别在东西向和南北向的流速差值，可以看出差别较大的区域为冰川上游 3 条支流的消融区域（K1、K2、K3 区域），原因在于冰川散射特性变化较大,其运动特征点导致光学影像的部分低质量点在处理过程中被去除,而融合了SAR位移结果后能够获取冰川低质量区域的流速信息,更好地分析冰川运动特征。

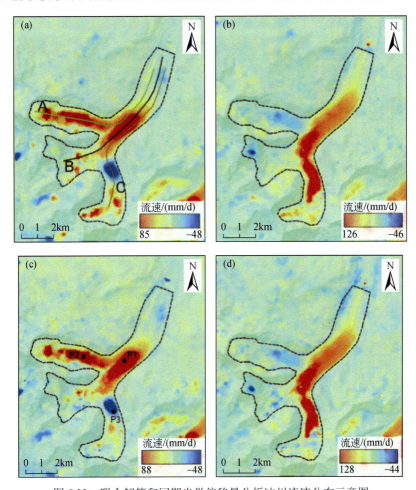

图 5.22　联合解算和同期光学偏移量分析冰川流速分布示意图
(a) 联合解算东西向；(b) 联合解算南北向；(c) 光学偏移量分析东西向；(d) 光学偏移量分析南北向

　　为进一步分析光学偏移量分析结果与联合解算结果的一致性,我们提取了两种结果的南北向和东西向上流速剖面 [图 5.22 (a) 中剖面 A、B、C] 进行分析 (图 5.24)。东西向上,联合解算前、后结果的主要区别为冰川的上游,特别明显的差异是在剖面 A 和剖面 B 上 [图 5.24 (a)、(c)],最大流速差值分别达到了 13.13mm/d 和 16.79mm/d；南北向上,联合解算前、后结果的主要差异存在于冰川的上游 [图 5.24 (b)、(d)、(f)],最大流速差值分别达到了 6.36mm/d、18.26mm/d 和 12.89mm/d；同时,在剖面 A 和剖面 C 的下游 [图 5.24 (b)、(f)] 也存在差异。由于冰川表面特征在上游和下游变化较大,导致光学影像在这些区域的相关性较低,因而光学偏移量解算方法的结果中存在误差。相反,联合解算模型选取了两种数据结果中同名点上误差较小的点参与解算,因此联合解算结果更加可靠。

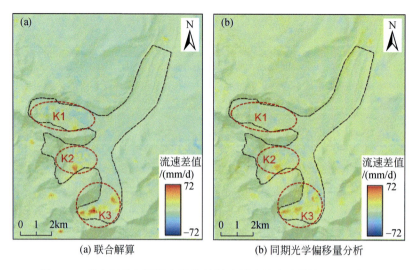

图 5.23　联合解算与同期光学偏移量分析冰川流速差值对比示意图

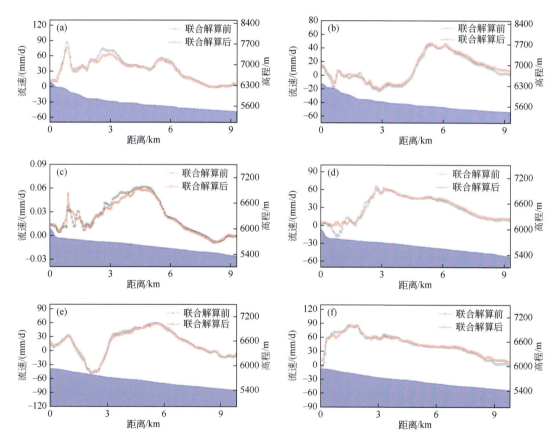

图 5.24　联合解算前、后冰川剖面 A、B、C 在南北向和东西向上的流速和高程图

（a）、（b）剖面 A 的东西向和南北向；（c）、（d）剖面 B 的东西向和南北向；（e）、（f）剖面 C 的东西向和南北向

5.3.4　联合解算精度分析

由于本次研究未能收集到研究区冰川位移的实测数据，因此采用非冰川稳定区域的标准差进行精度分析，并选择方向一致的光学偏移量分析和联合解算后的结果进行精度对比。我们随机选择了 3 处无积雪覆盖的非冰川裸露地表区域，即图 5.25（a）中 R1、R2 和 R3，计算联合解算后和同期光学偏移量分析冰川流速监测结果在稳定区域 R1、R2 和 R3 的标准差，如图 5.25（b）、（c）所示。图 5.25（b）是两种方法在东西向上稳定区域的标准差。Landsat 8 时序结果（联合解算前）分别为 1.965mm/d、2.881mm/d 和 2.586mm/d，联合解算结果分别为 1.562mm/d、1.523mm/d 和 1.159mm/d；通过计算得出，联合解算结果比 Landsat 8 时序结果提升了 21%、47% 和 55%。图 5.25（c）是两种方法在南北向上稳定区域的标准差。Landsat 8 时序结果分别为 3.314mm/d、2.966mm/d 和 2.587mm/d，联合解算结果分别为 1.963mm/d、2.015mm/d 和 1.526mm/d；通过计算得出，联合解算结果比 Landsat 8 时序结果提升了 41%、32% 和 41%。总体而言，联合解算的冰川三维流速估算结果的不确定性小于同期光学偏移量的监测结果，说明了联合解算方法可有效提高结果的精度和可靠性。

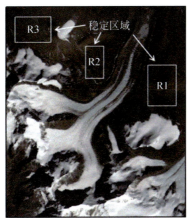

(a) 稳定区域 R1、R2、R3

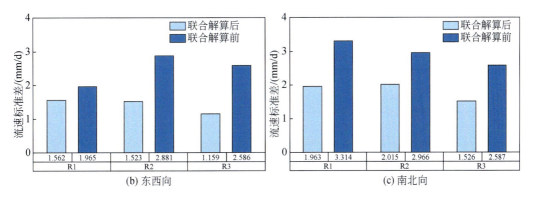

(b) 东西向　　　　　　　　　　(c) 南北向

图 5.25　联合解算前、后稳定区域精度对比示意图

为了验证联合解算冰川位移结果的准确性，我们获取了 2018 年希夏邦马峰地区的冰川编目数据（冉伟杰等，2021），并且实验区冰川末端覆盖有表碛冰川［图 5.26（a）］。由于表碛冰川的流速较小，准确地获取其覆盖区的表面流速比较困难。在本次研究中，联合解算后的表碛冰川区域流速［图 5.26（b）］较联合解算前的［图 5.26（c）］准确性提高，更符合冰川编目数据的矢量边界。同时，联合解算后的冰川流速可作为流速因子更加准确地提取冰川。

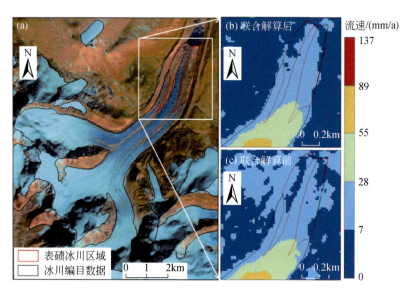

图 5.26　冰川编目数据与联合解算前、后对比示意图

5.3.5　联合解算的冰川流速时间序列及影响因素分析

1. 冰川流速时间序列

基于方差分量估计的冰川流速提取方法可以计算其时间序列，但需要较多的 SAR 影像对和光学影像对才能得到精度较高的结果。由于光学影像易受气象条件的影响，且本次研究中 SAR 影像对充足而光学影像对数量较少，因此选择了光学影像对数量大于 12 个的时段组合（表 5.5）参与计算，得到东西向（图 5.27）、南北向（图 5.28）和垂直向（图 5.29）冰川流速时间序列。

表 5.5　参与计算的 SAR 影像对和光学影像对数量表

时间范围 （年-月-日　）	2019-01-03— 2020-03-26	2019-01-03— 2020-05-13	2019-01-03— 2020-11-21	2019-01-03— 2020-01-08
SAR 影像对 数量/个	34	37	51	54
光学影像对 数量/个	13	16	20	34

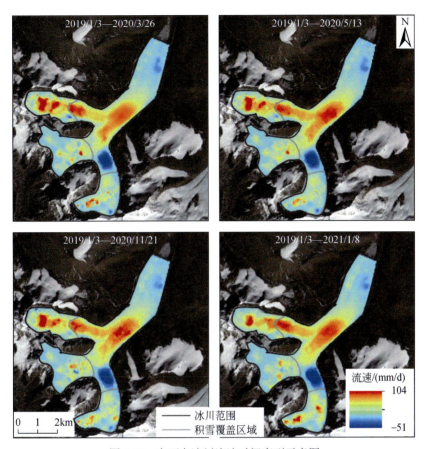

图 5.27　东西向冰川流速时间序列示意图

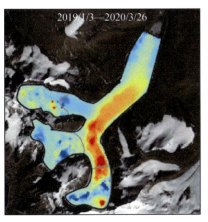
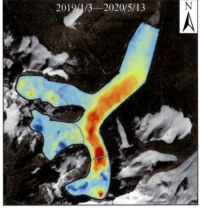

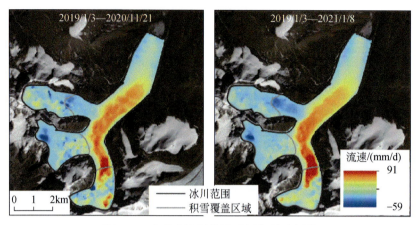

图 5.28　南北向冰川流速时间序列示意图

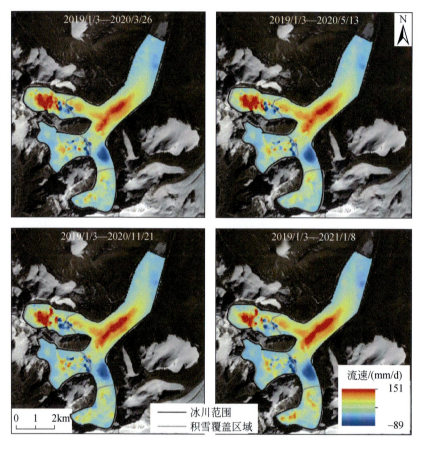

图 5.29　垂直向冰川流速时间序列示意图

2. 冰川流速的影响因素分析

对于单个冰川运动系统，冰川流速变化非常复杂（管伟瑾等，2020），其影响因素有地形和气候等（熊俊麟等，2021）。地形因素对冰川流速的影响主要表现为流速大小与坡度大小呈非线性正相关，坡度越大越有助于冰川随地形变化的运动（图 5.30）；气候因素对冰川运动特征的影响主要为气温升高使冰床解冻,从而加剧了冰川流动性(王欣等,2015)。本次研究结合坡度和气温数据对冰川流速变化进行分析。

将联合解算后冰川东西向、南北向和垂直向的流速与坡度数据沿剖面 A、B、C[图 5.22 (a)]进行提取分析(图 5.30),从图中可以看出,冰川上游消融区坡度变化较大,流速波动也较大。由于坡度的变化,剖面 A 在 0.79km、1.79km 和 2.54km 处冰川运动加速[图 5.30 (a)];剖面 B 在 0.35km 和 1.72km 处冰川运动加速[图 5.30(b)];剖面 C 在 0.58km 和 1.96km 处冰川运动加速[图 5.30(c)]。然而,3 条剖面在 5.5km 处坡度无较大变化,但流速表现为增大。因此可以得出初步结论,冰川的流速与坡度并不是绝对正相关。冰川运动的影响因素比较复杂,并不是单一因素决定的,除了坡度外,还会受到冰川规模、冰川厚度以及冰川基岩形态等综合影响(井哲帆等,2010;刘瑞春等,2021;Liu et al.,2021)。一般地面坡度越大,冰川流速相应增加;如果坡度是一样的倾斜程度,则规模大的冰川比小的流速快。冰川厚度也是影响较大的因子,冰川厚度增大,静压力也相应增大,导致冰川流速增大。当基岩形态变化,冰川可能发生底部运动包括在下伏基岩上发生的滑动以及底部沉积层变形造成的运动。

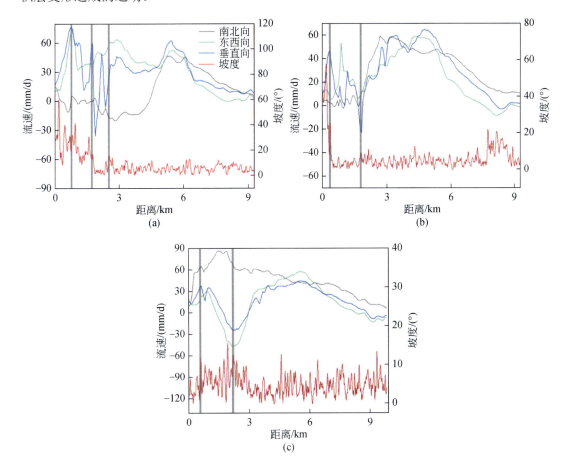

图 5.30　冰川剖面表面流速与地形因素关系图

对光学偏移量分析结果的 P1、P2、P3 特征点（图 5.6）进行二维水平向时序形变计算，并与该地区气温的变化做了统计分析（图 5.31），其中气温数据来自世界天气官网（https://rp5.ru/）。在 2019 年 2 月、5 月以及 2020 年 3 月（图 5.31 中彩色条带区域），随着气温增加冰川流速（累积形变曲线斜率）变化较大；在 2019 年 12 月和 2020 年 1 月气温较低，其冰川流速变化小，可见气温对冰川运动具有一定的影响，整体上冰川运动的变化符合气温的变化趋势。然而气温的影响并不是绝对的，从图 5.31 中 2019 年 4 月和 2020 年 5 月的冰川流速变缓可以看出，冰川运动的变化可能受降水等其他因素的影响。

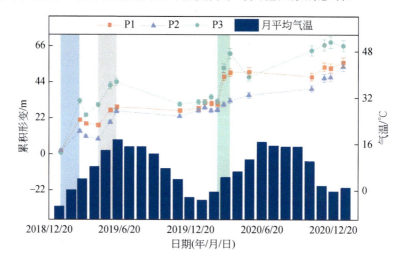

图 5.31　冰川研究区的光学水平向时序形变与气温关系图（误差棒按数据的 5% 计算）

5.4　基于光学与 SAR 数据的高位滑坡精准监测技术研究

5.4.1　实验区与数据介绍

1. 研究区概况

尖山营滑坡位于贵州省六盘水市发耳镇，北至水城 70km，南至盘县 119km，水（城）—盘（县）高速公路和水（城）—柏（果）铁路从坡体南东侧通过。据水城县气象局提供的资料，研究区内日最高气温为 32℃，日最低气温为-6.3℃，平均气温为 15.8℃；年最大降水量为 1192.2mm，年最小降水量为 757.2mm，年平均降水量为 1027.2mm，年平均相对湿度为 71%，雨季多集中在 5～9 月，最大日降水量为 249mm，其他月份则少雨、偏旱，雨量偏低，干湿季节明显，全年无霜期达 280 天，属于典型的亚热带河谷气候。研究区内主要地表水体有北盘江及其支流湾河、河坝小溪等。从地质环境方面来看，研究区位于云贵高原岩溶山区，地形跌宕起伏、切割强烈，属于构造侵蚀而成的低中山至中低山地貌，最高处位于尖山营山顶，标高 1526m，最低处位于发耳河西出口河床（本地最低侵蚀基准面），标高 949m，最大高差为 577m，一般相对高差为 300～400m（李海军等，2019）。该地区不仅岩性构成复杂，而且受到煤矿开采等人类活动和强降雨等因素的影响，地质结构稳定性下降，易发生崩塌、滑坡等地质灾害。尖山营滑坡全貌如图 5.32 所示。

图 5.32　尖山营滑坡全貌图

2. 实验数据介绍

本次实验以 2020 年 9 月 15 日为时间节点，收集了该区域的升、降轨 Sentinel-1 SAR 影像。其中，滑前和滑后分别收集到升轨 Sentinel-1 SAR 影像 83 景和 39 景，以及降轨 Sentinel-1 SAR 影像 81 景和 22 景（Sentinel-1 数据下载网站为 https://search.asf.alaska.edu/），SAR 数据的详细信息见表 5.6。同时，为了去除轨道误差引起的系统性误差，数据处理中采用了精密轨道卫星星历数据（数据下载网站为 https://slqc.asf.alaska.edu/ aux_poeorb/），定位精度优于 5cm（吴文豪等，2017）。此外，本次调查还选用了 2013～2022 年共 6 景 Google Earth 影像，用以目视解译判断滑坡体的范围以及其随时间的变化。选用了 2016～2021 年覆盖研究区域且云层覆盖较少的 15 景 Sentinel-2 光学影像，进行滑坡大量级位移的光学偏移量解算，其中光学影像数据的详细信息见表 5.7。

表 5.6　SAR 影像数据详细参数表

参数	Sentinel-1 升轨	Sentinel-1 降轨
极化方式	VV+VH	VV+VH
航向角/(°)	−10.2294	−169.5718
入射角/(°)	33.9420	33.9108
波段	C	C
距离向分辨率/m	2.329658	2.329306
方位向分辨率/m	13.994705	13.992978
影像数量/景	122	103
影像时间范围（年-月-日）	2018-01-12—2021-12-24	2018-01-04—2021-05-24

表 5.7　光学遥感信息列表

参数	Sentinel-2
波段选择	B8（近红外波段）
选择波段中心波长/μm	0.842
选择波段分辨率/m	10
下载数据类型	Sentinel-2 L1C
影像数量/景	15
影像时间范围（年-月-日）	2016-07-11—2021-03-17

5.4.2　高位滑坡形变监测技术方法

1. 目视解译法

目视解译指通过在遥感影像上直接观察获取特定目标地物信息的过程，主要是依据记录在图像上的影像特征来识别和区分不同地物（杨军义，2011）。在对滑坡进行目视解译时，主要依据滑坡在遥感图像上所表现的形状、大小、阴影、色调、颜色、纹理、图案等特征，来区分滑坡体、滑坡边界和滑坡后壁（王治华，2012）。由于本次实验研究的尖山营滑坡体较大，在滑坡变化的目视解译中选取了处在同一地理坐标系的往期 Google Earth 影像，通过目视解译规则，能够较为容易地获取该滑坡的时空演化过程以及滑坡体的变化范围。

2. SBAS-InSAR 技术

本次实验在遵循相干性最大化原则的前提下，分别选取了 2019 年 5 月 9 日和 2021 年 5 月 10 日作为滑前和滑后升轨 SAR 影像集的主影像，同时分别选取了 2019 年 5 月 11 日和 2021 年 1 月 12 日作为滑前和滑后降轨 SAR 影像集的主影像，剩余影像作为从影像与主影像进行配准重采样和差分干涉。在进行干涉对筛选时，剔除垂直基线大于 500m 的干涉对，进而保证干涉图的质量，以减少后续的解缠误差。考虑到尖山营滑坡属于大量级形变，选择了基于 SBAS-InSAR 技术的算法进行形变速率的计算。数据处理选用了瑞士公司开发的合成孔径雷达数据处理的全功能平台 GAMMA 软件，保证了数据处理过程的可靠性。

3. 光学偏移量技术

在进行光学影像偏移量计算时，首先，选择数据类型为 Sentinel-2 L1C（经过正射校正和几何校正），利用 Sen2Cor 和 Snap 软件进行预处理，其中，在 Snap 软件中，需要对 B8 波段进行重采样才能够进行后续处理。然后，采用法国的 MicMac 软件对预处理后的 Sentinel-2 影像进行偏移量相关处理。MicMac 软件在小窗口计算中较 ENVI 的 COSI-Corr 软件（Leprince et al.，2007）更有优势（Rosu et al.，2014），将窗口设置为 16，选择多组数据进行运算。最后，通过对多组数据解算结果进行筛选，并使用奇异值分解（SVD）法进行时序计算，得到研究区东西向和南北向偏移量的位移时间序列。

5.4.3　尖山营高位滑坡监测结果分析

1. 光学影像目视解译结果

图 5.33 为尖山营滑坡 2013～2022 年的 Google Earth 历史影像,不同颜色虚线代表不同年份的滑坡体边界,白色虚线表示变形体前缘部分的延伸范围。通过对比尖山营斜坡 2013～2022 年的历史影像,可以发现尖山营滑坡近年来崩塌堆积体面积逐年增长。2020 年 11 月,变形体前缘已能被明显地识别出,整体发生明显形变。野外调查资料显示,其变形区后缘裂缝面粗糙,泥岩软弱层层面光滑,层面和节理面将斜坡岩体均匀切割,形成类似碎裂化的岩体,并且变形体后缘出现多条发育强烈的地裂缝(李海军等,2019)。后缘发育地裂缝和岩体结构破坏均对尖山营滑坡的稳定性造成不利影响,加之该区煤矿开采等人类活动的影响,需对其进行进一步调查分析,以防对周围地区人民的生命安全造成伤害。

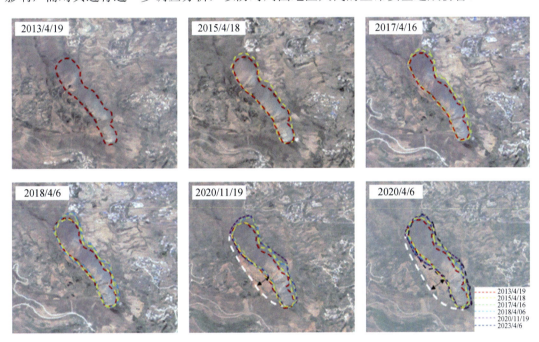

图 5.33　2013～2022 年尖山营滑坡影像资料

2. 尖山营滑坡 Sentinel-1 SAR 影像监测结果

通过对升、降轨 Sentinel-1 SAR 影像进行 SBAS-InSAR 处理,获取了尖山营滑坡 2018 年 1 月至 2020 年 9 月的滑前年均形变速率和 2020 年 9 月至 2021 年 12 月的滑后年均形变速率结果(图 5.34),正值表示抬升,负值表示沉降,从图 5.34 中可以看出,年均形变速率变化范围为-150～120mm/a。由于未能收集到同时期形变的其他外部监测数据,本研究采用了内符合精度验证的方式,即分别选取图 5.34 中稳定区域进行形变标准差统计,结果显示其滑前和滑后的标准差分别为 2.4mm/a 和 3.6mm/a,表明监测结果具有较高的可靠性。

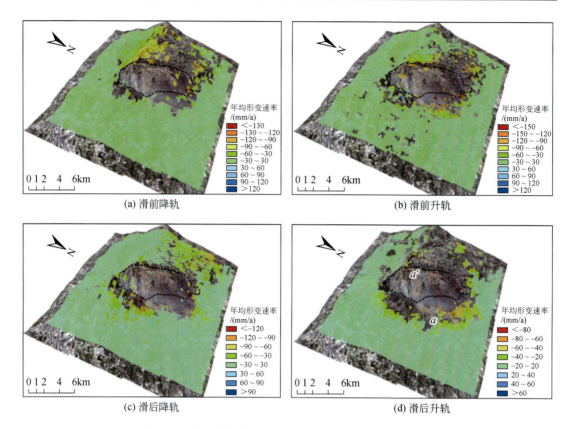

图 5.34　尖山营滑坡 Sentinel-1 SAR 影像监测结果示意图

对比升轨滑前、滑后结果，可以发现滑后滑坡体前缘明显扩张，后缘量级明显加大；降轨形变结果也显示滑后滑坡前缘明显前移。为了解尖山营滑坡的成灾模式，本次实验在坡体上沿剖面 aa′提取了时序形变结果，剖面位置见图 5.34。沿剖面 aa′的时序形变结果如图 5.35 所示，可发现滑坡体前缘形变较大，在滑前达到了-108mm，这与目视解译的结果较为吻合；同时，从图 5.35 可以明显地看出尖山营滑坡主体（黑色虚线部分）基本无法探

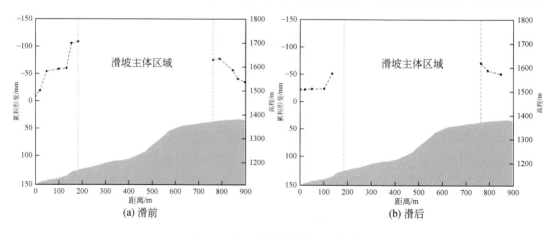

图 5.35　尖山营滑坡剖面 aa′分析图

测到有效的形变信息，而对比光学影像目视解译结果，可以发现该坡体形变较大。因此，针对本研究仅能监测出小量级形变做出以下推测：①该区域的 Sentinel-1 数据的可视性不好，处于叠掩、阴影的区域较多，导致 Sentinel-1 数据无法进行有效的探测；②尖山营滑坡的滑动量级较大，超过了 InSAR 可探测形变梯度，致使 InSAR 监测手段无法对其进行监测。因此，为了进一步探究尖山营滑坡主体区域的形变，需要借助其他方法或者数据对其进行研究，进而分析尖山营滑坡的成灾模式。

3. 尖山营滑坡 Sentinel-1 SAR 影像可视性分析

为了分析 SAR 影像可视性对滑坡形变监测的影响，依据尖山营滑坡的坡度、坡向，以及升、降轨影像入射角、航向角等参数，利用前文所叙述的可视性模型对 Sentinel-1 SAR 影像的可视性进行分析。图 5.36（a）为 Sentinel-1 升轨影像的可视性结果，图 5.36（b）为 Sentinel-1 降轨影像的可视性结果，黑色虚线表示的为尖山营滑坡的边界。在图 5.36（a）中可以发现滑坡体位于可视性好的区域，仅有小部分位于叠掩、阴影区，可见升轨影像对该坡体形变监测的可视性较好。在图 5.36（b）中可以发现滑坡体位于透视收缩区域，小部分位于可视性好区域，尽管透视收缩一定程度上影响了形变监测的分辨率等信息，但是仍能探测出坡体形变。因此，Sentinel-1 升、降轨影像都可以实现对尖山营滑坡坡体的探测。

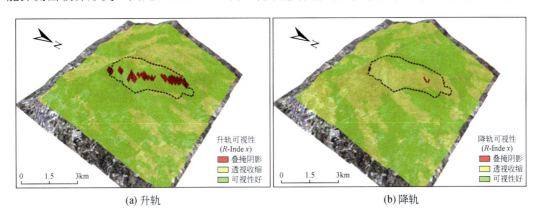

| (a) 升轨 | (b) 降轨 |

图 5.36 研究区 Sentinel-1 升、降轨影像的可视性结果示意图

4. 尖山营滑坡 Sentinel-2 光学影像监测结果

图 5.34 中 InSAR 监测区滑坡主体（黑色虚线部分）无法探测到有效形变信息并非 SAR 影像可视性差导致，推测 SBAS-InSAR 技术无法监测尖山营滑坡主体形变是由于形变超过其可探测形变梯度所导致，利用光学数据可以补充 SBAS-InSAR 技术无法获取大量级滑坡位移的不足。本研究尝试使用光学偏移量技术对该滑坡位移进行监测。本次实验利用 15 景 Sentinel-2 光学影像按照时间间隔不超过两年组合成影像对，并利用光学偏移量技术处理得到各影像对的偏移量计算结果。然后，从中挑选误差较小的影像对偏移量结果，分别在东西向和南北向进行奇异值分解（SVD）法解算，最终得到尖山营滑坡的二维时序位移，如图 5.37、图 5.38 所示。结果显示，尖山营滑坡自 2017 年 11 月开始已存在明显形变，形变区域主要位于滑坡体的后缘以及中部，推测是由于中部的煤矿开采导致，且随着时间的累积，其形变体在不断增加。在 2016 年 7 月至 2021 年 3 月的时间段内，东西向以及南北向

最大累积形变分别达到了 32m 和-52m，这与陈立权的监测结果基本一致（陈立权等，2020）。滑坡的形变方向主要为东和北方向，与图 5.33 中目视解译所得到的结果较为吻合，这说明了该区域由于滑坡量级较大导致 InSAR 无法进行监测，而光学偏移量技术则能成功恢复岩溶山区滑坡大量级位移的二维形变场。其次，滑坡于 2020 年 9 月 15 日滑动后，持续了大约 3 天的时间，而在 2021 年 11 月 12 日的结果中可以明显发现滑坡累积形变有较大的增加，证明了光学偏移量技术对大量级滑坡位移事件具有较好的捕获能力。

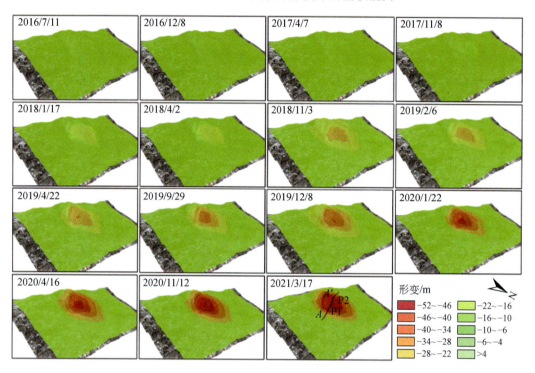

图 5.37　尖山营滑坡南北向形变时间序列示意图（向南为正，向北为负）

5. 尖山营滑坡二维形变时间序列分析

为了解尖山营滑坡的灾变特征，本次实验在坡体上沿 *AA'* 提取了剖面时序形变结果，剖面位置见图 5.37 和图 5.38。沿 *AA'* 的时间序列形变结果如图 5.39 所示，可见滑坡体的后缘具有较大的形变，推测是因为尖山营不稳定斜坡后缘地带的岩石岩性主要由砂岩、粉砂质泥岩、泥岩等组成，受中下部煤层持续开采的影响，导致其后缘呈缓倾状，进而使后缘岩体裸露风化、破碎，形成发育良好的地裂缝，导致滑坡后缘稳定性急剧下降，引发形变。同时，滑坡中部有明显的形变发生，主要是由煤矿的开采导致，特别是位于中部及南部的煤矿采空区塌陷，使得岩石破碎化、泥岩演变成泥化夹层以及厚层砂岩板裂化，致使其坡内岩石岩性和结构发生改变，加速了斜坡的变形过程。

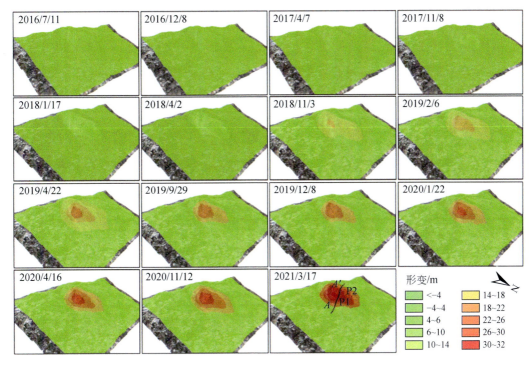

图 5.38　尖山营滑坡东西向形变时间序列示意图（向东为正，向西为负）

　　由于滑坡体后缘及中部形变明显，故本次实验在滑坡体的后缘及中部选取特征点 P1 和 P2（特征点位置见图 5.37 和图 5.38）来分别提取其在东西向和南北向的形变时间序列（图 5.40）。结果表明，P1 和 P2 点在 2016 年 7 月至 2021 年 3 月的时间段内，东西向累积形变分别达到了 27m 和 19m，南北向累积形变分别达到了-52m 和-33m。通过对特征点的时间序列进行分析，可以判断尖山营滑坡经历了初始变形阶段（阶段Ⅰ）、等速变形阶段（阶段Ⅱ）

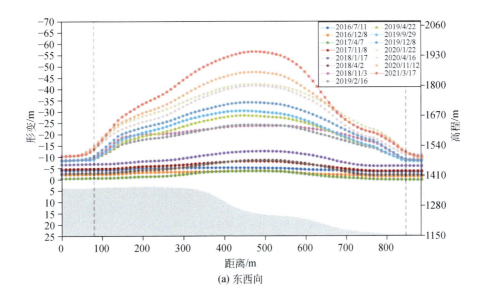

(a) 东西向

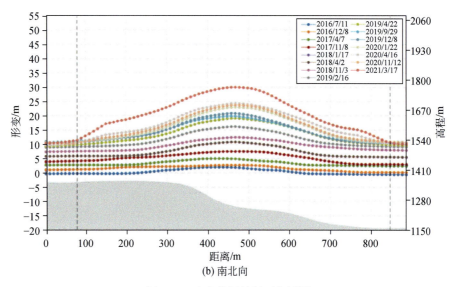

图 5.39　尖山营滑坡剖面分析图

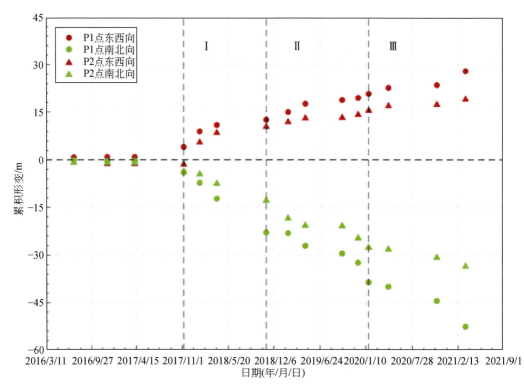

图 5.40　P1、P2 点形变时间序列图

以及加速变形阶段（阶段Ⅲ）。位于中部的 P1 点的累积形变明显大于位于滑坡体后缘的 P2 点。结合野外调查资料，尖山营滑坡经历了冒落沉陷变形阶段和拉裂变形阶段，可以推测该滑坡发生的主要原因为下部煤矿的重复开采，导致其坡体产生裂缝，随着煤矿逐渐塌陷使坡体稳定性急剧下降，最终在外部因素的影响下导致滑坡的发生（林杰，2020）。

降水是诱发地质灾害的关键因素之一，为了分析降水对尖山营滑坡形变的影响，本次实验从全球降水测量（Global Precipitation Measurement，GPM）网站（https://gpm.nasa.gov）获取了 2017~2021 年的日降水量数据，并与 P1 点的时间序列进行比对（图 5.41）。可以发现，第一次大规模形变发生在旱季，推测该形变主要是由煤矿开采所引起的（Chen et al.，2021）。在经过强降水之后，尖山营滑坡并未立刻发生形变，而是具有滞后性。例如，2019年 5~8 月研究区域经历了一轮强降雨，但是尖山营滑坡并没有发生大规模的形变，而是一段时间后滑坡才发生了形变加速。野外地质勘探资料显示，降雨一段时间后煤矿才见有雨水排出，一方面，沿着坡面水体进入地下，增加了节理裂隙中的静水压力，推动岩体向不稳定一侧倾斜变形；另一方面，泥岩或粉砂质泥岩遇水易软化，在自重力作用下向软弱面倾斜（李海军等，2019）。由此，可以得出由光学偏移量得到的时间序列结果同地质调查具有较好的一致性，即降水导致的尖山营滑坡形变具有一定的滞后性。

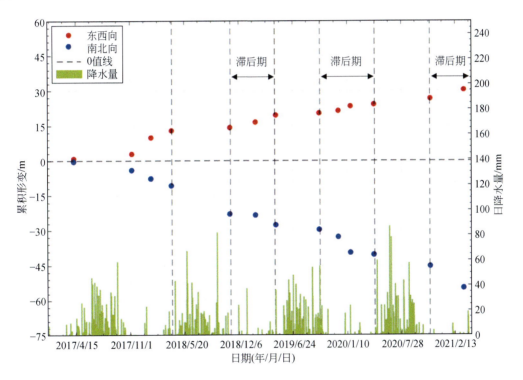

图 5.41　日降水数据与 P1 点时间序列比对图

5.5　基于数值模拟的单体滑坡危险性评价

5.5.1　实验区与数据介绍

1. 研究区概况

色拉滑坡位于西藏自治区贡觉县沙东乡金沙江右岸，总体地势由西北向东南倾斜（图

5.42）。该滑坡距上游叶巴滩水电站约 23km，距下游拉哇水电站约 63km。色拉滑坡前缘高程约 2649m，后缘高程约 3342m，相对高差达 693m，滑坡后缘至斜坡后缘陡缓交界处，左侧以冲沟为界，右侧以山脊基岩出露处为界，前缘至基岩出露处。滑坡整体坡向 132.1°，总体呈陡坡地貌（朱赛楠等，2021；张成龙等，2021）。光学影像（图 5.42）显示色拉滑坡总体形态近似呈舌状，上部比较窄、下部宽，前缘已出现明显变形，中部有拉张裂缝，呈现为灰褐、灰白色。从光学影像上可以识别出滑坡壁、滑坡拉张裂缝、变形区等信息。

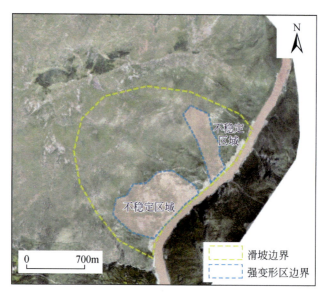

图 5.42　研究区光学影像示意图

　　色拉滑坡在构造上位于欧亚大陆西南活动大陆边缘中段，即松潘-甘孜陆缘活动带和昌都陆块，构造线由北西转向近南北向，区内断层和褶皱发育，近东西向的色协龙断裂和近南北向的洛冷登-巴巴断裂在滑坡东北方向交汇（朱赛楠等，2021）。滑坡区出露的地层主要为第四系滑坡堆积层、第四系残坡积层及古生界二叠系岗托岩组片麻岩。根据地质资料显示，滑坡区主要为第四系滑坡堆积层，岩性主要为碎石块土，碎块石母岩为片麻岩；滑坡顶部和两侧区域为第四系残坡积层，岩性主要为粉质黏土夹碎石；在滑坡前缘和右侧山脊处出露部位的岩性主要为古生界二叠系岗托岩组片麻岩；区域内岩体糜棱岩化和蚀变作用严重，堵江滑坡风险较大。

2. 实验区数据

　　本次实验使用的 SAR 影像数据来自欧空局 2014 年 4 月 3 日发射的对地观测卫星 Sentinel-1A/B。本次研究所使用的数据时间跨度为 2018 年 1 月至 2020 年 4 月，分别来自于升轨 Track 99 和降轨 Track 33，数据详细信息见表 5.8。采用了美国地质调查局（United States Geological Survey，USGS）提供的空间分辨率为 30m 的 SRTM DEM 数据，作为外部数据来消除地形相位的影响。采用 Sentinel-1A 卫星的 POD 精密定轨星历数据（POD precise orbit ephemerides）来纠正干涉组合中的基线误差。

表 5.8　本研究 SAR 数据集主要参数表

轨道方向	升轨	降轨
轨道号（Track）	99	33
入射角/(°)	33.8	39.3
方位角/(°)	−10.4	−170.0
成像模式	IW 宽幅模式	IW 宽幅模式
极化方式	VV	VV
影像数量	66	64
影像时间间隔/天	12	12
影像时间范围（年-月）	2018-01—2020-04	2018-01—2020-04

5.5.2　色拉滑坡形变监测结果与分析

本次实验分别对升、降轨的 Sentinel-1A 数据进行 Stacking-InSAR 处理，获取研究区域的视线向年平均形变速率，如图 5.43 所示，图中正值表示形变朝向传感器方向，负值表示形变背离传感器方向。结合遥感图像可以看出，在色拉滑坡所处的区域，植被覆盖密度不大，所以干涉图的相干性较高，干涉效果好。

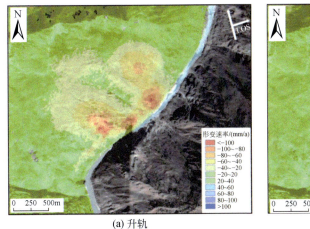
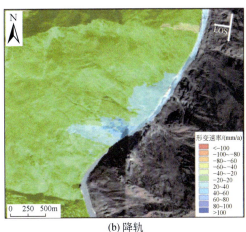

(a) 升轨　　　　　　　　　　　　　　(b) 降轨

图 5.43　色拉滑坡 2018 年 1 月—2020 年 4 月视线向形变速率示意图

结合升、降轨视线向年平均形变速率图可以看出，由于升、降轨卫星的飞行姿态不同导致 InSAR 所获得的形变特征不一致。从升轨形变速率图［图 5.43（a）］可以看出，色拉滑坡在近两年的时间里，滑坡前缘形变速率较快，中后部有两处活动性滑坡，最大年形变速率可达-100mm/a 以上。降轨形变结果［图 5.43（b）］显示，色拉滑坡近两年的主要形变区也是集中也在滑坡前缘，最大年形变速率同样达 100mm/a 以上，但其形变区范围明显小于升轨卫星监测的结果。由图 5.43 可见，基于单轨 SAR 影像的 InSAR 监测结果虽然可以实现对活动性滑坡的有效识别，但由于受到视线向对滑坡形变观测视角的影响，所观测结果并不能对滑坡体的真实变形进行很好的展示。

5.5.3　数值模拟原理和方法

为了预测滑坡的失稳趋势及危害范围，首先采用了离散元方法，利用 MatDEM 软件对区域内的色拉古滑坡进行三维滑动模拟；然后使用线弹性接触模型建立滑坡模型，通过法向弹簧力和切向弹簧力来描述单元间的胶结力，研究其在滑动过程中的能量及运动变化。通常情况下，单元间胶结在超过单元最大承受范围时断开，同时拉力消失，从而导致滑坡的发生，单元胶结能承受的最大剪切力（ F_{Smax} ）可以表示为

$$F_{\mathrm{Smax}} = F_{\mathrm{S0}} - \mu_{\mathrm{P}} F_{\mathrm{n}} \qquad (5.16)$$

式中，F_{S0} 为初始抗剪力； μ_{P} 为摩擦系数； F_{n} 为剪切力。MatDEM 离散元模拟软件是通过不断进行时间步的迭代，计算单元的加速度、速度和位移变化，直至达到平衡状态。在不考虑阻尼力的作用下，使用 MatDEM 软件进行模拟，可以对潜在滑坡所处状态及失稳破坏时的过程进行预测。

在使用离散元软件对滑坡的数值模拟时，其计算的基本流程主要分为 3 步：首先：根据研究滑坡的山体规模确定模型的长、宽、高，并设置模拟单元的半径范围，通过进行重力沉积及压实来建立初始模型；然后，根据实际地层进行模型的切割，模拟真实世界的山体特征及滑坡体分布，并对不同的地层赋予不同的材料参数；最后，根据时间步进行迭代，设置相应的迭代次数，获取滑坡的变形过程。模拟过程的具体流程图如图 5.44 所示。

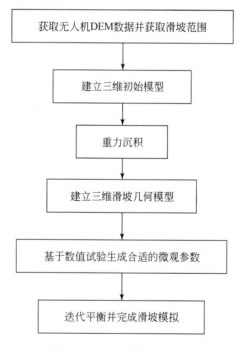

图 5.44　动力学模拟流程图

5.5.4　模型建立及参数选取

1. 模型建立方法

本次研究首先根据 2020 年无人机航拍获取的光学遥感影像（图 5.45），确定滑坡体初始模型的长、宽、高分别为 2080m、1955m、1500m；然后，通过钻孔数据，绘制了地层剖面（图 5.46），确定滑坡体的最深厚度为 96.9m，根据剖面，进行反距离权重法插值，获得山体的滑坡体厚度分布；最后，根据 InSAR 技术获取的 2018 年 1 月—2020 年 4 月的形变速率监测结果，圈定出潜在滑坡的强变形区域（图 5.43），从而确定潜在滑坡体的分布区域。

图 5.45　色拉滑坡光学遥感影像示意图

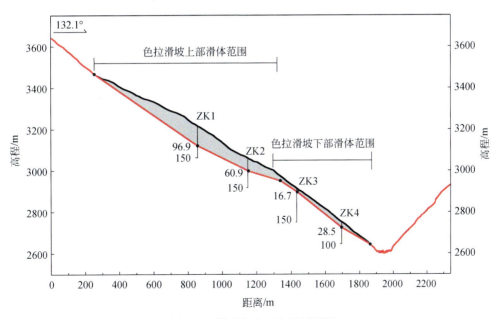

图 5.46　钻孔分布及地层剖面图

根据获取的钻探结果，色拉古滑坡区域出露地层主要有第四系滑坡堆积层（Q_4^{del}），分布于山体表层，岩性主要为碎块石土，碎石粒径一般为2~20cm，含量在50%以上，母岩主要为片麻岩，滑坡顶部和两侧区域主要为第四系残坡积层（Q_4^{el+dl}），岩性主要为粉质黏土夹碎石。滑坡前缘和右侧山脊处主要为古生界二叠系岗托岩组（Pt_1g），岩性主要为灰黄、灰色片麻岩。

根据现场调查结果，色拉滑坡的滑坡体积较大，用较小的颗粒会导致计算量非常大。因此，考虑到计算时间成本，选取颗粒半径为5m，分散系数为0.2，建立了颗粒半径在1.25~6.25m的色拉滑坡模型。在采用MatDEM建立三维模型的过程中，由于滑动带的厚度相对于滑坡体整体的厚度而言小得多，为了便于模型的建立，将滑坡定义成两层，第一层为碎石土层，第二层为片麻岩，建立得到的模型单元总个数为255万个，活动单元个数为68万个。建立的数值模型如图5.47所示。

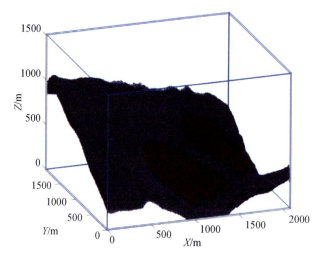

图 5.47　初始色拉滑坡数值模型

2. 参数选取

本次研究的目的是评估色拉古滑坡目前的状态及失稳发生滑坡时的破坏过程，因此使用了两组参数对色拉滑坡进行了模拟，分别为2020年野外勘测获取的目前状态下该滑坡的参数及白格滑坡第一次滑动时的参数（张腾等，2021）。由于白格滑坡位于色拉古滑坡上游，距离仅60km，且两个滑坡的地层岩性组成类似，具有相似的地理条件，所以用白格滑坡的岩土物理学参数模拟色拉滑坡发生滑动时的参数，从而实现滑坡失稳时的危害范围的预测。其中，计算所需的岩土体参数包括：杨氏模量（E）、泊松比（v）、抗拉强度（T_u）、抗压强度（C_u）、内摩擦系数（μ_i）、岩土体密度（ρ）、法向强度（k_n）、切向强度（k_s）、破裂位移（x_b）、初始剪切阻力（F_{s0}）、摩擦系数（μ_p）、直径（d），其中微观参数需要由转换公式计算获取。计算所用的宏观和微观物理学参数见表5.9。

表 5.9　数值模拟中使用的宏观和微观参数

参数	岩石	碎石土（自重）	碎石土（失稳）
杨氏模量（E）/Pa	1.8600×10^{10}	9.1200×10^{8}	2.5000×10^{8}
泊松比（v）	0.2600	0.2000	0.3200
抗拉强度（T_u）/Pa	9.9000×10^{6}	2.6800×10^{4}	2.9000×10^{4}
抗压强度（C_u）/MPa	9.9000×10^{7}	9.1900×10^{4}	6.0000×10^{4}
内摩擦系数（μ_i）	0.9600	0.6100	0.3600
岩土体密度（ρ）/（kg/m³）	2650	2000	2100
法向强度（k_n）/Pa	3.1333×10^{11}	1.5363×10^{10}	4.2114×10^{9}
剪切强度（k_s）/Pa	5.4023×10^{10}	2.6489×10^{9}	7.2611×10^{8}
破裂位移（x_b）/m	2.2×10^{-3}	1.2016×10^{-4}	4.7431×10^{-4}
初始剪切阻力（F_{s0}）/N	1.7807×10^{9}	2.5765×10^{6}	2.3211×10^{6}
摩擦系数（μ_p）	0.3810	0.1988	0.0057
直径（d）/m	5	5	5

由于微观参数不能直接通过室内力学试验得到，采用刘春（Hooper et al.，2007）提供的公式，将宏观参数转换为 MatDEM 所需的微观参数，微观参数值见表 5.8。宏观参数与微观参数的转换关系为

$$K_n = \frac{\sqrt{2}Ed}{4(1-2v)} \qquad (5.17)$$

$$K_s = \frac{\sqrt{2}(1-5v)Ed}{4(1+v)(1-2v)} \qquad (5.18)$$

$$X_b = \frac{3K_n + K_s}{6\sqrt{2}K_n(K_n + K_s)}T_u \cdot d^2 \qquad (5.19)$$

$$F_{s0} = \frac{1-\sqrt{2}\mu_p}{6} \cdot C_u \cdot d^2 \qquad (5.20)$$

$$\mu_p = \frac{-2\sqrt{2} + \sqrt{2}I}{2 + 2I} \qquad (5.21)$$

式中，K_n 为正向劲度系数；K_s 为切向劲度系数；其他符号同表 5.9。根据转换获取两次对色拉滑坡模拟的微观参数。在模型中，颗粒之间采用了可断开的线弹性接触模型，单元之间的胶结力由正弹簧力和切向弹簧力组成，允许单元之间连接断开。假设颗粒单元的速度与加速度在短时间内保持恒定，通过时间步迭代和牛顿运动方程来完成离散单元的动力学模拟。

5.5.5　色拉滑坡失稳变化结果分析

1. 自然重力下滑坡变化过程

对于真实工况下的滑坡模拟，采用了 2020 年的野外勘探结果获取的岩土体宏观物理学

参数，并根据模型训练获得了自然重力下的岩土微观参数，实现了对色拉滑坡不同地层材料的赋值。模拟过程只考虑滑坡自重的影响，通过多次时间步迭代模拟滑坡目前的状况。模拟的滑坡颗粒变化结果如图 5.48 所示，在色拉滑坡的两部分滑体中，仅右侧滑体的后缘发生部分变形，左边滑体部分保持稳定状态。在整个模拟过程中，色拉滑坡总体上处于仍稳定状态。

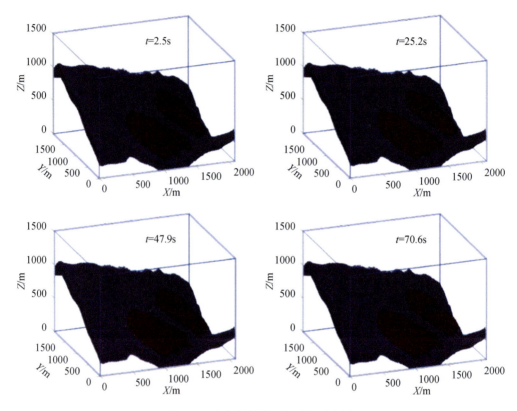

图 5.48　色拉滑坡的破坏过程示意图

在自然工况下，色拉滑坡在模拟过程的位移变化如图 5.49 所示，滑坡右侧的上部滑体部分最大位移为 300m。滑坡虽然发生了一定程度的变形，但没有过多的颗粒下滑，且下部滑体基本保持稳定，整体滑坡体较为稳定。由此可以初步判定，目前色拉滑坡仍处于缓慢蠕变的过程中。但是该滑坡前缘靠近金沙江，长期受金沙江侵蚀，岩土体的力学强度会随着含水量的增加而降低。当面临强降雨天气，雨水沿着坡体入渗，会降低岩土体强度及内摩擦系数，且坡体目前已存在多条断层，土体的强度降低加大变形，使得断层加宽，可能会导致滑坡失稳滑动。

2. 失稳条件下滑坡变化过程

通常情况下，岩土体某个参数发生变化时，其余参数也会出现一定程度的折减，摩擦系数的变化对滑坡的稳定性有重大影响，摩擦力的降低可能会诱发色拉古滑坡发生失稳滑动。本次实验设置色拉滑坡失稳时的宏观参数，对色拉滑坡失稳破坏过程进行动力学模拟。图 5.50 为色拉滑坡失稳破坏过程的变化，可以看出，在初始阶段，仅表面发生了轻微变形；

然后，滑体的中部和下部开始变形，滑坡表面变形持续增大，导致上部的滑体失去支撑发生滑动；在最后阶段，整个滑体减速并滑至坡脚，在达到平衡状态时，上部的部分滑体未完全发生滑动，在地形及能量的作用下，仍保留在坡面。

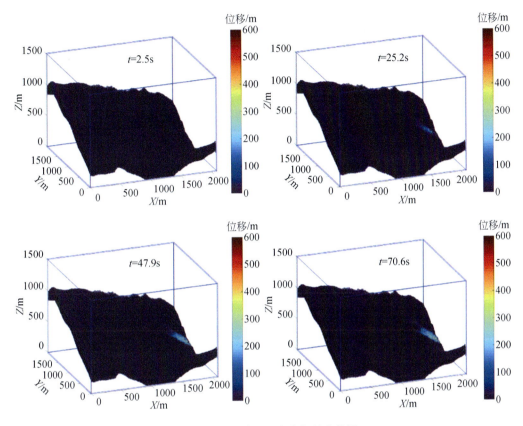

图 5.49 滑坡体沿 X 方向位移变化图

根据高程及坡度可知，色拉滑坡高差变化大，且坡度较陡，在运动时具有巨大的势能。在滑动过程中，势能转变为热能、动能和弹性势能。从图 5.51 可以观察到，动能最初保持稳定，然后迅速增大，随后逐渐减小，再 50.4s 后，动能接近于零，最后动能恢复为零。根据动能可以判断出滑坡在运动过程中速度的大致变化。

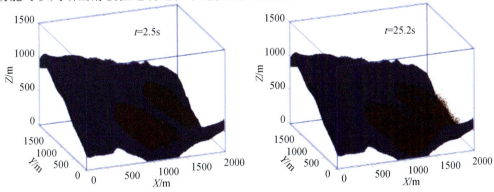

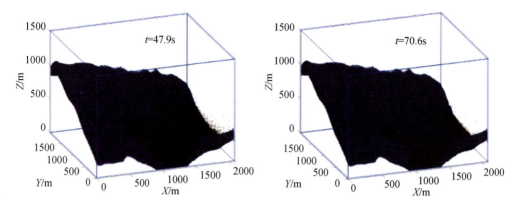

图 5.50　色拉滑坡破坏过程示意图

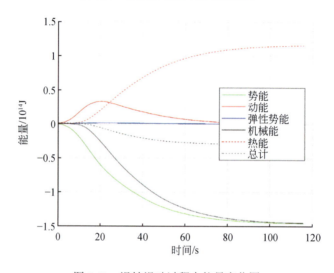

图 5.51　滑坡滑动过程中能量变化图

为详细分析色拉滑坡的动力学特征，统计滑坡体在每一次迭代计算过程中的运动颗粒数量，并计算每个颗粒在 X、Y、Z 3 个方向的速度值，求得每个单元的速度，从而获得滑坡体的所有运动颗粒的平均速度。图 5.52 为模拟的平均速度变化图，可以看出，色拉滑坡从开始运动到达到最大速度共计用时 15.1s，在 15.1s 时，滑坡的平均速度达到最大的 23m/s，然后滑坡的平均滑动速度快速降低；在 36.3s 时，滑坡的加速度也开始减小，在滑坡体内部颗粒的不断碰撞与摩擦作用下，滑坡的速度逐渐降低；在 50.4s 时，滑坡体的平均速度小于10m/s，大部分滑坡体已经滑入金沙江。

滑坡在启动后东西向位移变化如图 5.53 所示。在最初阶段，滑坡在重力作用下表面的堆积层出现轻微滑动，且滑坡右侧的滑动颗粒较多；然后，随着颗粒之间的化学键断裂，位移急剧增加，两个滑坡体均出现快速滑动趋势，且由于滑坡体的坡度较陡，在滑动过程中，颗粒之间相互碰撞导致部分颗粒被抛向空中，沿着抛物线轨迹移动，直到再次落到斜坡继续向前运动；最后，大部分滑坡体滑至金沙江，坡面残余的滑坡体逐渐趋于稳定状态。根据模拟的失稳条件下的滑动状态，滑坡体最大厚度超过 96.9m，且该区域所处位置的金沙江河道狭窄,高速运动的滑坡体滑进金沙江快速堵塞金沙江,最终滑坡体堵塞整个河道。根据图 5.53 可以看出,滑坡在结束滑动时,上部滑坡体的堆积层并未完全发生滑动。

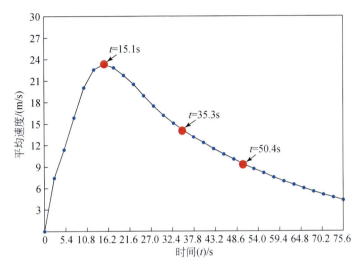

图 5.52　失稳过程平均速度变化图

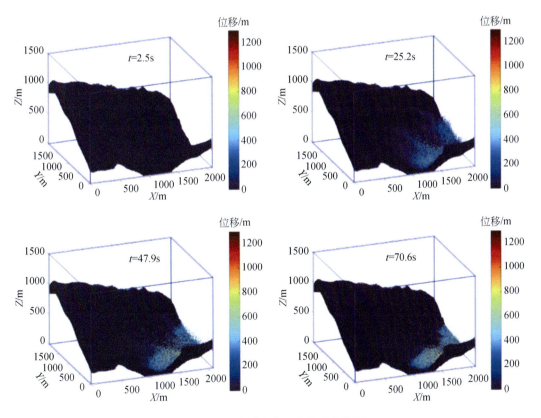

图 5.53　失稳过程东西向位移变化图

　　根据统计运动过程中记录的位移和速率的最大值，色拉古滑坡东西向位移可达 1200m，平均移动速度可达到 23m/s，因此，色拉滑坡是一个高位、远程的滑坡。当滑动达到平衡状态时，滑坡停止滑动。根据对色拉古滑坡模拟的结果，滑坡在失稳后，在金沙江河道里产生了堆积，直接造成了金沙江的堵塞。因此，当滑坡体在摩擦力和强度削弱时，滑坡会处于欠稳定状态。在暴雨工况，如果更为精确地考虑滑坡体表面的拉张裂缝，在稳定性上表现会更差，在降雨条件下随着前缘土体逐渐垮塌变形，致使抗滑力下降，可能会诱使上部滑体更大、更快变形。

5.6　小　　结

　　本章选取白格滑坡、希夏邦马峰大型冰川、贵州尖山营滑坡和色拉滑坡等 4 个典型地质灾害开展了精准监测研究。在西藏白格滑坡研究中，采用 Sentinel-1、ALOS-2 和 Landsat 8 数据，通过 SBAS-InSAR 技术、SAR 偏移量以及光学偏移量跟踪技术获取白格滑坡滑前、两次滑动以及滑后的时序形变结果和形变特征，结果表明：滑后的白格滑坡仍然具有缓慢滑动的趋势并一直在持续发生形变。在西藏地区希夏邦马峰区域的大型冰川监测研究中，利用 2019～2020 年的 SAR 偏移量和光学偏移量结果，结合方差分量估计模型，联合解算实验区冰川的三维流速，对冰川的时空运动特征进行了分析，并与同期光学偏移量的结果进行对比分析以及精度分析，结果表明：联合解算所得结果精度更高、可靠性更强。在贵州尖山营滑坡精细监测研究中，基于 Sentinel-1 升、降轨 SAR 影像以及 Sentinel-2 光学影像开展了滑坡形变特征监测及影响因素分析，通过多期光学影像进行目视解译、SBAS-InSAR 技术监测以及光学偏移量技术监测，推测出滑坡体后缘变形是中部和下部的煤层开采导致上部地裂缝发育所致，中部形变则是煤矿采空区塌陷导致的岩石破碎化所致。此外，结合当地的日降水数据，发现降水对尖山营滑坡形变的影响具有一定的滞后性，结果与地质勘探资料较为吻合。在西藏色拉滑坡精细监测研究中，根据 2020 年野外勘察结果，以及无人机生成的 DEM、影像、钻孔数据，获取了滑坡的规模与地形特征，建立了初始滑坡模型，并以 InSAR 监测结果作为滑坡体的边界约束，模拟了色拉古滑坡在自然重力条件下的运动状态，并对失稳破坏过程进行模拟。结果显示，在自重条件下，色拉古滑坡目前较为稳定，在失稳条件下，滑坡会总体失稳，平均形变速度达 23m/s。数值模拟可以揭示滑坡失稳破坏过程，可为预测分析滑坡变形过程和致灾范围提供参考。本章选取的 4 个典型地质灾害各具特色，其中针对白格滑坡的监测研究代表了滑前、滑间和滑后全链条的精细监测，希夏邦马峰大型冰川为大量级形变多源遥感监测技术的综合应用，贵州尖山营滑坡代表了人类开采活动造成的滑坡监测运动，色拉滑坡则提供了从滑坡形变监测到滑坡失稳状态模拟研究示范。4 个典型地质灾害为典型地质灾害的精细监测提供参考。

第6章 贴近摄影技术软硬件设备研发

6.1 概 述

我国西南地区地质灾害频发、高发且隐蔽性强，尤其是高山峡谷区地形复杂，地质灾害实地勘查作业十分艰苦和危险，贴近摄影测量能够以一种安全、便捷的方式提供高精度的影像信息，从而提取出地质灾害体更加精细的结构参数，极大地降低了野外作业风险。

当前，贴近摄影技术主要采用大疆精灵开展作业，虽然在一定程度上解决了模型精度问题，但其续航能力、爬升能力、云台分辨率、作业效率等都难以满足实际生产的需要，为实现对特定目标场景表面的亚厘米级甚至毫米级超高分辨率影像的高效自动化采集，并以此为基础实现高精度空中三角测量处理和三维模型生产，从而能够开展地质灾害精细识别和监测，快速获得地质体产状、结构面、裂隙等参数，需要从摄影云台、飞行平台、航线规划，以及数据处理、精度分析等方面开展相关研究，建立适用于地质灾害调查的贴近摄影测量技术体系。

6.2 超高分辨率云台研发

6.2.1 6100万像素相机研发

由于测量精度要求的提升，传统2400万像素的半画幅相机和4200万像素全画幅相机在分辨率和数据采集效率上存在较大的缺陷。为了获取亚厘米级分辨率航摄影像和提高作业效率，需开发全新的6100万像素航摄相机。

索尼6100万像素全画幅相机由于配备了三轴防抖系统，机身较重，单个相机重量达580g左右，在配置了供电设备和镜头后重量和体积会变得更大，这对实现三轴云台的稳定运行以及无人机的高效作业十分不利，因此，需要通过相机重构技术来减小相机体积和重量，以满足贴近摄影测量作业需求。

相机重构技术，即将全画幅相机机身中多余的功能部件（外壳、显示屏、目镜等）删减，重新设计外观结构和功能按键，实现机身减重的目的；同时，需要修改相机程序，去除三轴防抖系统，以增加相机参数的稳定性。相机重构过程中，对于存储系统和散热系统的优化是重要的一项工作，其中存储系统的改装关系到相机运行的速度和稳定性，需要根据设计的位置做好防干扰工作；而散热系统对相机系统的连续工作和芯片安全十分重要，需要加强重点部位的加强。

6.2.1.1 相机研发要求

为了适应多类型无人机对倾斜摄影平台的需要，相机的研发需要考虑多方面的因素，主要的要求如下：

（1）单相机为 6100 万像素；

（2）单相机改装完成后重量不超过 280g；

（3）相机机身程序精简，不报错、不重启；

（4）相机接口规整，提供标准的电源、开关、快门和数据传输端子；

（5）相机运行稳定，进行有效散热和降温；

（6）相机必须经过长时间测试。

6.2.1.2 相机机身研发

相机机身的研发主要是对相机的功能部件进行拆解，对不必要的部件进行舍弃，对必须保留的部件进行重新布局和改造，从而实现相机体积减小、重量减轻的关键目标。相机机身的研发包括相机主体结构精简和相机组件固定两个方面。

1. 相机主体结构精简

索尼 A7R 4 相机（图 6.1）由于功能复杂，加上三轴防抖系统的存在，使其机身在体积和重量上不利于用于无人机航摄。根据无人机航摄和日常使用需求，需要去除相机外壳、目镜、电池、防抖等冗余模块，保留液晶屏、存储、电荷耦合器件（charge coupled device，CCD）、快门组、主板等功能模块，以及开关、菜单、拨盘、快门等实体按键。其中主要的工作步骤包括以下几点：

图 6.1 索尼 A7R4 相机

1）电源供给模块定制

为了统一供电和减小相机体积，需要去除相机自身的电池和电源模块。由于索尼相机具有自检保护功能，直接外接电源后相机容易报错，从而造成相机不能开机或者拍照。为了提供简洁、稳定的电源供应，开展基于索尼相机电源模块的电路解析，重新制作专业解码模块对外接供电信号进行处理，以满足相机供电需求（图 6.2）。

2）主板排线定制

改变相机机身结构后，相机本身部分排线由于布局的变动不能够继续使用，需要重新定制新的排线。由于索尼相机微单相机结构十分紧凑，其内部使用的排线十分精密，大部分排线金手指间距为 0.2mm，线宽度为 0.05mm，这对柔性电路板（flexible printed circuit，FPC）的设计和加工精度要求十分高。此外，相机内部电路十分复杂，还要考虑电磁屏蔽、负载功率等要求。

图 6.2　定制电源解码模块

采用电路设计软件设计制作印刷电路板（printed-circuit board，PCB）线路。其中，主要需要重新制作的排线包括液晶屏连接线、电源供给连接线、存储连接线、控制连接线，以及快门、菜单等按键连接线（图 6.3）。

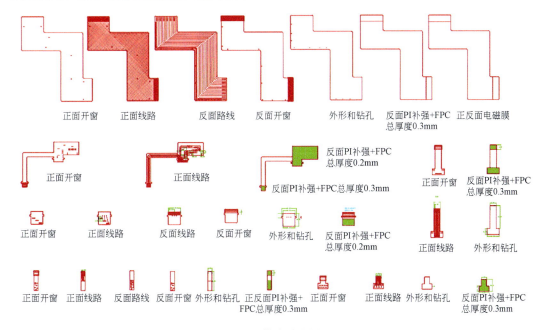

图 6.3　排线设计图纸

PI. 聚酰亚胺，polyimide

在完成设计后，在专业厂家生产加工柔性电路板（FPC），并对生成的电路排线开展检查和测试，合格后用于相机内部电路主板连接（图 6.4）。

3）功能模块定制

由于取消了原始的功能按键及其相关的电路机构，为了便于相机参数设置、镜头对焦等工作，必须对原有模块的电路结构进行改进，以实现相关功能。

本项目主要对储存、开关、快门以及拨盘和菜单按键拨盘等机构进行了电路设计和加工，从而简化了相关模块结构，优化了相机空间布局（图 6.5）。

图 6.4　加工排线成品

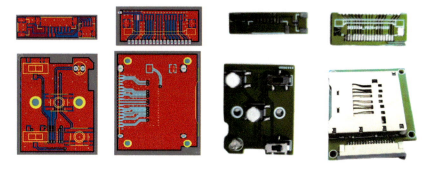

图 6.5　功能模块设计和加工成品

2. 相机组件固定

在经过部件精简和重新布局后，开展相机组件固定和安装工作。

需要将相机的三轴防抖系统去除，并重新设计 CCD 固定机构（图 6.6），并利用高精度数显高度规对 CCD 平面和镜头卡口进行调平，并保持 E 卡口的法兰距与原装相机保持一致。其中，在去除了繁重的三轴防抖机构后，相机开机自检容易报错，且后期工作极不稳定，需要修改相机程序，对相机自检参数进行主动反馈，从而提高相机运行的稳定性。

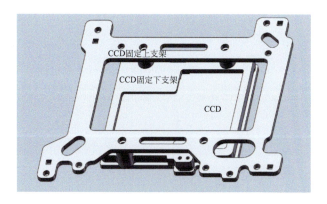

图 6.6　CCD 固定机构设计

图 6.6 中 CCD 固定下支架与 CCD 直接连接，起到固定和保护 CCD 的作用；CCD 固定上支架一方面跟下支架连接，从而确定 CCD 的相对位置，另一方面通过四角的限位孔与相机外壳连接，从而实现 CCD 与相机外壳的连接和固定；其中，所有的机构都通过带有弹

性的垫片进行连接，便于进行精细的调平。

此外，项目还设计了存储固定机构、开关快门固定机构、拨盘按键固定机构、主板固定机构等结构，分别将对应的功能模块固定到相机外壳上。

完成设计后将所有结构件采用计算机数控（computer numerical control，CNC）加工（图6.7），在关键结构强度采用 7 系高强度铝合金加工，其余采用 6 系铝合金加工，一方面，最大程度地减轻整机重量，另一方面，也可将图像处理芯片等重点发热单元通过散热片与铝合金机身连接，从而最大程度加强散热，避免相机长时间工作发热而导致死机的现象。

图 6.7　相机固定组件设计及 CNC 加工成品

6.2.2　长焦镜头研发

6.2.2.1　镜头研发

索尼 A7R4 相机适配的 E 卡口原厂或者副厂镜头体积极大，且重量一般大于 300g，不适合无人机搭载。以往研发的无人机航摄镜头仅适用于 4000 万像素级别相机使用，在 6100 万像素相机的成像中解析力严重不足。因此，需要定制新的全画幅镜头，在减轻体积和重量的同时，满足 6100 万像素相机对像场、畸变等参数的需求。

航摄相机镜头通常采用手动定焦模式，舍弃自动对焦、防抖等功能，从而保持较为稳定的畸变参数和极为精简的镜头结构，有利用后期空三加密的精度和效率。此外，基于贴近摄影测量的要求，为了在提高航片的分辨率和成像质量的同时，提升航摄高度，保证飞行安全，舍弃传统航摄镜头常采用的 35mm 或者 50mm 焦距，选定 60mm 焦距进行设计和制作。

首先，开展相机光学系统设计，采集经典的对称式双高斯结构，提升镜头分辨率以满足高像素相机的成像要求；此外，镜头适配索尼的 E 卡口，法兰距为 18mm。其主要设计结构如图 6.8 所示。

完成镜头设计后，委托光学厂家和精密 CNC 厂家开展镜片和镜头结构的精密加工，并进一步开展装配、光学参数检测和成像测试。镜头实物如图 6.9 所示。

6.2.2.2　镜头主要特性

（1）此镜头适配索尼相机 E 卡口，焦距为 60mm，中间光阑位置放置可调节光圈。相对传统无人机航摄镜头固定光圈大小为 F5.6，本镜头用于专业无人机航摄时实用性更强，能够根据航摄时天气变化适时调整镜头通光量，从而保证相机成像质量，特别是在太阳过于强烈和天气较暗的情况下，通过调节光圈大小可以避免照片过曝和过暗的现象发生。

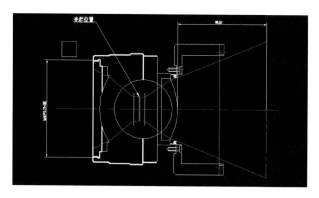

图 6.8　定制镜头设计图

图 6.9　镜头实物图

（2）镜头为 60mm 定焦全画幅，相对传统 35mm 和 50mm 焦距，同样的航摄高度能够获取更高分辨率的照片，因此更能适应高精度的贴近摄影测量要求。

（3）镜头采用标准的 E 卡口结构，不漏光、光轴不偏移或者倾斜。

（4）镜头焦距为 60mm，最大孔径为 4.0，成像范围为 1500mm-inf（inf 为最佳工作距离），最边缘光学畸变小于 0.049%，调制传递函数（modulation transfer function，MTF）大于 0.4（空间频率为 60lp/mm，lp 表示线对），相对度大于 40%，温度为-2～50℃。

（5）对称式双高斯结构（8E/6G），极大提高成品的合格率和分辨率。

（6）镜头具有极高分辨率，边缘分辨率较高。

（7）镜头使用了高折射率镜片来实现极小的场曲，让镜头在聚焦时候，中心和边缘的画质得以同时兼得，其中画面最边缘的光学畸变不到 0.05%，极大地提高了航片质量，对航摄数据的后期处理十分有利。

（8）镜头使用两片超低色散（extra-low dispersion）镜片纠正色差，提高色彩的还原度，使得航片色彩真实、丰富。

6.2.2.3　单相机测试

将相机外壳、相机主板、卡槽板、排线、按键、镜头组、镜头外壳等零部件按设计的位置进行安装固定，并在主板上引出开关、电源和快门线，用于控制板进行整体控制

（图 6.10）。

图 6.10　单相机成品

研发组装的单个相机重量在 300g 左右，体积相对原装相机缩小近 30%，满足贴近摄影测量要求。通过初步测试，相机获取的航片质量极高，图像清晰，锐度较高，边缘与中心影像质量一致性较好，边缘畸变由于传统无人机航摄镜头，十分有利于后期数据处理任务（图 6.11）。

图 6.11　相机测试局部影像示意图

此外，通过对相机最小拍照间隔的测试，改装后的相机采用高速存储卡后，最大拍照间隔为 0.8s，满足贴近摄影测量需求。

6.2.2.4　主要解决的问题

高分辨率相机研发中主要问题是解决相机精简、镜头设计、镜头匹配、散热以及排线精加工等。

相机精简主要是通过相机电路的了解，熟悉相机中各个功能模块的功用，然后确定哪些需要去掉、哪些必须保留、哪些能够改造，这就需要对相机内部电路、相机成像原理、镜头设计加工原理、航摄相机要求等多领域具有深入了解和实践经验。

结合贴近摄影测量的需要，本次对相机的不必要部件进行了最大程度的精简，并通过电路原理分析，对需要保留的按键板和控制板排线进行了重新设计和加工，极大地精简了相机内部线路，并保留了相机显示屏，实现了开关、快门、信号指示、参数设置等功能。

相机的持续运行对散热的要求较高，本次主要采取的措施包括铝合金与硅胶配合散热、利用机身散热、利用外壳散热等。

此外，项目中排线加工要求较高，特别是微单这种高集成度的相机，内部排线的布线间距在 0.2mm 左右，加工困难，样品精度难以保证，需要通过不断对比和测试，完成高精度排线的制作和筛选。

6.2.3　三轴云台研发

为了实现多角度获取贴近摄影测量数据，需要研发改进三轴云台，使相机能够根据地物坡度以及飞行航向变化自动改变拍摄角度。

6.2.3.1　三轴云台选取

为了节约成本，简化云台设计难度，选取手持三轴云台进行改装和外加控制电路，使其符合飞行平台搭载以及实现相机角度调整。所选取的三轴云台需要较高的灵敏度、较小的体积和较轻的重量，同时还能够提供足够的输出功率。通过对比大疆、飞宇和智云等主流手持平台，最终选取了智云最新的云鹤 M3 云台进行改装（图 6.12）。智云云台拥有小巧的机身，700g 的超轻重量，以及强劲的电机，改装潜力巨大。同时，此云台对相机的俯仰调节角度范围为-45°～160°，能够适应各个角度坡面的垂直拍摄。

图 6.12　智云云鹤 M3 云台

6.2.3.2　云台结构改装

云台结构改装主要包含以下几个方面的工作。

一是云台的拆解和精简，去掉多余的部件（图 6.13）。云台拆解的过程主要包括对电池及供电系统进行精简，采用飞行平台统一供电；对手持结构进行精简，减小云台体积，便于飞机安装；对无用电路进行精简，去除不必要的设备接口。

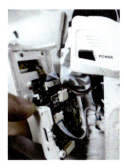

图 6.13　云台部件拆解

二是对拆解后的云台进行重新组装固定，重新设计云台电路固定外壳，保留液晶屏和菜单、快关按键，方便云台信息的显示和云台参数调整（图 6.14）。外壳采用 3D 打印技术加工，使用较为坚韧和耐温的尼龙材料。

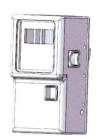

图 6.14　云台外壳重新设计及组装固定

三是需要设计云台与飞行平台的连接结构（图 6.15）。通过采用连接柱、碳纤维板、减震球组合，将三轴云台与飞行平台进行机械连接，在保持云台的稳固同时，减小飞行平台震动对相机成像质量的影响。

图 6.15　云台连接结构设计

在完成云台的拆解、重新组装固定和连接结构设计后，与飞行平台进行机械和电路连接和融合（图6.16），并联合开展相关后续测试工作。

图 6.16　云台与飞行平台连接和融合示意图

6.2.3.3　控制电路设计及加工

随着地形变化和航摄平台的方向变换，航摄相机所对应的拍摄方向也需要不断调整和变化。贴近摄影三轴云台利用惯性测量单元（inertial measurement unit，IMU）姿态传感器、单片机以及地面控制软件相结合实现相机自动变换角度，角度变化控制电器主要技术流程如图6.17所示。

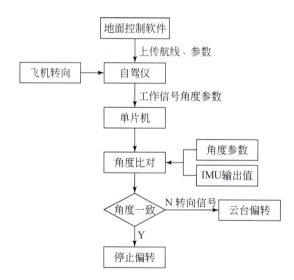

图 6.17　三轴云台角度变化控制电路主要技术流程图

实现角度自动变化的主要流程为在地面站软件设置相机需调整的角度，并将航线和相关参数上传至自驾仪，飞行平台在转换飞行方向时，自驾仪自动向单片机发出转向信号，单片机通过信号控制相机三轴云台开始偏转，并根据IMU姿态传感器实时检测相机角度，当相机转换到设定的角度时，会自动停止偏转，从而完成相机角度调整（图6.18）。

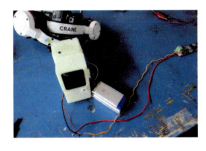

图 6.18　云台角度调整控制电路调试

6.2.3.4　主要解决的问题

贴近摄影测量云台的研制过程中主要在电路设计和制作中出现较多的问题，包括电路部分功能不完善、电路设计供电不足、参数设置不匹配等，造成了云台工作不稳定、相机偏转达不到设计角度、偏转速度过慢或者过快等问题。通过不断调试和专家咨询，最终解决了相关问题。

此外，IMU 模块由于技术参数不全，其通信协议未知，难以与单片机进行正常的数据传输。项目通过常用协议不断测试，最终完成了其数据编译机制破解，实现了角度数据的读取和比对。

6.3　贴近摄影飞行平台研发

我国西部高山峡谷区地形复杂、气候条件恶劣、山体落差较大，常规无人机在此区域的适应能力较差。为了提升飞行平台对大风、高落差地形等条件的适应性、稳定性，提升作业效率，开展了电动旋翼飞行平台研发与优化研究（图 6.19）。

图 6.19　通用型四旋翼无人机平台

旋翼飞行平台研发先后开展了无人机平台组装、地面-空中联动调试、完善飞行平台各项参数设置等工作，并通过简化设计和高效的动力组合，提升了飞行平台的续航时间和载荷能力，可以完成高山峡谷区的变高飞行、贴近飞行任务。

相对于普通多旋翼无人机，本次主要在飞行适应性、飞行稳定性和飞行续航方面开展了优化。

6.3.1　飞行适应性能优化

通过电机、螺旋桨等动力系统的优化设计，该飞行平台可在海拔 5000m 以下范围内作业，并能在落差 1500m 范围内获取分辨率一致的影像数据，增强了高海拔、高落差地区数据获取能力，提升了数据精度。

6.3.2　飞行稳定性优化

通过将电机固定座倾斜一定角度（图 6.20），使得飞机的飞行性能得到有效提升。首先通过将电机固定座向内倾斜一定角度，提升飞机在爬升和遭遇强风侵袭时的稳定性；其次，通过将电机固定座侧向倾斜一定角度，增大飞机转向时的水平方向力矩，从而提升飞行平台转向灵活性，并能够减小飞机转向时的电流，提升飞行平台的操控性和安全性。

图 6.20　飞行平台电机固定座优化设计

6.3.3　飞行续航优化

主要通过电池优化提升了飞行平台的续航时间。采用高能量密度 21700 电池（图 6.21）取代传统镍氢电池和 18650 电池，通过自主封装，提高电池电量，减小电池重量和体积。通过优化，该飞行平台作业航时从 45 分钟提升到 60 分钟以上，单架次航程达到 30km，飞行姿态稳定在 15° 范围以内。

图 6.21　高能量密度 21700 电池及组装设备

6.3.4　组装与调试

在旋翼飞行平台、相机、三轴云台等各个系统加工和测试完成后，进行总体组装。首先，完成各个系统的物理连接，保证飞行平台中各个系统能够稳固、顺畅运转；然后，进行各个系统的电路连接，保证电源供应和信号传输正常；最后，进行地面和飞行测试，将平台的稳定性和参数设置调整到最佳。完成调试后的飞行系统将用于高山峡谷区贴近摄影测量项目作业任务中（图 6.22）。

图 6.22　贴近摄影测量系统地面和飞行测试

6.3.5　主要解决问题

长航时电动多旋翼解决的主要问题是提升飞行平台在高山峡谷区的作业能力和作业效率，特别是需要增强高落差，以及复杂气象条件下飞行平台的稳定性、安全性和作业效率。项目组通过对电机和螺距的动力组合进行反复对比和测试，最终选取了较为均衡的组合模式，使得飞行平台具有更好的环境适应性；同时，通过优化机身结构与电池系统，进一步提升了平台的稳定性、安全性和作业效率。

6.4　航线规划优化研究

传统无人机控制地面控制软件的航线规划，无法完成贴近摄影测量的坡面拟合，要完成相关的航线设计十分困难，同时也无法完成相机云台的控制。因此，需要开发专用的地面控制软件，以实现贴近摄影测量航线规划和云台控制。其中需要解决的最为关键的技术包括以下两点。

6.4.1　高山峡谷区目标区坡面拟合

当拍摄的对象没有已知的初始场景信息时，需要通过收集拍摄对象的高精度地形资料，或者通过无人机的常规飞行或人工操作无人机拍摄，以获取这些目标及其周围环境的少量低分辨率影像；然后利用获取的低分辨率影像，通过影像匹配、空中三角测量、密集匹配等摄影测量处理得到目标及其周围环境的粗略的场景信息；在获取场景信息后，对高山坡体这一类目标而言，由一个空间斜面来进行拟合描述，并以此斜面为基础进行贴近航迹规划。坡面拟合主要是在地面控制软件开发时，对拍摄区域的高程平面进行函数拟合，从而最大程度保证航摄相机能够正对拍摄地物。

6.4.1.1　软件开发

为了配合开发的贴近摄影测量平台，实现贴近摄影测量的航线规划任务，本项目在开源软件的基础上进行了二次开发，形成了专用的贴近摄影测量地面控制软件（图 6.23）。

开发的无人机贴近地面摄影测量地面控制软件可以通过网络获取地面高程信息，通过特殊算法将起伏不平的高程变化拟合为统一平面，从而布设相应的贴近摄影测量航线以及设置相机角度等参数，然后通过数传电台上传到自驾仪中，从而控制飞机作业。

软件权属信息

权利范围：	全部
权利取得方式：	原始取得
著作权人：	第1位
	中国　　　　　　　　　　　四川　成都
	企业法人　　　　　　　　四川省核工业地质调查院(核工业西南地质调查院)
	统一社会信用代码证书　　125100045864684XW

软件功能与特点

开发的硬件环境：	CPU 2.5GHz，内存16GB，硬盘1TB。
运行的硬件环境：	CPU 2GHz以上，内存8GB以上，硬盘100GB以上。
开发该软件的操作系统：	Windows 10。
软件开发环境/开发工具：	QT6.0。
该软件的运行平台/操作系统：	Windows 10/11。
软件运行支撑环境/支持软件：	支持wifi、蓝牙、数传电台等通讯协议和功能。
编程语言：	C++。
源程序量：	186055行。
开发目的：	实现无人机贴近摄影测量地面控制。
面向领域(行业)：	无人机。
软件的主要功能：	无人机贴近摄影测量地面控制软件通过数传电台可以远距离控制无人机，且通过网络获取地面高程信息，在任务规划过程中，可以通过特殊算法起伏不平的高程变化拟合为统一平面实现高效飞行。
软件的技术特点：	物联网软件， 软件操作简单，方便实用

图 6.23　贴近摄影测量地面控制软件主要信息

6.4.1.2　地面控制软件主要功能

控制软件支持的操作系统为 Windows 10 和 Windows 11，支持 WiFi、蓝牙、数传电台等通信协议和功能（图 6.24）。

无人机贴近地面摄影测量地面控制系统的主要功能为无人机监控功能、航线规划功能、数据传输功能、飞行器设置功能。

1. 无人机监控功能

无人机监控功能实时反映无人机活动状态，信息包括无人机位置、高度、速度、姿态、航向角、速度方位、通信信号强度、电池信息、传感器信息、飞行时间，同时可以对无人机进行一定的指令控制，如起飞、降落、返航、开始任务、暂停等。

图 6.24　无人机贴近地面摄影测量地面控制软件界面示意图

进入地面控制软件监控界面（图 6.25），可以查看无人机状态信息。该界面可以查看右上角的姿态和航向、正下方的飞行器飞行数据及地图中的飞行器位置等。

图 6.25　地面控制软件监控界面示意图

2. 航线规划功能

航线规划功能可以对无人机飞行航线进行预规划，在地图上进行航点拾取，然后对航点进行编辑，包含多种航点命令类型，如起飞、降落、返航、机头朝向、循环、拍摄，创建简单航点及复杂自动任务等；同时，可以设置包括拍摄角度、航线方位角、拟合高度获取、拍摄分辨率设置、重叠率设置等参数（图 6.26）。

3. 数传功能

数传功能通过设置通信方式配合相应硬件可以对无人机进行连接和实现数据传输，所支持类型包括：UART、TCP、UDP、文件等，可以使用电台直接连接 USB 端口进行连接，或者通过网络进行连接，且具备自动连接功能，一旦有信号接入就自动连接飞行器

（图 6.27）。

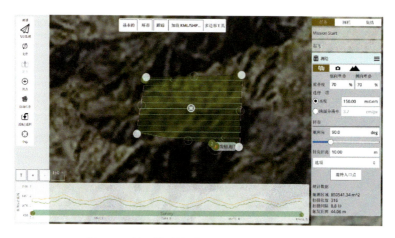

图 6.26　地面控制软件航线规划界面示意图

图 6.27　地面控制软件数传设置界面示意图

4. 飞行器设置功能

在软件通过电台连接到设备后，可设置飞行器参数。

在界面中可对飞行器参数进行设置（图 6.28），其中包括机架类型选择，遥控器校准、飞行模式设置、传感器校准、电机校准、电池检测器设置、安全设置及感度调整。红色代表板块需要调整，绿色表示板块正常，找到红色板块对应项目进行相应调整，直到变为绿色为止。

6.4.2　交向贴近飞行航线规划

在常规竖直摄影测量中，立体像对间的最大交会角约为相机视场角的 0.4 倍（往往小于 90°），因此常规摄影测量的平面精度通常大于高程方向（或深度方向）精度。为了增加立体像对间的交会角，提高摄影测量成果的精度（尤其是深度方向的精度），一般会采用交向摄影（倾斜摄影）的方式来拍摄数据贴近摄影测量的本质是对面摄影，如果将这个面旋转到水平位置，那么与常规的摄影测量相似。因此，一方面，为了增加交会角，保证精细重建结果的精度，需要对贴近摄影测量增加交向摄影；另一方面，增加交向影像还可以保证最终获取的数据能够覆盖那些在对目标进行平面拟合过程中被忽略的结构。本次采用三轴云台结合地面控制软件，一方面保证相机能基本朝向拟合的坡面；另一方面可让相机在航线方向相对坡面保持一定的倾斜角度，从而获取更多角度的丰富的地物信息，提升建模精度。

图 6.28　地面控制软件飞行器参数设置界面示意图

6.4.2.1　任务规划功能

任务规划功能通过对无人机航线进行预规划，可以实现在复杂任务的坡面拟合飞行。

1. 进入界面

（1）点击左上角任务规划图标进入航线的规划界面进行航线规划（图 6.29）。

图 6.29　地面控制软件航线规划进入界面示意图

（2）进入航线规划界面后，可以在左边进行任务创建，在地图上选取任务位置，并在右侧栏目进行任务编辑（图6.30）。

图6.30　地面控制软件航线规划编辑界面示意图

2. 创建自动任务

（1）点击左侧菜单栏，点击起飞按钮，设置好起飞点（图6.31）。

图6.31　地面控制软件航线规划起飞点设置界面示意图

（2）设置好起飞点后，点击下方自动任务，再选择"Survey"（图6.32）。

（3）选择"Survey"后，正上方会出现一个菜单，此时选择最左侧的基本的选择"基本的"选项。选择该选项后，地图中间会出现航线及范围，可以手动拖动范围进行调整，在右侧栏目也可以进行相应参数设置（图6.33）。

3. 设置航线参数

（1）将航线区域拖到测区，可以通过鼠标左键长按中间的点进行整体移动，也可以拖动四周的白色点进行细微调整，然后根据实际情况调整参数（图6.34）。

（2）在右侧栏目中选择"Mission Start"，在坡面拟合设置下拉菜单中点开信息，设置坡面拟合信息，其中可以设置仿地飞行和坡面拟合飞行选项，并且对指定航点拍摄角度进行设置（图6.35）。

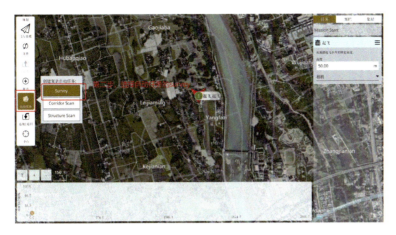

图 6.32 地面控制软件航线规划自动任务设置界面示意图

图 6.33 地面控制软件航线规划航线范围设置界面示意图

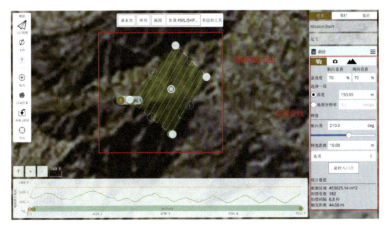

图 6.34 地面控制软件航线规划航线参数设置界面示意图

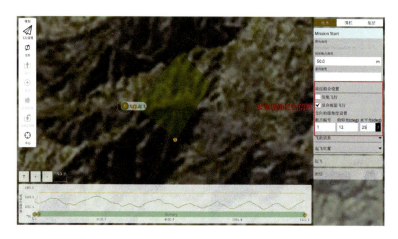

图 6.35　地面控制软件航线规划坡面拟合设置界面示意图

4. 获取测区高程数据

在右侧栏目选择测绘，在测绘栏中正上方有 3 个图标选择最右边，点击下拉菜单弹出选择高度模式，选择地面高程获取，本软件将从服务器中读取测区高程数据（图 6.36）。

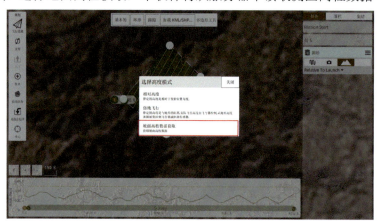

图 6.36　地面控制软件航线规划高程数据获取界面示意图

5. 坡面高程拟合

根据实际需求，设置航向重叠率和旁向重叠率及高度，调整航线方位以达到最少时间和安全飞行条件，各项参数设置好后，系统将根据坡面拟合算法，自动将测区地形拟合到一个平面，并自动调整飞行航线（图 6.37）。

本项目平面拟合采用随机抽样一致性（random sample consensus，RANSAC）算法，它是一种以迭代的方法来从一系列包含有离异值的数据中计算数学模型参数的方法。

RANSAC 算法本质上由两步组成，不断进行循环：

（1）从输入数据中随机选出能组成数学模型的最小数目的元素，使用这些元素计算出相应模型的参数。选出的这些元素数目是能决定模型参数的最少的。

（2）检查所有数据中有哪些元素能符合第一步得到的模型。超过错误阈值的元素认为是离群值（outlier），小于错误阈值的元素认为是内部点（inlier）。

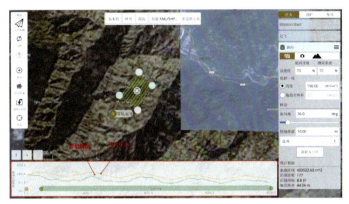

图 6.37　地面控制软件航线规划坡面拟合界面示意图

（3）这个过程重复多次，选出包含点最多的模型即得到最后的结果。

RANSAC 具体到空间点云中拟合平面过程：

（1）从点云中随机选取 3 个点；

（2）由这 3 个点组成一个平面；

（3）计算所有其他点到该平面的距离，如果小于阈值 T，就认为是处在同一个平面的点；

（4）如果处在同一个平面的点超过 n 个，就保存下这个平面，并将处在这个平面上的点都标记为已匹配；

（5）终止的条件是迭代 N 次后找到的平面小于 n 个点，或者找不到 3 个未标记的点。

最后，上传航线到飞行器。

通过点击上传任务按钮，可将控制软件规划的航线和相关参数上传到自驾仪中，从而控制飞机按照设计完成航摄作业。

6.4.2.2　交向拍摄

为了增加立体像对间的交会角，提高摄影测量成果的精度（尤其是高度方向的精度），需要开展交会拍摄。利用地面站控制三轴云台的偏转角度，采用多次飞行的方式实现前、中、后 3 个方向的交向拍摄。由于经费限制，项目未开展相机自动偏转多角度拍摄功能，可在后期持续进行技术改进或者开展多相机协同工作的模式，提升效率（图 6.38）。

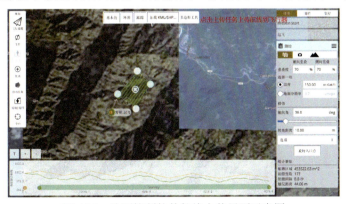

图 6.38　地面控制软件航线上传界面示意图

6.5　航测精度校准研究

高山峡谷区，由于地形条件限制，对像控点的布设产生了很多不利因素，如像控点分布不均、点位无法布设、点位形变等，这些不利因素对三维模型成果的精度提出了考验，对相应的像控点布设质量提出了更高的要求。本次研究在总结经验、收集材料和测试分析的基础上，开展像控点布设影响因素、像控点布设方式、像控点布设状况对成果精度影响等方面的研究，主要研究路线如图 6.39 所示。

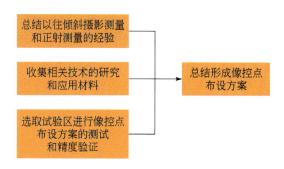

图 6.39　像控点布设研究路线示意图

6.5.1　像控点布设影响因素研究

6.5.1.1　影响因素

在高山峡谷区，受到地形条件、滑坡变形等影响，像控点的布设和测量相对困难，成为影响三维实体重构精度的重要因素之一。像控点布设及测量的主要影响因素如下。

1. 控制网网型

高山峡谷区受地形条件所限，一般航摄区域多为狭长形的区域，相控布设的控制网也必然是狭长形的网型，这样的网型结构很容易产生以下问题：一是网型的强度不够；二是其最弱点的点位中误差较大，观测过程中很容易超限。

2. 坡体稳定性

高山峡谷区常常由于滑坡、崩塌等自然灾害，以及修建水坝、道路等人工干扰而造成坡体产生形变和位移，从而造成部分控制点产生偏移，对其观测精度带来很大影响，也对整个控制网的稳定性和可靠性造成影响，特别是在多期对比监测任务中，因此往往会造成各期成果精度的差异，从而使对比分析结果产生极大的误差。

3. 像控点布设密度

在复杂山区，受到地形条件影响，像控点布设和观测十分困难，往往难以布设足够的点位，造成控制网强度不够，使得各个区域的平差精度也会产生较大差异，特别是在高落差地形条件下，此种现象更为明显。

4. 像控点布设方式

像控点布设方式会对其观测精度以及刺点精度产生影响，从而直接影响空三成果误差。其中，像控点布设的位置是否遮挡，标靶制作大小，是否满足刺点要求，像控点是否靠近大面积水面、强电磁场和密集建筑物区域，像控点布设是否相对均匀、像控点是否在测区边缘，飞前布设还是飞后布设等各个方面，都会直接对像控点的测量精度以及刺点精度产生影响。

6.5.1.2　布设原则

像控点布设的目的是对航空摄影测量区域起到全面控制，并且所测结果能够与其他测量方法，或者相邻区域的图纸进行联测和拼接，所以像控点的选择应当根据对象区域图形分布、成图所需比例尺大小、飞机相机像素大小、飞行高度和机型等诸多因素进行方案的制定。像控点最基本的布设原则是保证布设的控制点能均匀覆盖整个测区。

（1）像控点一般按航线全区统一布设，在测区内构成一定的几何强度。像控点布设尽量在整个测区均匀分布，选点要尽量选择固定、平整、清晰易识别、无阴影、无遮挡区域，方便内业数据处理人员查找（如无明显地标可人工制作标靶；图 6.40）。

图 6.40　人工制作标靶

（2）像控点的目标影像应清晰，易于判刺和立体量测，如选在交角良好（30°～150°）的细小线状地物交点、明显地物拐角点、原始影像中不大于 3 像素×3 像素的点状地物中心，同时应是高程起伏较小、常年相对固定，且易于准确定位和量测的地方，弧形地物及阴影等不应选作点位目标。

（3）高程控制点的点位目标应选在高程起伏较小的地方，以线状地物的交点和平山头为宜；狭沟、尖锐山顶和高程起伏较大的斜坡等，均不宜选作点位目标。

（4）像控点和周边的色彩需要形成鲜明对比，如果周边是深色，则标志以浅色为主，如果地面周边以白色为主，则标志可喷红色油漆。

（5）点位距像片边缘不应小于 150 像素，其他要求不变。

（6）当目标条件与像片条件矛盾时，应着重考虑目标条件。

（7）所选点位如果在房顶，则高程一定要到房顶，并且最好选择航摄像片上没有阴影的房角，或是房屋北边的房角（原因是受摄影时光照的影响，在立体模型上北边的房角易立体切准）（图 6.41）。

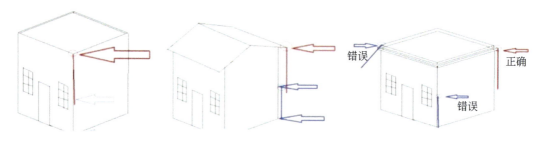

图 6.41　不同房屋控制点布设要求

（8）在测区范围内有等级道路时，尽量选择道路路面上的交通指示，如地面上前进方向标示的箭头、限速数字尖点与拐点、拐弯箭头、过街斑马线拐角等。

（9）在测区范围内，可有针对性地选择地坪拐角、铁丝网支桩、在建房屋基角等目标点。但要考虑时间间隔，若摄影时间与选点时间间隔太长，目标地物现状可能发生变化，则不建议选择此类地物目标。

（10）在测区范围内，可以将坟头作为像控点刺点目标。但是，要考虑摄影时间与选点时间是否间隔清明节，清明节前后坟头点位高程及形状可能发生变化。若坟墓前的祭祀平台的，则首先考虑祭祀平台的拐角，从而保证摄影测量前后的高程一致性。

（11）建议野外像控点测量小组，最好以两名有多年工作经验人员组成，可相互验证对目标地物与像片影像的判读，从而保证像控点的正确性与唯一性。

（12）每个点位做点之记时用手机拍摄最少两张图，分别为近距离（约 4m）一张和远距离（15～20m）一张，前面一张用于确定像控点具体是对房屋或斑马线等的哪个角，后面一张用于确定是哪个房屋或哪根斑马线等。拍摄时最优拍法是从南往北拍摄（可以固定所有影像为南往北拍），这样光照条件最好，可防止逆光拍摄，防止点位看不清，内业人员误判。

（13）像控点布设首先要考虑测区地形和精度要求，如地形起伏较大、地貌复杂，需增加像控点的布设数量（10%～20%）。很多飞机有实时动态（real-time kinematic，RTK）或者后处理动态（post-processed kinematic，PPK）后差分系统，可以减少地面控制点的数量，根据项目测试经验自行调整。

在高山峡谷区，由于地物相对单一，测量不便，可在像控点布设上进行一定的调整，主要方式如下：

（1）当测区范围内，可识别的地物稀少时，建议优先选择水渠的分水口、桥、闸、涵等水工建筑物拐角或中点。

（2）测区范围内，还可选择通信线电杆地面中心作为像控点。此类像控点，可分别测电杆左、右两侧作为参考点，然后取两参考点平面位置的算术平均值，作为此电杆像控点平面位置，并将电杆长度记录在像控点反面整饰中（此类像控点只用作平面控制点）。

（3）在测区范围内，可识别地物在摄影阴影内时，可将像片无阴影线状地物沿其方向，用红笔画出参考辅助线（延长线、垂直线等），再标记出交点，以交点作为刺点目标，此刺点目标即为像控点（此类像控点只用作平面控制点）。

（4）在测区范围内，像片显示区域人工地物稀少、可识别地物只有弧形地物时，可将弧形地物的特殊点作为刺点目标即像控点，如弧形水渠的分水口拐点、弧形水池边缘的排水管中点等。

6.5.2　像控点布设方式

6.5.2.1　像控点的布设方案

像控点的布设方案分为全野外布设方案、非全野外布设方案和特殊情况布设方案。

1. 全野外布点方案

全野外布点方案指摄影测量测图过程中所需要的控制点，全部通过野外控制测量获得的，航摄像片控制点不需内业加密，直接提供内业测图定向或纠正使用。本布设方案精度高，但外业控制的工作量大。只有在测图精度要求高、视野开阔、地面联测条件良好的区域，或是在小面积测图情况下，才选择使用。

（1）综合法成图的全野外布点：当成图比例尺不大于航摄比例尺 4 倍时，在每隔号像片测绘区域的 4 个角上各布设一个平高点，在像主点附近布设一个平高点做检查。成图比例尺大于航摄比例尺 4 倍时，应加布控制点（图 6.42）。

（2）全能法成图的全野外布点：立体测图或微分纠正时，每一个立体像对应布设 4 个平高点。当成图比例尺大于航摄比例尺 4 倍时，应在像主点附近布设一个平高点。当控制点的平面位置由内业加密完成，高程部分由全野外施测时，图 6.43 中的平高控制点可改为高程控制点。

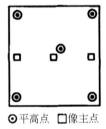

⊙平高点 □像主点

图 6.42　综合法成图的全野外布点

⊙平高点 □像主点

图 6.43　全能法成图的全野外布点

2. 非全野外布点方案

在内业测图定向和纠正过程中，通过解析空中三角测量来获得定向和纠正结果，外业测定控制点数量较少，并且只是用来进行内业加密，非全野外像控点布设方案外业工作量较小，无需过多地进行野外测量，因此工作效率比较高，能够充分发挥无人机航测的优势和功能。一般而言，非全野外像控点布设方案可以根据构网方式的不同来进行分类，主要分为航带像控点布设方案与区域网像控点布设方案两大类别。

（1）航带像控点布设方案：在具体操作中可以分为六点航带、八点航带和五点航带。

①六点航带像控点布设是标准布点形式，是优先和普遍采用的方法。按照每段航带网的两端和中央的像主点，在其上下方向上旁向重叠范围内各布设一对平高点，每段航带网两端一对点间隔的基数段，按摄影比例尺和图比例尺的不同而有不同的规定。这种布设方案一般在山地或高地测绘中较为常用（图 6.44）。②八点航带与六点航带类似，就是在每段航带范围内设置八个平高点，因航带网内的控制点数目较多，因此，可采用三次多项式对航带网进行非线性改正（图 6.45）。③五点航带则是由于航带网的长度在最大长度的 50% 至 75% 之间，促使可以通过五点航带布设法，这种布设方案往往在测绘平地或丘陵时经常用到（图 6.46）。

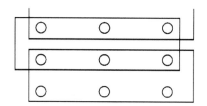

图 6.44　六点航带像控点布设示意图

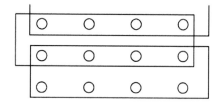

图 6.45　八点航带像控点布设示意图

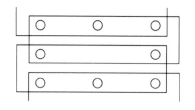

图 6.46　五点航带像控点布设示意图

（2）区域网像控点布设方案：通常只在测绘区域的四周安排平高点，像控点布设方案主要分为正规布设方案、"品"字形布设方案和密周边设方案，这 3 种像控点布设方案需根据实际情况来进行选择，尤其是需要了解测量地区的地形、比例尺需求情况等因素，才能够更好选择出合适的区域网像控点布设方案，在一些特殊情况，可以将多种布控方式来综合使用。区域网内不应包括有像片重叠不合要求的航线和像对，并且不应包括有大片云影、阴影等影响内业加密建网连接的像对。

3. 特殊情况布设方案

特殊情况布设方案指在水域测绘、海岛测绘、航摄区域交界处、旁向或航向重叠不足等特殊情况下，根据实际情况来选择行之有效的像控点布设方式。产生绝对漏洞的区域，要采用野外实测法；相对漏洞可通过加密时人工在 3 个标准点位添加连接点来解决。像片曝光的现象应等同于落水区域处理，对于不能内业采集的地物，应进行野外补测。

6.5.2.2　不同飞行区域像控点的布设方式

（1）规则矩形和正方形。

对于规则矩形和正方形小面积测区最少布设 5 个控制点，航飞区域内 4 个角各一个控制、区域中间 1 个；大面积区域相应的增加像控点（图 6.47）。

针对高山峡谷区，区域内一般高程变化较大，在条件允许的情况下，尽量在高程变化明显的区域加密像控点布设和测量，减小区域内平差精度的差异。

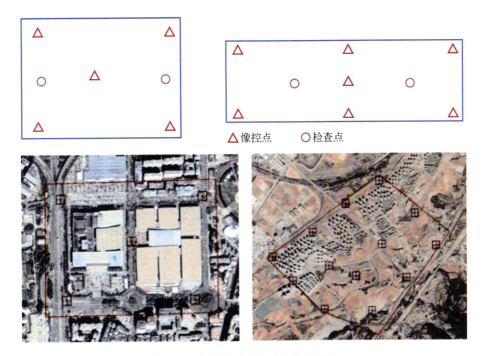

图 6.47　规则区域像控点布设示意图

（2）不规则图形。

对于不规则图形测区，无论图形控制点数量多少，如果控制点数量不能包围住整个区域，边缘处的精度就会得不到保证。因此对于不规则图形测区来说，在测区周围保证数量足够且能够控制整体区域的外围像控点，加上测区内部少量布设位置合理的点，是可以有效地保证区域整体精度，从而减少外业的作业量。

在不规则区域，对于延伸出去的区域或者边界拐点应该布设一定的像控点进行加密处理，保证各个部分的空三精度（图 6.48）。

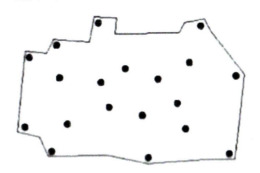

图 6.48　不规则区域像控点加密布设示意图

（3）状、河道、公路等区域。

带状区域经常采用 "Z" 字形布设方法，也就是垂直于带状两边各两个像控点，带状区域中间一个像控点。对于铁路或者黄土地这种无明显地物及特征点的地区，不能使用油漆，尽可能用布料材质设置像控点（图6.49）。

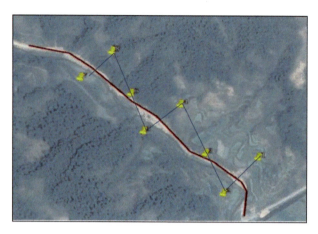

图6.49　带状区域像"Z"字形像控点布设示意图

在高山峡谷等条件较差的区域，条件带状区域也可以采用"S"字形方法布设像控点，以便于灵活布设像控点位置和进一步减少像控点数量。此外，在高山峡谷这种无明显地物及特征点的地区，不能使用油漆，尽可能用布料或者塑料材质设置像控点（图6.50）。

图6.50　带状区域像"S"字形像控点布设示意图

6.5.2.3　像控点布设密度

相机像素大小：飞机相机像素大小不同，像控点布设密度也不同，相机像素越高，像控点布设密度越小。

飞行高度：飞行高度越低，像控点布设密度越大。

机型：带PPK后差分系统的飞机布设像控点数量比不带PPK的飞机减少80%以上，但带PPK的飞机飞行距离和所架设的静态基站间直线距离应保持在10km之内。

针对不同的地形和区域形状，可以按照航线间距、地面距离或者航摄面积来确定像控点密度。按照航线布设时，不论是平面网或平高网，其航线跨度，控制点间基线数一般不超过表 6.1 规定。

表 6.1　不同比例尺像控点布设基线间隔参照表

比例尺	1：500	1：1000	1：2000
航线数/条	4～5	4～5	5～6
平面控制点基线数/条	4～6	6～7	6～10
高程控制点基线数/条	2～4	2～4	4～6

很多飞机有 RTK 或者 PPK 后差分系统，理论上可以减少地面控制点的数量，可以根据项目测试经验自行调整。

按照面积来算，一般情况下不带差分 GPS 像控点为 4～5 个/km^2、带差分 GPS 像控点为 1～2 个/km^2 时，基本能满足不同比例尺的精度要求。在高山峡谷区，平面和高程中误差均可按相应要求放宽 0.5 倍，上面的布点要求做相应放宽，且应在技术设计书中明确规定。按照距离来说，像控点布设的密度首先要考虑测区地形和精度要求，如地形起伏较大、地貌复杂，需增加像控点的布设数量（10%～20%）（表 6.2）。

表 6.2　不同比例尺像控点布设间隔距离参照表

影像分辨率	像控点密度/（m/个）	项目类型
1.5cm	100～200	地籍高精度测量
2cm	200～300	1：500 地形图测量
3cm	300～500	1：1000 地形图测量
5m	500	常规规划测量设计

6.5.2.4　像控点测量

像控点的采集无论平面控制点，还是高程控制点，其测量工作必须遵循"从整体到局部，先控制后碎部"的原则，即先进行整个测区的控制测量，再进行碎部测量。常用的像控点采集方式有全站仪、GNSS 静态方式、RTK 方式，在条件允许下 GNSS 静态方式精度最高，全站仪次之，RTK 方式最低。

由于连续运行参考站点（continuously operating reference station，CORS）的完善，目前使用 RTK 方式已经可以满足大部分地区的测绘作业需求。为保证像控点和航测相片 POS 坐标系处于同一坐标系内，使用 RTK 网络差分的方式采集数据的时候需要保证无人机连接的网络 CORS 接入点、端口要与 RTK 接收机连接的一致。

数据采集步骤：

（1）开机连接 CORS 得到固定解后一般不要立即测量，首先检查一下水平残差 HRMS 和垂直残差 VRMS，看其是否满足项目的测量精度要求，正常情况下不小于 0.02m。

（2）控制点和检查点采集分两次观测，每次采集 30 个历元，采样间隔 1s。在采集过程中保证对中杆的气泡始终处于居中状态。

（3）每个控制点采集完毕后，对像控点至少拍摄 3 张照片，分别为 1 张近照、2 张远照，如果 3 张不够可拍摄多张。近照要求摄对中杆杆尖落地处；远照要求可反映刺点处与周边特征地物的相对位置关系，便于空三内业人员刺点。

（4）控制点、检查点成果表分开保存，每个点均保存大地坐标和投影平面坐标。默认大地坐标为 CGCS2000，投影坐标为高斯-克吕格投影，3°分带。

（5）整理控制点、检查点照片，每一个控制点分别建立一个文件夹，把所拍的控制点照片分类，并放入相应点的文件夹中，使点号、点位与照片一一对应。在文件夹外保存所有控制点和检查点的".csv"文件。

在无法使用 CORS 网络的地区，可以进行四等 GPS 网的布设和联测。首先进行 D 级 GPS 基础平面控制网的联测，测站选点需满足易于接收机设站和测量操作；点位四周视野开阔，视场内没有高度角大于 15°的成片对天遮挡物；测点附近没有对卫星信号有可能产生干扰的大功率无线电发射台或高压线的电磁干扰源。所有 GPS 控制点按国家标准《全球定位系统（GPS）测量规范》（GB/T 18314—2001）四等要求制作埋设。然后进入像片控制测量阶段。

6.5.3　像控点布设状况对成果精度影响

影响航测精度的因素包括控制点数量、控制点分布、控制点布设位置、所选控制点是否容易辨识等。在实践中发现，随着控制点数量的增加，航测精度在提高，但是当控制点数量增加到一定程度时，其精度变化却很小了。可见，控制点数量的增加会提高物方坐标的解算精度，但并不是控制点数量越多，精度就越好，而是有限度的。过多的布设控制点，不仅不能更好地改善航测精度，而且还会增大外业和内业工作量，而且过多地布设控制点还会受地形条件的限制。

（1）在高山峡谷区，高差一般较大，控制点立体、均匀地分布在摄区内，加强测区边沿的控制点布设，并且控制点的点位不能布设在近似一条直线或近似一个平面上，有利于提高航测精度。

（2）控制点的选点范围应完全控制整个成图区域，如果控制点的选点范围不能控制整个测区，那么控制点选点范围以外成图区域的高程误差将沿控制点连线方向成倍增长。

（3）控制点布设前，在条件允许的情况下，应严格根据规范来设计控制点布点略图，做到航向及旁向基线跨度不超限，控制点基线跨度不超限。当航向及旁向基线跨度超限时，将使区域网精度大大降低；当控制点基线跨度超限时，会导致加密时局部加密点精度降低，影响测图精度。

（4）控制点易选在影像清晰、交角分明（30°～120°）、高差变化不大的平地。因为此 3 个方面都将影响加密时定向点的量测精度。

（5）当标准点位或像主点落水时，务必采用全野外布点法，不能采用区域网布点法。因为当标准点位或像主点落水时，采用区域网布点，空三加密时在落水区域生成的加密点的精度会大大降低，甚至可能引起变形，从而影响整个加密分区的精度。

（6）采用航线六点法布设时，高程加密精度最高，保险系数很大，但外业工作量较大；

采用"品"字形布点时，所需控制点数量较航线六点法可减少 40%以上，加密点高程精度下降幅度一般可控制在 20%范围内，丘陵地、山地、高山地高程加密中误差小于估算值，平地高程加密中误差略大于估算值，在生产中应适当减少估算基线数；航线两端及中间均隔一条或两条航线布点时，所需控制点数量较航线六点法可减少 50%以上，加密点高程精度下降幅度一般可控制在 30%范围内，丘陵地、山地、高山地高程加密中误差小于估算值，平地高程加密中误差略大于估算值，在生产中应适当减少估算基线数。在高山峡谷区，如果条件太差，建议采用"品"字形布点和航线两端及中间均隔一条或两条航线布点，既能保证成图精度，又能减少外业工作量、降低外业生产成本、缩短生产周期。

（7）区域网周边正常布点，区域网中间只布设一个或两个高程控制点时，高程加密精度稍差，在高山峡谷区可考虑使用此布点方案；而区域网中间不布设高程控制点时，只采用密周边布点，高程加密精度一般达不到规范要求，不建议使用。

（8）为了提高成果精度，一是要保证质量较好的数据源，无人机在航摄时尽量保持较好的飞行姿态，航摄时光线比较充足，以便获取较好质量的原始航片；二是飞行架次的首尾航带，以及航带的首尾航片最好布设像控点；三是在不规则区域，如整个测区相对突出的地方，相应要增加布设像控点，保证整个测区的构网精度。

（9）在贴近摄影测量中，对于坡度较大的区域，可在范围顶部和底部适宜的地方布设像控点，并尽量加密周边布点。

6.6　数据处理研究

6.6.1　贴近摄影空三技术流程

空三加密即解析空中三角测量，又称电算加密或摄影测量加密，是以像片上量测的像点坐标为依据，采用严密的数学模型，按最小二乘法原理，用少量野外控制点（像控点）作为约束条件，在计算机上解求出所摄地区未知点的地面坐标。

随着计算机技术及摄影测量理论的发展，摄影测量已从传统的模拟、解析摄影测量迈入全数字摄影测量时代。全数字摄影测量系统中空中三角测量成为自动化程度最高的一道工序。空中三角测量加密解算就是空中三角测量自动解算的过程。自动空三主要采用模式识别技术和多影像匹配等方法代替人工在影像上自动选点与转点，同时自动获取像点坐标，提供给区域网平差程序解算，以确定加密点在选定坐标系中的空间位置和影像定向参数，在理想状态下可以自动内定向、自动相对定向、自动模型连接、半自动区域网平差解算，最后输出加密点坐标。

空三加密流程如图 6.51 所示。

1. 建立区域网

首先输入航摄仪检定数据，建立测区文件、摄影

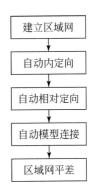

图 6.51　空三加密流程示意图

机信息文件、地面控制点坐标文件和影像列表文件。

2. 自动内定向

自动内定向是通过对影像中框标点的自动识别与定位来建立数字影像中的各像元行、列数与其像平面坐标之间的对应关系。

3. 自动相对定向

自动相对定向是用特征点提取算子从相邻两幅影像的重叠范围内选取均匀分布的明显特征点，并对每一特征点进行局部多点松弛法影像匹配，得到其在另一幅影像中的同名点。

4. 自动模型连接

模型连接是对每幅影像中所选取的明显特征点，在所有与其重叠的影像中，利用核线（共面）条件约束的局部多点松弛法影像匹配算法进行自动转点，并对每一对点进行反向匹配，以检查并排除其匹配出的同名点中可能存在的粗差。

5. 区域网平差

由作业员直接在计算机屏幕上对地面控制点影像进行判识并精确手工定位，然后通过多影像匹配进行自动转点，得到其在相邻影像上同名点的坐标。经过这种人工读取外业控制点后，进行区域网平差，完成绝对定向。绝对定向结束后，就可以输出加密点的坐标，结束空三加密工作。

6.6.2　空三关键技术总结

航空摄影测量技术经过多年的发展，数据的获取和处理手段都经历了巨大的变化。计算机视觉和深度学习等领域的新理论、新方法不断融入摄影测量中，推动摄影测量向智能化、自动化方向发展。当代航空摄影测量学已经是多种传感器融合、多种数据采集方式结合、传统摄影测量和人工智能技术中计算机视觉和机器学习技术交叉的产物。同名特征点匹配、区域网平差作为空三的两个关键技术，也是贴近摄影测量的主要研究内容。

6.6.2.1　航空影像同名连接点自动提取

影像同名连接点的自动提取（影像稀疏匹配）旨在从两幅或者多幅影像中识别具有相同或者相似结构的图像内容并建立对应关系，其为影像配准、区域网平差、模式识别、图像分析、三维重建等应用的基础。

1. 传统特征匹配算法

通常情况下，影像匹配主要包含特征提取和特征匹配两大步，特征提取是从影像中提取稳定可靠的特征点；特征匹配则是准确建立同名点的对应关系。根据是否直接使用原始图像信息，特征匹配方法可分为基于特征描述的匹配方法和基于区域的匹配方法。基于区域的匹配方法通常具有较高的几何精度，但其对图像间的变换抗性较差；相反地，基于特征描述的匹配方法对影像间的几何与辐射变化具有较好的抵抗性，但其精度通常低于基于区域的匹配方法。

2. 倾斜航空影像稳健稀疏匹配

贴大倾角倾斜航空影像间存在由大的视角变化引起的尺度、旋转等复杂几何畸变，以及由影像获取角度差异引起的严重辐射畸变。同时，倾斜影像中的视差断裂、遮挡、阴影，以及地物目标移动变化等问题较为普遍，为影像匹配带来了更大的困难。针对该问题，摄影测量学者一方面通过提出新的抗大仿射变换特征匹配方法或者优化传统特征匹配方法；另一方面，通过对待匹配影像进行几何校正，缓解影像之间的几何变形，对纠正后的影像利用传统方法进行匹配。该类方法主要包含基于视角模拟的方法和基于先纠正影像后匹配的方法。

3. 基于深度学习的影像稀疏匹配

从 2015 年开始，学者们逐步将卷积神经网络（CNN）应用于图像匹配。CNN 通过训练可以"学习"到影像间相对抽象的共同模式，提取抽象的图像语义特征。利用这些语义特征进行匹配，更接近视觉观察原理，理论上具有更强的泛化性。

6.6.2.2　航空影像区域网平差

航空影像空中三角测量是以影像间同名点作为连接点，构建区域网，并通过区域网平差求解影像精确的内外方位元素和连接点物方三维坐标，这在计算机视觉中又称运动恢复结构（SfM）。传统航空摄影测量的输入是按照预定航线采集的几何约束较强的垂直拍摄航空影像，平差过程中通常会引入控制信息且需要较准确的初值设置；多视倾斜航空摄影除垂直拍摄影像外，一个拍摄点还包含多张倾斜拍摄影像，提高了平差稳健性但也降低了处理效率；SfM 处理的则更多是无序的视觉影像，其对相机参数、拍摄条件和位姿没有严格约束，大多是自由网平差。

1. 传统航空摄影区域网平差

光束法平差基于共线条件方程式的光线束平差解法，它同时把控制点与待定点的像点坐标作为观测值，通过平差整体求解成像参数及待定点物方空间坐标。早年受限于计算机的计算能力，摄影测量学者分别提出了航带法平差和独立模型法平差。随着外部定位定姿技术的发展，研究人员把定姿、定位数据[包括全球定位系统（GPS）提供的定位数据和惯性导航系统（inertial navigation system，INS）提供的定姿数据]引入传统平差方程中，进行联合平差，以提高光束法平差的稳健性和精度。对于平差模型的求解，通常做法是给予不同参数粗略的观测初值，对模型进行近似估计，得到参数修正值，重新对近似模型进行逼近，反复迭代求解，直到满足预设的参数阈值。

2. 多视倾斜航空摄影区域网平差

不同于传统的航空摄影系统，多视倾斜航空摄影系统配备多个相机和定位测姿系统（POS）。倾斜影像具有特定的几何排列特点，一个拍摄点会有一张下视影像和多张倾斜影像，这种影像排列方式提高了构网的稳健性，但是多视角影像间存在的大量数据冗余会严重降低处理效率。根据如何利用垂直下视与倾斜影像间的几何约束，多视倾斜航空摄影的区域网平差方法主要可分为无约束的定向方法、附加相对约束的定向方法和附加绝对约束的定向方法。

无约束的定向方法对所有的垂直下视和斜视影像采用独立的外方位元素，不添加任何几何约束。附加相对约束的定向方法将每个摄站的多个相机看作整体进行平差，同一摄站的下视和斜视之间的几何关系作为约束信息添加入平差过程，该方法利用通用数学模型减少了待求参数数量，但仅适用于平稳度较高的摄站平台所获取的多视倾斜影像。附加绝对约束的定向方法需预先对下视相机和倾斜相机之间的旋转和平移参数进行检校，平差过程中仅有垂直下视影像参与解算，倾斜相机的外方位元素根据检校参数直接求解。

总体而言，附加绝对约束的定向方法平差精度最差，没有充分发挥多视倾斜航摄方法的优势。此外，难以保证应用过程和标定过程中，不同相机间的几何关系的一致性，而且随着时间的推移，检校参数的精度会进一步降低。附加相对约束的定向方法利用了同一站点不同影像间的约束关系，降低未知数求解的个数，增强了构网的稳定性，但对影像的拍摄时间要求比较严格，不同视影像须同时拍摄获取。无约束的定向方法通用性较好，精度最好，但须求解的参数较多。

3. 运动恢复结构区域网平差

运动恢复结构（SfM）是针对一组具有重叠的无序影像恢复相机姿态的同时获得场景三维结构信息的处理过程。虽然其平差理论基础是摄影测量光束法平差，但平差过程中处理数据的手段和解算方法更加灵活，对影像输入条件要求较低，可为准确的摄影测量光束法平差提供初值，被广泛地应用于包含弱几何条件、大规模无人机航空影像的稀疏三维重建。

典型 SfM 方法可分为全局式 SfM、增进式 SfM 和分层式 SfM 3 种。全局式 SFM 能均匀地分布残余误差，效率高，但对噪声比较敏感，当影像间的姿态、比例尺存在显著差异时，易出现解算不稳定甚至失败。增进式 SfM 利用误差点去除和光束法平差交互执行策略，为后续增量过程提供了可靠的影像位姿和空间点坐标初值，使其能够应用于大规模影像的三维重建，但存在对初始影像对依赖严重、低效率和影像漂移的问题。针对以上问题，分层式 SfM 将所有影像划分为多个重建单元，缓解了对初始影像对的严重依赖。同时，由于每个分区都是独立的重建单元，易于实现并行处理，提高了重建效率。

6.6.3　贴近摄影测量空三处理研究

国外摄影测量商业化较早，相对更加成熟，代表性的系统（软件）包括：Inpho、Pixel Factory、ContextCapture（原 Smart3D）、PhotoMesh、PHOTOMOD、3DF Zephyr、PIX4D、Metashape（原 PhotoScan）等。国内研究人员通过融合摄影测量与计算机视觉技术、计算机技术、网络通信技术及集群分布式并行计算技术等一系列理论和方法，研发出了多个支持多种数据源、多种数据格式大规模航空影像，能够自动化生产 4D 产品等地理信息产品的摄影测量系统（软件），包括 SVS、DP-Smart、JX-5、Mirauge3D、重建大师（GET3D Cluster）、瞰景 Smart3D 等。

利用国内外多种测量软件对贴近摄影测量数据进行空三处理，结合以往经验可知，贴近摄影测量数据一般分辨率极高，容易造成各个角度拍摄的航片分辨率差异较大，加之数据量较大，利用 ContextCapture、PhotoScan 等国外软件进行处理时，容易造成单个架次被剔除计算、内存不足以及分层等现象；在利用国产 Mirauge3D、重建大师等软件进行处理时，能够更大程度上解决存在的这些问题，特别是对数据量较大、分层现象明显等问题有很大程度的改善。Mirauge3D、重建大师等软件在贴近摄影测量中空三通过率虽然较高，但是容易存在重投影中误差超限的问题。

为了改善贴近摄影测量的空三精度，项目组总结出以下几种优化方案：

（1）在数据量较小，航片精度、质量较高的情况下，尽量选择 ContextCapture、PhotoScan 等空三软件进行处理，结果精度相对较高；

（2）数据量较大、分层，剔除数据较多的情况下，尽量选择 Mirauge3D、重建大师等软件进行处理。如果出现投影中误差超限的情况，可以将其计算得到的外方位元素导出可交换格式的".xml"文件，并将得到的外方位元素引入 ContextCapture 等软件中，再次进行常规空三加密，一般情况下可以得到精度符合要求的空三结果。

如果出现空三确实难以通过的情况，可以尝试采用基于下视镜头和平台检校参数优化侧视镜头外方位元素。首先，删除侧视镜头影像，只提交下视镜头影像进行空三加密；然后，基于平台检校参数和多镜头安装之间的关系，结合 POS 解算软件，以下视镜头外方位元素为标准，解算侧视镜头的外方位元素，使每个镜头都有独立的 POS 数据，将解算成果导入 ContextCapture 软件中再次进行空三计算，将极大提升空三的成功率。

在影像边缘质量较差或者镜头畸变明显的情况下，可采用基于蒙版改变参与运算的影像大小。例如，可以对侧视镜头影像按照每边 10% 的比例进行设置蒙版，对下视镜头不处理，新建工程，并按照常规参数设置空三选项，输入未设置蒙版时计算得到的内方位元素进行空三解算，待空三加密完成后，通过人机交互，空三无明显分层、弯曲，成果可用。通过设置蒙版，不但可以提高空三的运算效率，而且相机标定成功数也会提高，减少匹配点个数，提高匹配点精度，有助于空三更好地解算。

在数据量较大、各个数据组飞行高度差异较大等情况时，可对影像进行分块计算，分块的原则是至少包含 3 个共用的像控点，这样才能保证接边精度。此种方法可以采用两种方式实现：一是选取多镜头相机各 100 张（数量可根据电脑配置自行调整）影像整体进行空三计算，得到精确的相机焦距、像主点偏移值，然后将得到的参数导入之前的分块工程中，重新进行空三计算，但是此种方法一般接边处精度较差，数据处理麻烦，需要手动添加像控点和补测像控点来完成接边精度的控动，费时、费力，成本较高；二是可以采取对所有影像进行重新采样，降低影像分辨率后进行空三计算，得到整个区域精确的相机焦距、像主点偏移值，然后将得到的参数导入之前的分块工程中，重新进行空三计算，此种方法能够对接边精度进行有效改善，减少无像控点时分块计算带来的误差积累，使得整个区域的空三误差分布均匀。

6.6.4　空三常见问题及解决办法

6.6.4.1　像控点误差超限

1. 影像质量差

解决方法：自由网平差后，在交互编辑中加模型连结点，必须保证每张影像在标准位置上最少有 3 个 3 片重叠连结点，与上下航线最少各有一个 6 片重叠点。

2. 像控点目标改变

解决方法：及时与外业参与像控人员沟通，认真分析，观测正确位置。

3. 对像控点辨认误差超限

解决办法：内业认真判断、理解外业说明，外业控制点的点位目标不明显时，可反复预测、判读。

6.6.4.2　区域网变形

由于各个测区情况不同，每个加密区的大小形状也不同，区域网形状不规则，致使部分像控点误差按一定规律超限。这种问题解决时可以把按一定规律将超限的部分控制点放在一组，使这一组缩小限差、放大权值后进行平差计算即可。

6.6.4.3　平差解算程序出错

（1）像控点坐标是大地坐标。区域网平差解算时，像控点坐标应转成数学坐标系坐标。

（2）个别像控点有大错，即粗差。由于种种原因，个别外业提供的像控点坐标出现大的错误。

（3）个别模型或个别航线没有连接成功。区域网内个别模型虽然自动模型连接成功，但在自由网平差时，程序自动删除误差较大的模型连接点，造成航向或旁向连接失败。

6.6.5　贴近摄影测量三维建模研究

6.6.5.1　三维重建关键技术

1. 密集匹配

同名连接点提取仅匹配明显特征，得到的点不够密集，难以获得物体表面完整的三维信息。密集匹配则通过确定参考影像中每一个像素在其他立体像对中同名点的方法恢复场景或者物体的三维信息，其结果通常以视差-深度图、密集三维点云的方式表示，对场景的表达更加详尽。

1）基于几何的航空影像密集匹配

航空影像的密集匹配可以是在两张影像间进行，也可以是多角度、多视影像的匹配。根据优化方法的不同，可以将影像密集匹配方法分为局部最优密集匹配方法和全局最优密集匹配方法两类。此外，从全局最优密集匹配方法中延伸出半全局密集匹配方法。

总体而言，局部最优密集匹配方法效率高且较灵活，但是缺乏对于场景的整体理解，容易陷入局部最优。全局最优密集匹配方法吸收了局部最优密集匹配方法的优点，借鉴了局部最优密集匹配方法的代价聚合方式计算数据项；在此基础上，引入正则约束项，获得了更稳健的匹配结果，但是在计算时间和内存上耗费较多。半全局匹配方法通过多个一维方向上动态规划的方法在精度和效率方面取得了较好的平衡，实际应用较为广泛。此外，相比于局部最优密集匹配方法，全局最优密集匹配方法易于从像方或者物方引入其他先验信息作为约束，如城市场景中普遍存在的平面结构信息，进一步提高精化重建结果。

2）基于深度学习的航空影像密集匹配方法

近年来，深度学习技术开始被应用于密集匹配，一般通过学习匹配代价和代价传播路径完成匹配过程。根据匹配影像个数的不同，基于学习的影像密集匹配方法同样可分为双目立体网络方法和多视角立体网络方法。大量研究证明了基于深度学习的双目和多视角立体网络方法的有效性或部分先进性，即使是针对大规模的航空影像，在一些测试数据集上也取得了好的效果。但是，由于基于深度学习的方法对非训练集以外的数据类型普适性较差，目前依然难以应用于实际的工程项目。

2. 表面模型构建

倾斜影像经过密集匹配后可以得到测区地物的密集点云，基于点云数据可以建立测区内地物的真三维数字表面模型（DSM）。表面模型构建通常包括三角网构建和纹理映射。经过学者们的多年研究，基于三维三角网的数字表面模型建模算法已经比较成熟，其中，泊松表面重建（Poisson surface reconstruction）被广泛应用于三维表面模型的构建。

三角网构建完成后，表面模型需要通过纹理映射建立彩色纹理图像与三角网结构的对应关系。经过影像定向后，影像与三维模型的相对几何关系已经确定，将构成三角网的每个三角形投影至对应的影像上即可实现模型的纹理映射。

6.6.5.2　贴近摄影测量三维重建研究

影像处理及三维重建是摄影测量和计算机视觉的一个基本任务，目前大多数的摄影测量和计算机视觉软件中都包含该功能。本节针对目前常用的三维建模软件进行介绍和总结。

1. ContextCapture

ContextCapture 是目前最流行的倾斜摄影建模软件，在业内的口碑较好，其实现原理跟传统的像方匹配或物方匹配不同，ContextCapture 是直接基于物方网络（mesh）进行全局优化，实现了摄影测量、3D 扫描和计算机辅助设计（computer aided design，CAD）建模技术的融合使用。

ContextCapture 软件主要由主控台（Master）、引擎（Engine）、浏览（Viewer，三维模型展示）等组成，其建模的优点有 4 个：

（1）快速、简单、全自动，输入前一阶段处理的照片，设置参数，即可完成空三加密、三维建模重建、DOM、DSM 生成等工作。

（2）三维模型效果逼真。

（3）支持多种三维数据格式，成果支持输出 OSGB（open scene graph binary）、OBJ 等国际通用的标准 3D 模型格式。

（4）支持多种数据源，包括固定翼无人机、载人飞机、旋翼无人机和手机数据。

2. PhotoScan

PhotoScan 是俄罗斯软件公司 Agisoft 开发的一套基于影像自动生成三维模型的软件，该软件良好的融合算法可以适当弥补图像重叠部分匹配准确度的不足。

PhotoScan 操作流程极为简单，安装好软件并导入照片，软件会自行对齐照片，找出拍摄角度和距离，全部完成后将建立密集云，计算点与点之间的关系，将每一个识别出来的点列入密集计算中；其后生成网格，有了各点间的矢量函数关系，再按照实际情况连接起来，构建成点、线、面的 3D 模型，此时已建立出一组平面影像的 3D 外形；最后生成纹理，软件根据建立密集云时的数据，将平面影像分配给 3D 模型，此时的模型拥有内部结构和外部图像，已经形成了初步的 3D 模型。相对于 ContextCapture，从软件功能和界面上，PhotoScan 确实轻量不少，所以在建模效果方面，PhotoScan 的口碑参差不齐。

3. Inpho

Inpho 软件从 9.1.1 版本开始引入了三维建模功能，基于框幅式数字相机获取的数据，创建有（无）真实纹理 3D 模型。新增了 Match-3DX 和 Match-3DX Meshing Add-on 模块。这一新功能有助于真正射影像和三维模型的生产。

Inpho Match-3DX 模块采用先进的半全局匹配（SGM）算法，该算法定义了全局的能量函数。Match-3DX 模块可以对拼接缝进行优化，得到无拼接缝的真正射影像。实景三维模型采用 3D DSM 创建，首先使用离散的点云生成三角网模型，将带有法向量的点云进行空间划分、过滤；然后，使用泊松重建将离散的点构建成为不规则三角网；最后，自动选取与每一块三角网有空间相交关系的影像，按照最佳拍摄角度与最佳分辨率的则进行纹理贴图。Inpho Match-3DX Meshing Add-on 模块可以自动将三角网建立多个多细节层次（levels of details，LOD）等级，并针对每一个等级分别贴图建模。Inpho 对飞行姿态不稳定的无人机数据具有明显优势。

4. PIX4D

PIX4Dmapper 是一款专门用做测绘的软件，从数据采集（PIX4Dcapture）到 DOM、DSM 及三维模型生产都有涉及，三维效果相对于 ContextCapture 来说还是有些差距，但 DOM 生成更胜一筹。

5. Mirauge3D

Mirauge3D 是一款专业的影像智能建模系统，可从影像中全自动、高效地重建真实三维模型，不限于影像的采集手段和设备。生成数字模型产品，支持主流模型格式，满足测绘、地图产品、3D 打印、数字城市、虚拟旅游、虚拟购物、游戏以及工业零件建模等领域进一步生产和处理需求。

Mirauge3D 具备完整的摄影测量解决方案，数据来源囊括从高分辨率卫星影像、无人机航摄相片至便捷的手机照片；具备高效、高精度的自动空中三角测量（automatic aerial triangulation，AAT）解决方案，同时能够解决稀少控制点的 GPS 辅助无人机高精度空三；高效全自动的生产处理 DSM、DEM、DOM 以及精细的三维模型；支持并行分布式处理，生产的三维模型可转换成多种格式。

6. DP-Smart

全自动建模软件 DP-Smart 是武汉天际航信息科技股份有限公司自主研发的一套从多视影像全自动生成高分辨率真三维模型的自动化处理软件。软件基于摄影测量、计算机视觉与计算几何算法，支持全自动空三计算、密集点云生成、构建网格、自动纹理映射等步骤，实现真三维模型的快速生成。旨在解决传统数字城市建设采用人工建模导致的效率低、人力成本高、模型质量差等问题。

7. GET3D

重建大师（GET3D）是一款拥有完全自主知识产权的倾斜影像自动三维重建系统，结合摄影测量和计算机视觉领域中的最新研究成果，融入深度学习技术进行智能化处理，采用集群并行处理和云架构设计。重建大师采用柔性并行设计模式，实现多任务同时运行，并支持服务器计算能力动态调整；采用了云计算架构设计，支持端云协同工作模式，提供本地计算、集群处理和云端计算处理三种工作模式；融入影像智能识别技术，重建过程中自动识别移动车辆、行人等干扰物，并删除与替换，保证模型质量。

8. DJI Terra

大疆智图（DJI Terra）是一款提供自主航线规划、飞行航拍、二维正射影像与三维模型重建的 PC 应用软件。一站式解决方案帮助行业用户全面提升航测内、外业效率，将真实场景转化为数字资产。

6.7　小　　结

不同的建模软件有自身的特点和优势，对不同场景和数据的适应性也不一样。针对高山峡谷区总结经验如下：

（1）空三建模首选 ContextCapture，其贴图是以真实航拍影像为纹理，因而纹理清晰、细腻，对于真实场景色彩和纹理的模拟表现出色，生成的三维模型效果最为理想，人工修复工作量较低。

（2）在工期较紧张的时候，可选择 PIX4D 和重建大师进行三维建模工作，两者在运算时间上相对 ContextCapture 有较大的优势，同时能保持较好的模型纹理。

（3）PhotoScan 生成的模型纹理效果不是太理想，需要人工干预的环节较多，同时容易出现部分细节结构缺失的问题，不太推荐用于建模处理。

（4）在数据重叠度较低、数据姿态较差等情况下，且上述建模软件效果较差时，可尝试采用 Inpho、PIX4D、Mirauge3D 以及其他软件进行测试对比。

第7章 高山峡谷区滑坡贴近摄影技术调查研究与示范

7.1 概　　述

在对贴近摄影测量系统进行全面组装和初步测试后，本章在高山峡谷区选取具有代表性的区域进行了作业测试，并通过内业处理，对系统稳定性、航摄数据质量、内业处理方法、模型精度等进行了验证。

7.2 四川汶川县城后山滑坡贴近摄影测量

2023 年 1 月 9 日到 12 日，贴近摄影系统在汶川县城后山滑坡区域开展了无人机航摄作业。

测区位于汶川县城旁的山顶，海拔约 1750m，滑坡体落差约 300m。由于山体朝南西南向，光照时间极短，山体阴影十分明显，加上处于冬季，山顶有大量积雪，本次测试只选取了山体中部部分区域进行了作业测试（图 7.1）。

图 7.1　测区位置示意图

测区坡度约为 50°，坡面多为滑坡形成的碎石块，两侧分布有灌木草丛，符合典型高山峡谷区贴近摄影测量的特征（图 7.2）。

此次航摄作业面积约 0.8km²，共飞行 3 个架次，获取照片 1414 张，数据大小约 32GB（吉字节）（图 7.3）。

图 7.2　测区现场照片

图 7.3　贴近摄影测量平台飞行示意图

为了验证毫米级的航摄分辨率，本次飞行首先获取了区域的高程模型，并根据地面站软件设计了贴近摄影测量航线，航线平面基本与坡面角度保持一致（图 7.4）。飞行高度为40m，航向重叠度为 75%，旁向重叠度在 60%左右。飞行完成后进行了现场数据传输和质量检查，并导出 POS 数据。整个过程中，研发的贴近摄影测量系统工作状态正常，稳定性较好。

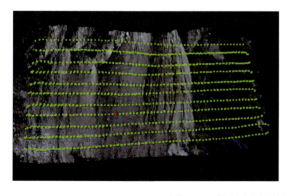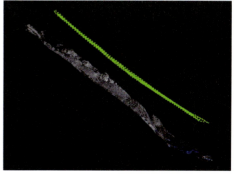

图 7.4　贴近摄影测量航线布设示意图

7.2.1　数据质量

本次获取的数据通过检查（图 7.5），航片清晰，无漏片，除了由于地形和天气造成的阴影较重外，其余参数表现优异。单张照片色彩还原度较高，未出现过曝现象；地物细节表现较好，边界清晰，解析力满足毫米级成像要求；相机边缘成像较好，边缘图像和中心图像未出现明显差异，畸变和模糊现象得到了较好改善。

图 7.5　航片样片及局部细节示意图

7.2.2　数据处理

首先对航摄数据及 POS 数据进行了预处理，然后利用 ContextCapture 软件进行了空三运算以及模型生产（图 7.6）。

图 7.6　汶川滑坡点三维模型成果示意图

由于航摄面积较小，而且只获取前、后两个方位的数据，本节首先尝试利用 ContextCapture 进行了空三处理。通过约 1 小时的运行最终顺利完成空三测量，且未出现分层现象。在完成空三解算后，直接利用 ContextCapture 开展了三维建模，总共耗时 1 天，完成 0.8km² 有效面积的模型处理。

7.2.3　模型精度

通过对模型进行初步观测显示，三维模型的色彩、亮度、饱和度和对比度表现十分优异（图 7.7），完全满足预设要求，纹理清晰、细节丰富、色彩自然，可以实现对拍摄目标高精度的长度、高度、宽度等空间数据信息采集。

图 7.7　汶川滑坡点局部区域模型示意图

从空三结果来看，空三质量报告中重投影中误差在 0.6 像素左右，符合精度要求。最终生成的模型分辨率在 2.64mm 左右，分辨率极高。

从相机畸变解算结果来看，研发的 60mm 定焦镜头像场平坦，镜头边缘与中心基本保持一致，边缘畸变十分微弱，这与镜头光学设计参数和室内测试结果基本保持一致。

7.2.3.1　岩石

从岩石模型上看（图 7.8～图 7.10），岩石表面细碎纹理、颜色斑块能够分辨清楚，岩层走向、裂隙以及结构能够清晰掌握，约 5mm 宽度的方解石脉能够清晰表达和测量，满足更高要求的三维建模成果和相关调查、研究工作需要，后期可以应用于地质灾害调查、地质灾害应急监测、矿产调查等业务。

7.2.3.2　草丛

从草丛模型上看（图 7.11），本次建模成果基本能够清晰获取地表低矮草丛或者灌木的状态，包括颜色、密度、高度以及直径等信息，能够满足实景三维对生态修复、农作物生长等领域的高精度调查和评价工作。

图 7.8　岩石线状纹理示意图

图 7.9　岩石斑状纹理示意图

图 7.10　岩石线状结构细节示意图

图 7.11　草丛模型细节示意图

7.2.3.3　雪地

从雪地模型上看（图 7.12），本次建模成果能够清晰获取地表积雪的状态，包括积雪分布特征、厚度、面积等信息，能够满足高寒地区相关的高精度调查和评价工作。

图 7.12　雪地模型细节示意图

7.2.3.4　其他地物

从其他地物模型上看（图 7.13），建模成果在对碎石等地物上的描述也十分精确，色彩、纹理和细节都达到了理想效果，能够用于土壤沙化、生态修复等领域的调查研究工作。

图 7.13　其他地物模型细节示意图

7.3　云南贡山县丙中洛滑坡贴近摄影测量

2023 年 1 月 30 日至 2 月 8 日，航遥部门何中海、王剑、韩东与杨云建利用研发的贴近摄影系统在云南省贡山县地质灾害调查地区开展了无人机航摄作业。

测区位于丙中洛镇西北方向 2km 处的地质灾害风险调查区，海拔约 1830m，调查区域落差约 200m。山体朝南东南向，多为裸露岩石，山体底部斜坡被植被覆盖（图 7.14）。

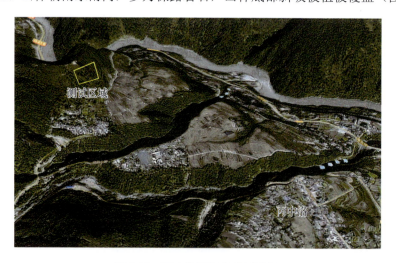

图 7.14　丙中洛测区位置示意图

测区坡度接近垂直，坡面多为裸露的基岩和杂草（图 7.15），符合高山峡谷区贴近摄影测量针对特殊地形测量的测试需求，通过本次测试，将本次研发的贴近摄影测量系统针对垂直面的数据获取能力进行有效验证。

图 7.15　测区现场照片

此次航摄作业面积约 0.5km^2，共飞行 3 个架次，获取照片 2857 张，数据大小约 50GB（图 7.16）。

图 7.16　野外作业飞行

为了保证航摄分辨率基本一致和飞行安全，开展正式作业前，首先通过利用本次开发的航摄系统进行了测区的初步探测，确定了测区较为准确的范围和高程，然后在开发的地面控制软件中设计了垂直面的贴近摄影测量航线，航线平面基本与坡面保持平行（图 7.17）。飞行距离为垂直坡面 50m，航向重叠度为 75%，旁向重叠度在 65%左右。飞行完成后进行了现场数据传输和质量检查，并导出 POS 数据。整个过程中，本次研发的贴近摄影测量系统工作状态正常，稳定性较好。

7.3.1　数据质量

此次测试天气状况较差，云层较厚，光线不足，相对天气较好时的航片出现整体偏暗、噪点偏高的情况，本次将利用前、中、后 3 个方向架次的数据进行数据处理和建模。本次测试将进一步验证研发的相机和镜头在气候条件较差时的稳定性、成像解析力以及成图效果。

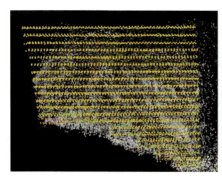

图 7.17　飞行航线布设示意图

通过对航片进行匀色处理可知（图 7.18），在光线较暗时，本贴近摄影测量系统获取的数据仍然能够保持较为丰富的细节信息。

图 7.18　航片匀色效果示意图（上图是匀色前，下图是匀色后）

7.3.2　数据处理

首先对航摄数据及 POS 数据进行了预处理，然后利用 ContextCapture 软件进行了空三运算。在 ContextCapture 空三运算后发现，被使用的前、中、后 3 个方向架次的数据中，最后 1 个数据被剔除，未能加入整体的空三运算中，分析出现的几种原因包括：各架次数据光线差异太大，造成连接点太少；实际山体坡面不是一个平面，中间有向内出现一定深度的凹陷，贴近摄影测量拟合的平面并没有根据凹陷进行航线调整，造成各个角度获取的数据分辨率差异较大。

我们先后尝试了分块、蒙版以及添加连接点等方式，都未能取得较好的效果，主要原因是在毫米级精度下，人工手段进行调整会出现较为明显的误差，从而造成空三结果的质量难以保证。

根据前文总结的内业处理经验，我们采用了重建大师进行了空三处理。通过约 1.5 小时的运行，最终顺利完成空三测量，且未出现分层现象。为了取得较好的三维建模精度，在完成空三解算后，将重建大师解算的结果导出为".xml"文件，然后再导入 ContextCapture 开展后期三维建模，总共耗时 1.5 天，完成 0.5km^2 有效面积的模型处理。

7.3.3　模型精度

通过对模型进行初步观测可知，三维模型的纹理、色彩、亮度、对比度和形变基本满足预设要求，达到了纹理清晰、色差正常、亮度适中、对比度较高的状态（图 7.19）。

图 7.19　汶川滑坡点贴近摄影测量三维模型示意图

最终生成的模型分辨率在 6.8mm 左右，模型纹理清晰、色彩丰富、细节表现较好，便于数据处理和内业画图。从空三结果来看，空三质量报告中重投影中误差在 0.65 像素左右，符合精度要求。

在前期工作开展过程中，通过倾斜摄影测量获取了测区的三维模型（图 7.20），本次将倾斜摄影测量成果和贴近摄影测量成果做一个简单的对比分析。倾斜摄影测量分辨率为 5cm，采用固定飞机获取。

图 7.20　汶川滑坡点倾斜摄影三维模型示意图

7.3.3.1　岩石

可以看出，在特殊地形，倾斜摄影测量能够获取的数据分辨率较低，三维模型精度较差，岩石纹理、细节难以分辨；而贴近摄影测量模型则岩石表面纹理清晰、色彩自然（图 7.21）。

从岩石模型上看出（图 7.22），岩石表面细碎纹理能够得到基本表现，岩层走向、裂隙以及结构也能够清晰掌握，约 1cm 宽度的缝隙能够有效观察和测量，满足更高要求的三维建模成果和相关调查、研究工作需要。

(a)贴近摄影测量：表面纹理清晰、色彩自然

(b) 倾斜摄影测量：分辨率较低，纹理、细节难以分辨

图 7.21　贴近摄影测量和倾斜摄影测量对比示意图

(a) 岩石表面结构

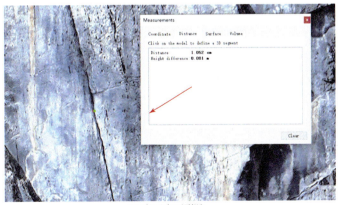

(b) 岩石表面裂隙

图 7.22　岩石模型细节示意图

7.3.3.2　草丛

从草丛模型上看出（图 7.23），由于分辨率稍低，本次建模成果虽然相对汶川滑坡在细节上有所不足，但是仍然能够分辨地表低矮草丛或者灌木的状态，包括类型、颜色、密度、高度等信息，仍能满足更为精细化调查的需要；而倾斜摄影测量成果草丛难以分辨相关信息，涂抹、拉花现象严重。

(a) 贴近摄影测量：可清晰分辨类型、颜色、密度、高度

(b) 倾斜摄影测量：难以分辨相关信息，涂抹、拉花严重

图 7.23　草丛模型细节示意图

7.3.3.3　其他地物

从其他地物模型上看出（图 7.24），在拍摄对象比较单一的情况下，细节描述较好，能

够清晰、完整地表达地物各项细节；对于比较复杂的地物，细节的描述虽然基本能够满足信息获取的需求，但部分细节有所缺失，主要是我们采用了标准的前、中、后 3 个方向数据进行贴近摄影测量，在部分角度上，对上、下两个方向的细节信息采集不够，建议在地物复杂且有遮挡、压盖现象时，如果需要获取十分精确的模型信息，开展四向或者五向的数据采集。倾斜摄影测量由于分辨率较低，相关细节基本难以获取。

(a) 壁画

(b) 复杂地物

图 7.26　其他地物模型细节示意图

7.4　小　　结

本次提供的贴近摄影测量系统能开展毫米级的数据采集，并通过内业处理生成毫米级的三维模型。相对于以前厘米级的模型而言，能够更为准确获取所拍摄对象的表面信息，包括颜色、高度、结构以及其他相关参数，满足更高精度的应用需求。

第8章 大型堆积体滑坡动力学特征分析与堵江风险评价

8.1 概　　述

大型堆积体滑坡动力学特征分析与堵江风险评价是一个复杂的涉及多学科交叉的问题，尤其在滑坡堵江危险性预测方面，包括对滑坡前期稳定性分析的研究，滑坡体运移规模、运移距离的研究，滑坡在运动过程中颗粒破碎的研究，以及滑坡体入江后土颗粒与水之间相互作用的研究。室内模型试验可以很好地再现滑坡堵江这一过程，尤其在土颗粒与水的流固耦合作用方面，通过考虑影响模型试验的主要因素，忽略其次要因素，建立一定的相似比，能够在一定程度上还原原型的演化过程，对所研究的问题有更加深入的理解。

目前，有关滑坡堵江的室内模型试验研究多集中在滑坡稳定性分析评价和堵江成坝后的溃坝分析方面，而对于滑坡堵江成坝这一过程的研究内容较少。本章选取云南省泸水市庄房大型堆积体滑坡为研究对象，采用瑞士联邦森林、雪地与景观研究所开发的 RAMMS 岩土工程数值模拟软件，开展大型堆积体滑坡成灾机理研究，通过 RAMMS 软件 Voellmy 流体摩擦模型，设计了室内滑槽试验与数值模拟滑槽试验对比试验，通过对比两组试验中滑坡体的堆积厚度、堆积扇范围和槽内滞留长度，反演确定了 Voellmy 流体摩擦模型的摩擦系数（μ）和湍流系数（ξ），并基于确定的摩擦参数对庄房滑坡运动的全过程进行模拟计算。通过室内模型试验首先研究了不同坡度、不同滑坡体积量下滑坡堵江成坝的演化过程，分析了滑坡体坡度和体积量在稳定河流作用下对滑坡堵江成坝的影响；随后研究了滑坡在同一坡度下不同滑坡体流量、河流流量与堵江成坝的关系，并基于此形成了滑坡堵江成坝的经验判据，对怒江流域庄房滑坡的堵江危险性做出了预测分析。

8.2 庄房滑坡概况

8.2.1 基本特征

庄房滑坡位于云南省泸水市六库街道，滑坡平面整体形态呈"圈椅状"，整体坡向北偏东，主滑方向 70°。滑坡纵长 620m、横宽 520m，面积约 $3\times10^5\mathrm{m}^2$，滑坡体厚度为 10～25m，平均厚度为 15m，总体积约 $4.5\times10^6\mathrm{m}^3$，属大型堆积体滑坡（图 8.1）。

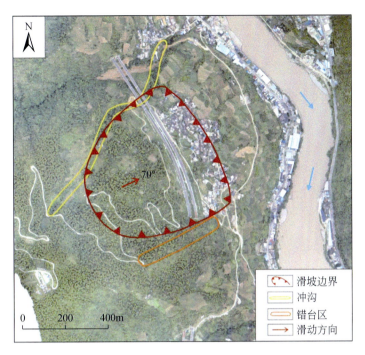

图 8.1　庄房滑坡正射影像示意图

　　滑坡整体坡度为 30°，后缘坡度相对较陡，部分地区可达 50°，后缘高程为 1150～1140m，前缘坡度相对较缓，平均坡度为 20°，前缘高程为 920～900m，前后缘最大高差达 250m。滑坡北侧发育有一条冲沟，冲沟宽 10～15m、深 5～10m、延伸长度为 800m，冲沟内径流强烈，裂隙发育，冲蚀裂缝最宽处可达 1.5m、深 1m、延伸长度达十余米（图 8.2）。滑坡南侧坡体与坡面形成一错台，错台高度达 10m 以上，错台处滑坡地势较陡，平均坡度为 45°（图 8.3）。滑坡周边山体与滑坡体之间存在明显台坎，整体呈"倒钟状"，前缘厚堆积层呈舌状凸起，对河流有明显改道作用。同时，滑坡体坡积层上存在有大量孤立岩石，根据滑坡周围边界特征、前缘堆积扇形态特征以及滑坡体的岩土体特征综合判断，庄房滑坡为一古滑坡堆积体局部复活形成。根据现场地质调查，滑坡区坡体未见有地下水露头，区内地

图 8.2　滑坡北侧冲沟侵蚀裂隙

图 8.3　滑坡南侧错台

下水主要为基岩裂隙水和孔隙水，通过大气降水和灌溉水入渗补给，并通过节理、裂隙等破裂面以泉水形式或向地表直接泄流形式排泄。滑坡区内有灌溉水引渠工程和喷灌设备，常年对坡面农田进行灌溉，灌溉水多沿沟渠排至怒江。

8.2.2 滑坡物质结构

为了进一步查明庄房滑坡的物质结构组成和岸坡结构特征，在庄房滑坡区布设了 8 个钻孔，钻孔布置平面图与取得的岩性样照片如图 8.4 所示。庄房滑坡工程地质平面图和 I-I′ 工程地质剖面如图 8.5、图 8.6 所示。根据现场钻探揭露结果，滑坡区出露地层由新到老为分别为第四系滑坡堆积层、中三叠统和上寒武统，不同地层岩性特征按滑坡体结构简述如下。

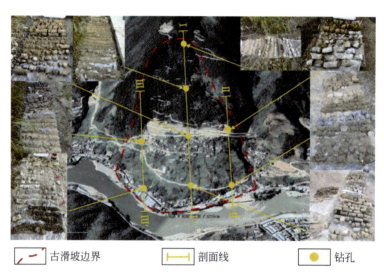

古滑坡边界　　　剖面线　　　钻孔

图 8.4　庄房滑坡钻孔布置平面与岩心示意图

滑坡体主要为第四系滑坡堆积层（Q_4^{del}），广泛分布于滑坡表面，以含碎石粉质黏土层最为普遍，土质松散、湿润，碎石成分主要为中-强风化板岩，滑坡体与底部基岩风化层呈过渡关系，厚度为 5～20m 不等，平均厚度为 15m，后缘出露岩层产状为 280°∠26°。

根据钻探揭露结果，滑坡岩层间并未发现明显的层间错动和擦痕发育，但滑坡体与基岩分界面附近土体结构松散且含水率较高，滑坡体与基岩分界面清晰，推测滑动面为上覆堆积物与基岩的分界面，坡度与滑坡地形坡度基本一致呈 30°，下伏基岩产状为 268°∠53°。

滑床为下伏基岩，主要为中三叠统河湾组（T_2h^1）白云岩和上寒武统保山组（ϵ_3b）板岩。上寒武统保山组板岩，岩心呈短柱状，长度为 5～15cm，颜色呈灰、灰青色，主要矿物成分为石英，板状构造，岩石风化程度较高，局部夹有中风化板岩，岩层产状为 268°∠53°。中三叠统河湾组白云岩，岩心呈长柱状，长度为 10～25cm，钻进时难度大，颜色呈灰、灰白色，主要矿物成分为方解石，岩石未见溶解孔隙现象，岩石质地较硬，锤击声脆，岩层产状为 261°∠55°。

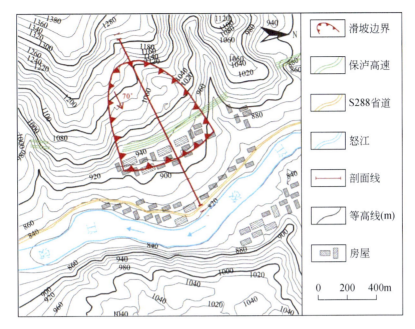

图 8.5 庄房滑坡工程地质平面示意图

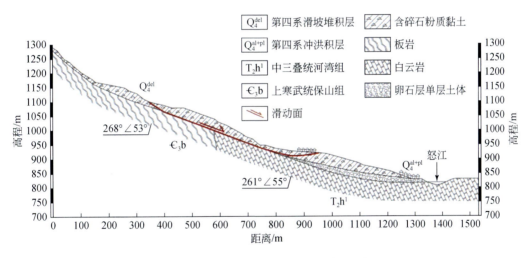

图 8.6 庄房滑坡 I-I′工程地质剖面图

8.3 滑坡动力学特征分析

8.3.1 研究方法概述

RAMMS 软件是由瑞士联邦森林、雪地与景观研究所开发的岩土工程数值模拟软件。该软件主要包括 3 个模块：Avalanche（雪崩）模块、Rockfall（崩塌）模块、Debrisflow（泥石流）模块，主要用于分析和评估雪崩、山体滑坡、崩塌、泥石流等地质灾害问题，目前已经在瑞士、欧美等 70 多个国家和地区广泛应用，成为岩土工程和防灾减灾领域可靠的数值模拟工具。

RAMMS 数值模拟软件在操作界面上具有以下特点：①先进的 3D 可视化界面，支持导入数字高程模型（DEM）、航空正射影像、地形图等地理数据参考集，并将 DEM 和对应的正射影像叠加在一起，生成实景三维地质模型，更加直观地了解灾害点的地貌特征。②拥有地理信息系统（GIS）处理功能，包括生成山体的坡度、曲率、等高线，以及建立山体阴影增强效果等。③强大的后处理功能：可以计算灾害体的流动距离、高度、速度、动量、冲击力等，同时根据设置的时间步，可以生成相应的动画（GIF 格式），能够计算任意一位置流体变量的时间曲线图和剖面图，生成流体的等高线、最值等。④良好的文件交互性：可以导入或导出 TIFF 文件、ASCII 文件、Shape 文件、图形文件、动画（GIF 格式）文件等，并可以将计算结果导入谷歌地球中进行可视化查看。

8.3.1.1　模型建立

RAMMS 软件中数值模型的建立主要是通过数字高程模型（DEM）来实现的，软件会根据输入 DEM 数据自动建立出对应的地形网格模型，模拟结果的准确性有赖于输入地形数据的精度。本次研究通过大疆无人机对庄房滑坡区域进行了航拍航测，利用 PIX4Dcapture 航测软件对滑坡区航线进行了规划，设置航向和旁向重叠率为 75%，飞行高度设定为 200m（图 8.7），同时结合 PIX4Dmapper 软件生成了该滑坡区的高精度 DEM 和正射影像图。

图 8.7　庄房滑坡区航线规划示意图

由于航测生成的 DEM 往往会受到与地形无关的房屋、植被、道路等地物的影响，因此运用 Global Mapper 软件对生成的 DEM 进行了过滤点云处理，把与地面点无关的房屋、植被、道路等噪点过滤，同时对怒江附近的点云高程进行了修正，生成能够反映庄房滑坡区真实地形的 DEM（图 8.8）。

最后将过滤点云后的 DEM、正射影像图以及对应的世界文件导入 RAMMS 软件工作文件夹中，生成了最终的三维地质网格模型（图 8.9），模型共计划分网格单元 5237226 个，节点 5241804 个。

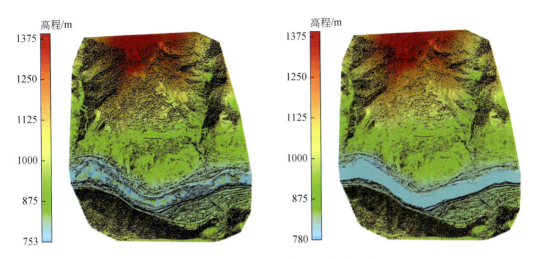

图 8.8　DEM 过滤点云前后对比示意图

图 8.9　庄房滑坡三维地质网格模型示意图

8.3.1.2　参数标定

在 RAMMS 软件使用的 Voellmy 流体摩擦模型中，摩擦系数（μ）和湍流系数（ξ）是影响滑坡运动的两个重要参数，但这两个参数通过试验的方式往往难以获取，目前的研究多依赖于反演计算。根据 RAMMS 软件使用手册对于摩擦参数的说明，当滑坡快速运行时，湍流系数（ξ）占主导作用，当滑坡接近停止时，摩擦系数（μ）占主导作用。

基于上述分析，设计了室内滑槽试验与数值模拟滑槽试验的对比试验（图 8.10），通过对比两组试验中滑坡体的堆积厚度、堆积扇范围和槽内滞留长度，对滑坡体摩擦参数 μ 和 ξ 进行了校正。

室内滑槽试验装置的几何尺寸如图 8.11 所示，滑槽坡度为 40°，滑槽尺寸长 0.23m、宽 0.5m、高 0.5m，堆积区尺寸长 2m、宽 1.5m。滑坡体采用庄房滑坡原状土样，为了消除粒径不均匀性对滑坡体运动的影响，对土样进行了筛分，对土体中的较大石块和杂质进行了筛除，设置滑坡体体积为 0.03m³。在滑槽的正面和侧面分别放置 1 台高清摄影机，用于记录滑坡体的运动过程，同时在堆积区上贴上白纸，用于记录堆积区的堆积尺寸，试验时用挡板将土体挡住，然后旋转压下挡板，将土体释放，待土体完全运动到堆积区停止后，开始记录试验数据。

图 8.10　室内滑槽试验与数值模拟滑槽试验装置对比图

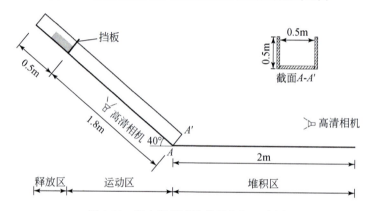

图 8.11　室内滑槽试验装置几何尺寸图

数值模拟滑槽试验装置的几何尺寸与室内滑槽试验装置的几何尺寸保持一致，滑坡体体积为 0.03m³，密度设置为 2000kg/m³，转储步时间设置为 0.1s。根据室内滑槽试验结果，滑坡土体从启动到停止总历时 3s，因此在数值模拟滑槽试验装置中将滑坡体结束时间设置为 3s，滑坡体运动结束时所有节点单元的总动量与最大总动量比达到 1%，满足模拟计算停止条件。然后通过控制变量法，保持 μ 不变，按照 ±10m/s² 改变 ξ 值；保持 ξ 不变，按照 ±0.01 改变 μ 值，通过对比与室内滑槽试验滑坡体的堆积距离、堆积高度以及槽内滞留长度的不同，以此确定滑坡体的摩擦系数（μ）和湍流系数（ξ）（图 8.12、图 8.13）。

图 8.12~图 8.14 显示了滑坡体在湍流系数 100m/s²、150m/s²、200m/s²、250m/s² 下和摩擦系数 0.05、0.10、0.15、0.20、0.25、0.30、0.35、0.40 下的运动特征值，其中水平距离指滑坡堆积体在堆积区形成堆积扇的中轴长度，堆积高度指滑坡堆积体在堆积区的最大堆积高度，该位置通常位于堆积扇的中轴线上，滞留长度指滑坡堆积体滞留在滑槽内沿滑槽方向的长度。图 8.12~图 8.14 可知，滑坡堆积体的水平距离随着摩擦系数（μ）的减小、湍流系数（ξ）的增大不断增大，堆积高度随着摩擦系数（μ）的减小、湍流系数（ξ）的增

大不断减小，滞留长度随着摩擦系数（μ）的减小、湍流系数（ζ）的增大不断减小，滑坡堆积体的水平距离与滑坡堆积体的堆积高度、滞留长度呈反比关系。通过以上规律也可以看出，湍流系数（ζ）在滑坡体快速运动中起控制作用，而摩擦系数（μ）在滑坡体运动停止中起控制作用。

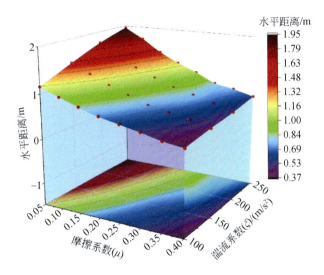

图 8.12　不同摩擦参数下滑坡堆积体的水平距离图

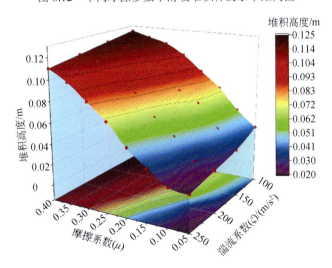

图 8.13　不同摩擦参数下滑坡堆积体的堆积高度图

根据室内滑槽试验结果，滑坡堆积体在堆积区整体形态呈扇形，扇形中轴长 0.6m，横轴最长 0.75m，槽内滞留长度为 0.27m，扇形堆积高度最高为 0.145m。结合数值模拟滑槽试验结果，当摩擦系数（μ）为 0.33、湍流系数（ζ）为 150m/s² 时，扇形中轴长 0.58m，横轴最长 1.25m，槽内滞留长度为 0.26m，扇形堆积高度最高为 0.115m，运动值与室内滑槽试验结果基本一致，其中横轴距离高于实测结果，这是因为网格单元宽度在横向最小尺寸为 0.25m 所致。两组试验不同运动值下的对比如图 8.15～图 8.17 所示。

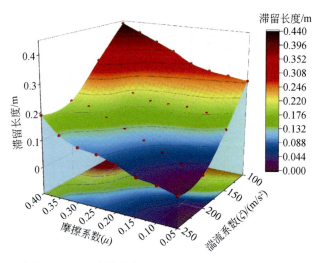

图 8.14　不同摩擦参数下滑坡堆积体槽内滞留长度图

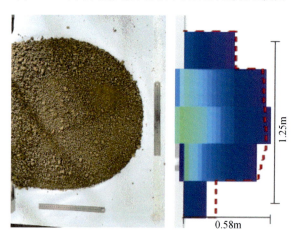

图 8.15　室内滑槽试验与数值模拟滑槽试验滑坡堆积体水平距离对比图

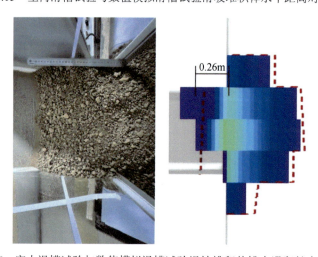

图 8.16　室内滑槽试验与数值模拟滑槽试验滑坡堆积体槽内滞留长度对比图

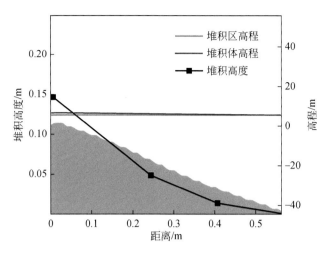

图 8.17　室内滑槽试验与数值模拟滑槽试验滑坡堆积体堆积高度对比图

　　结合上述分析，最终确定 RAMMS 软件中的计算参数如表 8.1 所示，模拟计算使用运动体动量百分比停止准则，释放方式为块释放，由于本次计算不考虑滑坡体的侵蚀作用和屈服应力，因此不建立侵蚀区，最后开启曲率计算。

表 8.1　RAMMS 软件计算参数表

计算参数	数值
DEM 分辨率	1m
释放区深度	15m
释放区体积	4507214m³
摩擦系数（μ）	0.33
湍流系数（ζ）	150m/s²
滑坡体密度	2000kg/m³
模拟结束时间	1000s
动量百分比	10%
转储步时间	5s

8.3.2　滑坡运动过程分析

　　基于上文分析，对庄房滑坡从启动到终止的全过程进行了数值模拟，滑坡总释放体积为 $4.5 \times 10^6 \text{m}^3$，根据数值模拟结果，庄房滑坡总运动时间（$t$）为 130s，最大运动速度为 21.9m/s，最大运动距离 400m，最大堆积高度为 56.1m。图 8.18、图 8.19 分别为滑坡不同时刻的堆积体堆积高度-时间图和运动速度-时间图，t 分别取 0s、10s、30s、50s、70s、90s、110s、130s 对滑坡的具体运动过程进行论述。

8.3.2.1　滑坡堆积体堆积高度演化分析

庄房滑坡不同时刻的滑坡堆积体堆积高度如图 8.18 所示，根据堆积高度的演化特征，其过程可分为以下 5 个阶段：

（1）0~10s：滑坡启动阶段，滑坡堆积体在重力作用下开始沿滑动面整体加速滑动，由于滑坡前缘厚堆积层坡度较缓，滑坡前缘位置土体出现局部堆高，最大堆积高度为 32m，平均堆积高度为 9.6m。前缘堆积层上总堆积量为 $1.0×10^6m^3$，同时受局部低缓地形的影响，滑坡坡面上也出现多处土体短暂堆高现象；此外有大量土体滑入滑坡北侧冲沟内，总堆积量为 $2.6×10^5m^3$，最大堆积高度达 36m，平均堆积高度为 7.8m。

（2）10~30s：滑坡高速运动堆积阶段，滑坡堆积体整体运动速度较快，大量土体从滑坡后缘向前缘高速移动，滑坡前缘厚堆积层和北侧冲沟内堆积土体迅速增加，且堆积速度较快。前缘堆积层上总堆积量达 $1.8×10^6m^3$，最大堆积高度为 36m，平均堆积高度为 10.9m；北侧冲沟内土体总堆积量为 $3.9×10^5m^3$，最大堆积高度为 38m，平均堆积高度为 7.2m。

（3）30~50s：滑坡快速运动堆积阶段，滑坡堆积体整体运动速度仍然较快，滑坡土体继续向前缘厚堆积层快速运动，并逐渐向怒江江面靠近。在运动到 50s 时，前缘堆积层上的滑坡土体已经抵达怒江右岸位置。前缘堆积层上的总堆积量达 $2.04×10^6m^3$，最大堆积高度为 37.6m，平均堆积高度为 10.2m；北侧冲沟内土体总堆积量为 $4.5×10^5m^3$，最大堆积高度为 39m，平均堆积高度为 7.3m。

（4）50~90s：滑坡低速运动堆积阶段，滑坡堆积体运动速度开始减慢，总堆积量增速降低，同时有部分土体开始进入怒江，进入怒江的总堆积量为 $3.1×10^4m^3$，最大堆积高度为 15.2m，平均堆积高度为 5m。前缘堆积层上总堆积量为 $2.18×10^6m^3$，最大堆积高度为 39.3m，平均堆积高度为 10m；北侧冲沟内土体总堆积量为 $5.2×10^5m^3$，最大堆积高度为 39.6m，平均堆积高度为 7.4m。

（5）90~130s：滑坡停止运动堆积阶段，滑坡堆积体运动速度进一步减缓，堆积体运动逐渐停止，总堆积量逐渐趋于稳定。滑坡堆积体在怒江总堆积量为 $8×10^4m^3$，最大堆积高度为 24m，平均堆积高度为 6.8m。前缘堆积层上总堆积量达 $2.2×10^6m^3$，最大堆积高度 39.4m，平均堆积高度为 9.8m；北侧冲沟内土体总堆积量为 $5.7×10^5m^3$，最大堆积高度为 39.9m，平均堆积高度为 7.4m。

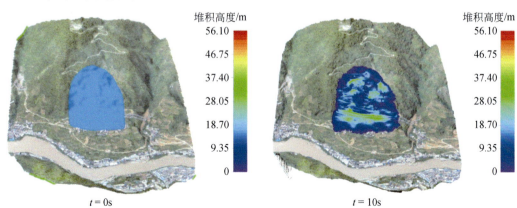

$t=0s$　　　　　　　　　　　　　　　　$t=10s$

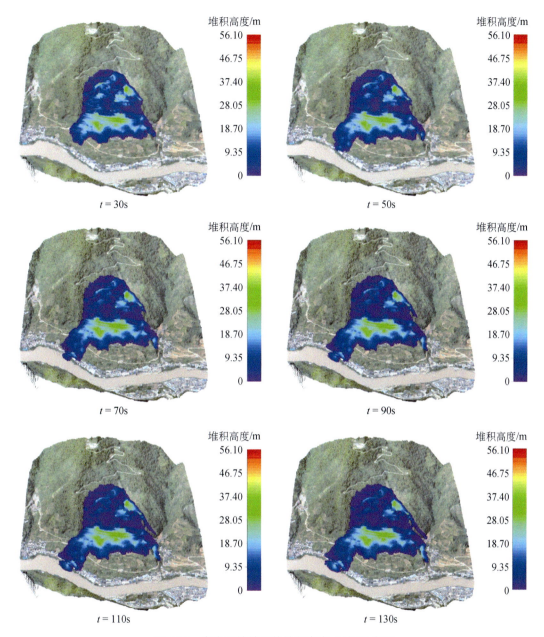

图 8.18　庄房滑坡堆积体堆积高度−时间示意图

8.3.2.2　滑坡堆积体运动速度演化分析

庄房滑坡不同时刻的滑坡堆积体运动速度如图 8.19 所示,根据滑坡运动速度的演化特征,其过程可分为以下 5 个阶段:

(1) 0～10s:滑坡启动阶段,滑坡堆积体重力势能开始迅速转化为动能,尽管滑坡体整体运动距离较近,最大运动距离仅为 64m,但运动速度快速增大,最大运动速度达 21m/s,同时滑坡体在这一阶段动量达到最大约 $2.1 \times 10^{7} m^{2}/s$。从滑坡运动特征上看,滑坡前缘运动速度整体高于后缘,这是因为滑坡前缘地形相对平坦开阔,同时承受滑坡后缘土体的推挤作用所致。滑坡堆积体最大速度出现在滑坡前缘靠南侧位置,这是因为该处地形坡度较陡,整体坡度达 40°以上的缘故。

(2)10～30s:滑坡高速运动阶段,滑坡堆积体整体运动速度较快,前缘南侧的滑坡土体由于受陡峭地形影响开始迅速向怒江移动,30s 时距离怒江的最短距离为 140m,前端土体最大运动速度达 11m/s;同时滑坡北侧冲沟内土体的运动速度也相对较快,最大运动速度达 15m/s。滑坡堆积体在本阶段最大运动速度为 19.5m/s,最大总动量为 $1.8×10^7m^2/s$。

(3)30～50s:滑坡快速运动阶段,滑坡堆积体运动速度仍然较快,前缘南侧的滑坡土体继续向怒江移动,在 50s 时距怒江的最短距离仅 20m,前端土体的最大运动速度达 14m/s;北侧冲沟内滑坡土体运动速度依然较快,最大运动速度为 13.5m/s。滑坡堆积体在本阶段最大运动速度为 17m/s,最大总动量为 $7.8×10^6m^2/s$。

(4)50～90s:滑坡低速运动阶段,滑坡堆积体整体运动速度开始减慢,前缘南侧滑坡土体开始进入怒江,进入怒江时的最大速度为 10m/s,北侧冲沟内土体最大运动速度为 12.5m/s。滑坡堆积体在本阶段最大运动速度为 15.5m/s,最大总动量为 $2.7×10^6m^2/s$。

(5)90～130s:滑坡停止运动阶段,滑坡堆积体运动速度进一步减慢,滑坡土体由于前缘堆积层坡度较缓,同时受地面摩擦碰撞作用的影响,整体速度不断减慢并逐渐停止运动。滑坡堆积体在该阶段入江的最大速度为 8m/s,北侧冲沟内土体最大运动速度为 11m/s。滑坡堆积体在本阶段最大运动速度 12.5m/s,最大总动量 $2.6×10^6m^2/s$。

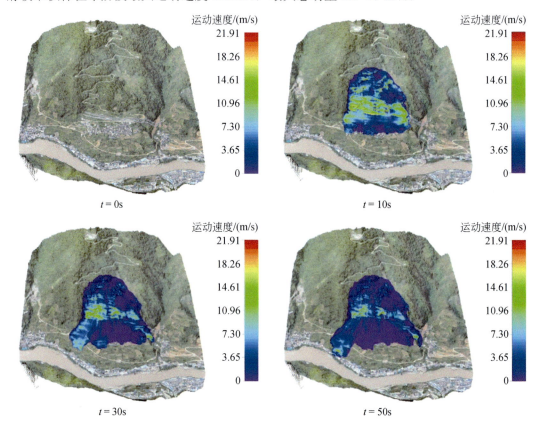

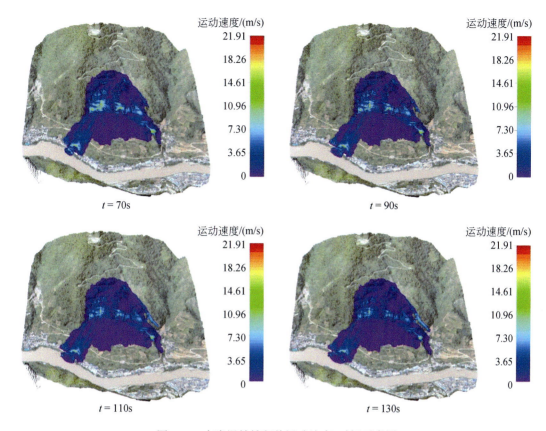

图 8.19　庄房滑坡堆积体运动速度-时间示意图

为了进一步揭示滑坡区整体运动速度的变化趋势，图 8.20 显示了滑坡区从启动到终止过程的动量变化历程。从图 8.20 中可以看出，在滑坡启动阶段（0～10s），整体运动速度最大、动量最高；在 10～30s，滑坡平均速度开始急速下降，曲线斜率在这一时间段达到最大，说明滑坡此时受到的摩擦阻力最大；在 30～50s，滑坡平均速度仍以较大速率降低，曲线斜率仍然较高；在 50～90s，滑坡平均速度开始以低速率下降，曲线斜率低，滑坡所受的摩擦阻力小，此时动量已大幅度降低，滑坡在这一时间段的运动距离减小；在 90～130s，滑坡的平均速度已降到最低，滑坡总动量以低速率减小并趋于稳定，滑坡运动接近停止。

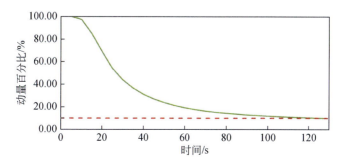

图 8.20　庄房滑坡运动动量百分比-时间图

8.3.2.3　滑坡不同位置堆积体堆积高度与运动速度演化分析

为了研究庄房滑坡在不同区域中滑坡堆积体的运动特征，在滑坡区的前缘、中部、后缘区域共布置了 9 个监测点，用于监测滑坡在不同时间段的堆积体堆积高度以及运动速度，监测点的布设如图 8.21 所示。

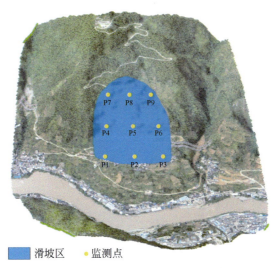

🟦 滑坡区　🟡 监测点

图 8.21　庄房滑坡区监测点布设示意图

1. 庄房滑坡前缘堆积高度与速度演化分析

图 8.22 为滑坡前缘 P1 监测点滑坡堆积体堆积高度与运动速度随时间变化图，图中红色实线指滑坡堆积体堆积高度，绿色虚线指滑坡堆积体运动速度。由图 8.22 可知，滑坡前缘 P1 监测点土体在启动的 0～10s 堆积高度快速降低、运动速度快速增大，这反映了滑坡体整体下滑移动的特点；而在 10～15s，滑坡体堆积高度开始快速升高；15s 后，运动速度快速减小，这反映了滑坡堆积体受到前缘堆积体阻力和地面摩擦阻力作用，堆积高度开始累积，而运动速度减小说明滑坡堆积体受到的阻力已经大于重力加速作用力，开始做减速

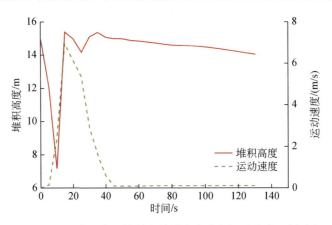

图 8.22　P1 监测点滑坡堆积体堆积高度与运动速度-时间图

运动。由于 15s 后滑坡体受到的前缘堆积体阻力不断上升,重力加速作用力不断下降,滑坡体运动速度在 15~45s 快速减小,并在 45s 过后运动速度趋近于 0m/s。堆积高度在 15s 后呈先降低、后升高、再降低的趋势,这反映了中后缘土体不断向前缘运动,导致滑坡堆积高度逐渐升高,而又由于崩滑体的解体与扩散,堆积高度逐步降低。

图 8.23 为滑坡前缘 P2 监测点滑坡堆积体堆积高度与堆积速度随时间变化图,由图 8.23 可知,滑坡前缘 P2 监测点的滑坡启动阶段(0~5s),堆积高度快速降低,运动速度快速增大,表明目前滑坡体在整体下滑移动;在 5~10s,堆积高度不断降低,运动速度由增大至减小,运动速度的减小反映了滑坡体在这一阶段已经开始受到前缘堆积体阻力和地面摩擦阻力作用;在 10~20s,滑坡体堆积高度开始升高,运动速度先增大、后减小,运动速度再次增大且速度峰值大于第一次速度增大的峰值,这说明来自中后缘土体的重力势能更大,整体运动速度更快,此时堆积高度虽然有所上升,但上升的堆积高度峰值小于初始滑动时的堆积高度;在 20s 以后,堆积高度先降低、后升高,运动速度不断减小,反映了滑坡堆积体此时受到的阻力已经逐步大于重力加速作用力,开始不断累积堆高,运动速度逐渐趋近于 0m/s。

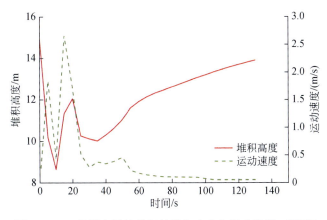

图 8.23　P2 监测点滑坡堆积体堆积高度与运动速度-时间图

图 8.24 为滑坡前缘 P3 监测点滑坡堆积体堆积高度与运动速度随时间变化图,由图可知,滑坡前缘 P3 监测点的土体在滑坡启动阶段(0~10s),堆积高度快速降低,运动速度快速增大,反映了滑坡体整体下滑移动的特点;而在 10~20s,堆积高度开始快速升高,运动速度快速减小,表明滑坡体在这一阶段受到前缘堆积体阻力以及地面摩擦阻力作用,堆积高度开始累积,运动速度开始减小;在 20s 以后,堆积体高度呈先降低、后升高、再降低的趋势,表明中后缘滑坡堆积体不断向前缘运动,堆积高度逐渐升高,后有滑坡体的不断崩解扩散,堆积高度不断降低。

通过对比滑坡前缘 P1、P2、P3 监测点的堆积体堆积高度与运动速度随时间变化曲线,发现滑坡前缘堆积高度在 P1 和 P3 监测点呈不断降低趋势,在 P2 监测点呈不断升高趋势,同时 P1 和 P3 监测点的运动速度均大于 P2 监测点,P1 和 P3 监测点最大运动速度分别为 7m/s 和 6.5m/s,P2 监测点最大运动速度为 2.7m/s。造成这种现象的主要原因是滑坡南侧坡度大,滑坡堆积体运动速度大、动量高,滑坡体始终向下扩散运动,同时 P1 监测点堆积高

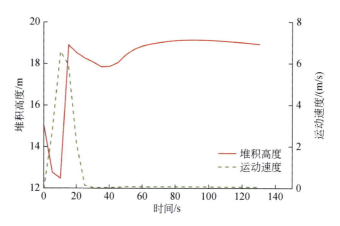

图 8.24　P3 监测点滑坡堆积体堆积高度与运动速度-时间图

度不断降低。前缘北侧滑坡堆积体受冲沟低洼地形影响，不断向冲沟内运动，故 P3 监测点的堆积高度也在不断降低。而 P2 监测点滑坡堆积体，由于滑坡中部和前缘宽缓厚堆积层的坡度小，滑坡堆积体运动速度小，在前缘堆积层上更容易积累，所以 P2 监测点滑坡堆积体堆积高度不断升高（图 8.25、图 8.26）。

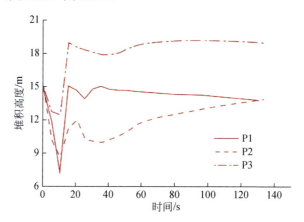

图 8.25　P1、P2、P3 监测点滑坡堆积体堆积高度-时间图

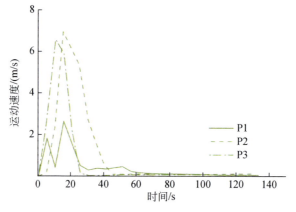

图 8.26　P1、P2、P3 监测点滑坡堆积体运动速度-时间图

2. 庄房滑坡中部堆积高度与运动速度演化分析

图 8.27 为滑坡中部 P4 监测点滑坡堆积体堆积高度与运动速度随时间变化图，由图可知，滑坡中部 P4 监测点土体在滑坡启动阶段（0～10s），堆积高度短暂升高，运动速度快速增大，滑坡堆积体运动速度增大反映了滑坡启动时整体下滑移动的特点，而堆积高度出现短暂升高，其主要原因是受该位置局部低缓地形影响，滑坡在启动时快速积累的堆积体大于下滑移动的堆积体所致；在 10s 时，滑坡堆积体运动速度和堆积高度达到峰值；在 10s 后，滑坡体移动速度开始减小，表明滑坡体此时受到的堆积体阻力和地面摩擦阻力已经大于重力加速作用力，滑坡堆积体开始做减速运动。滑坡堆积体堆积高度也开始降低，表明滑坡堆积体当前积累已达到最高，此时下滑移动堆积体量大于积累堆积体量，滑坡开始逐步向下移动。

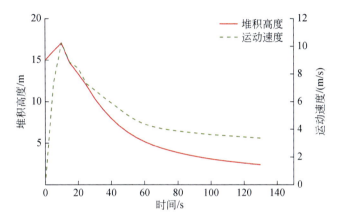

图 8.27　P4 监测点滑坡堆积体堆积高度与运动速度-时间图

图 8.28 为滑坡中部 P5 监测点滑坡堆积体堆积高度与运动速度随时间变化图，由图可知，滑坡中部 P5 监测点土体的滑坡启动阶段（0～10s），堆积高度快速降低，运动速度快速增大，在 10s 时达到最大值，反映出滑坡体整体下滑移动的特点；在 10～20s，滑坡体堆积高度继续降低，但是降低速率有所下降，运动速度则由增大至减小，表明滑坡体此时受

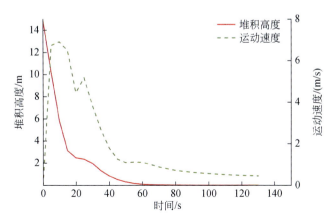

图 8.28　P5 监测点滑坡堆积体堆积高度与运动速度-时间图

到前缘堆积体阻力和地面摩擦阻力；在 20s 以后，滑坡体堆积高度以更低速率降低，滑坡体运动速度则由减小变增大，随后再减小，其主要原因是来自后缘的滑坡土体向中部运动，滑坡堆积体堆积高度有所上升，降低速率有所减小。同时运动速度再次增大，并随着前缘堆积体阻力和地面摩擦阻力的不断增大，以及重力加速作用力的不断减小而再次减小。堆积高度随着滑坡堆积体不断运动趋近于 0m。

图 8.29 为滑坡中部 P6 监测点滑坡堆积体堆积高度与运动速度随时间变化图，由图可知，滑坡中部 P6 监测点土体在滑坡启动阶段（0～5s），堆积高度快速降低，运动速度快速增大并在 5s 时达到最大值，反映出滑坡体整体下滑移动的特点；在 5～20s，滑坡体堆积高度继续降低，但是降低速率有所减少，运动速度则由减小至增大，随后再减小，表明滑坡堆积体此时受到前缘堆积体阻力和地面摩擦阻力作用，运动速度开始减小，但由于后缘滑坡土体不断向中部移动，运动速度又有所增大，并随着阻力的增大趋近于 0m/s。同时，堆积高度有所积累，堆积高度降低速率有所增大，但随着滑坡堆积体的不断运动，堆积高度不断降低。

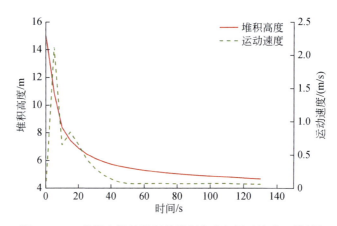

图 8.29　P6 监测点滑坡堆积体堆积高度与运动速度-时间图

通过对比滑坡体中部 P4、P5、P6 监测点的滑坡堆积体堆积高度与运动速度随时间变化曲线，发现滑坡中部的堆积高度在 P4、P5、P6 监测点呈不断降低趋势，但 P4、P6 监测点最终的堆积高度大于 0m，而 P5 监测点最终堆积高度趋近于 0m，推测其主要是监测点位置地形不同导致，P4 和 P6 监测点相对坡面较低，堆积体在该位置即使运动速度很小，堆积体的积累量也会大于运动量；而 P5 监测点则相对坡面较高，所以堆积体在该位置先运动，而不会积累。此外 P4 监测点不同时间的运动速度要大于 P5 和 P6 监测点，最大运动速度为 10m/s，P5 和 P6 监测点最大运动速度分别为 7m/s 和 2.1m/s，这反映出 P4 监测点位置即滑坡南侧坡度较大（图 8.30、图 8.31）。

3. 庄房滑坡后缘堆积高度与运动速度演化分析

图 8.32 为滑坡后缘 P7 监测点滑坡堆积体堆积高度与运动速度随时间变化图，由图可知，滑坡后缘 P7 监测点土体在滑坡启动阶段（0～10s），堆积高度快速降低，运动速度快速增大，反映了滑坡启动时整体下滑移动的特点；在 10～20s，堆积高度以低速率降低，运动速度则快速减小，堆积高度降低速率和运动速度减小表明滑坡体此时受到的堆积体阻力

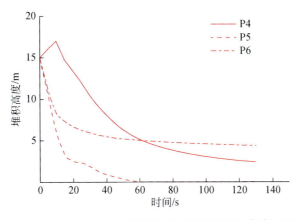

图 8.30　P4、P5、P6 监测点滑坡堆积体堆积高度-时间图

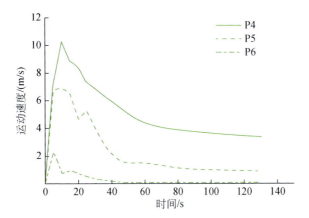

图 8.31　P4、P5、P6 监测点滑坡堆积体运动速度-时间图

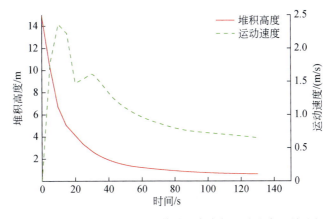

图 8.32　P7 监测点滑坡堆积体堆积高度与运动速度-时间图

和地面摩擦阻力已经大于重力加速作用力，滑坡体开始做减速运动；在 20s 后，滑坡体堆积高度不断下降，运动速度先增大后减小，堆积高度不断下降反映了滑坡堆积体不断向下运动，而运动速度先增大后减小，说明仍有来自后缘的滑坡体向下运动，但运动的土体对堆积高度的影响较小。

图 8.33 为滑坡后缘 P8 监测点滑坡体堆积高度与运动速度随时间变化图，由图可知，滑坡后缘 P8 监测点土体在滑坡启动阶段（0～5s），堆积高度短暂升高，运动速度快速增大，运动速度快速增大反映了滑坡启动时整体下滑移动的特点，而堆积高度短暂升高反映了在该位置相对坡面较低，堆积体此时的累积量大于下滑量；在 5～15s，堆积高度开始快速降低，滑坡速度则在 15s 时快速减小并趋近于 0m/s，堆积高度快速降低表明滑坡堆积体累积堆积高度已达最大值，此时滑坡体下滑量大于堆积量。滑坡速度快速减小并趋近于 0m/s，一方面说明滑坡体此时受到的堆积体阻力和地面摩擦阻力已经大于重力加速作用力，滑坡体开始做减速运动；另一方面说明滑坡体在该位置积累已经完成，不会或只会有运动速度很小的土体经过该监测点，此时滑坡体堆积高度约为 5m。

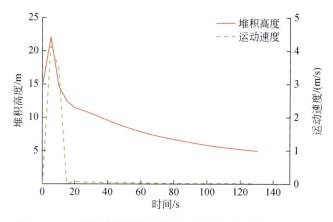

图 8.33　P8 监测点滑坡堆积体堆积高度与运动速度–时间图

图 8.34 为滑坡后缘 P9 监测点滑坡堆积体堆积高度与运动速度随时间变化图，由图可知，滑坡后缘的 P9 监测点土体在滑坡启动阶段（0～15s），堆积高度快速降低，运动速度快速增大，反映了滑坡启动时整体下滑移动的特点；在 15s 以后，堆积高度以较小速率继续降低，运动速度则在 20s 后达到峰值并开始不断减小，堆积高度降低速率减小的同时运动速度减小，说明滑坡此时受到的堆积体阻力和地面摩擦阻力已经大于重力加速作用力。此

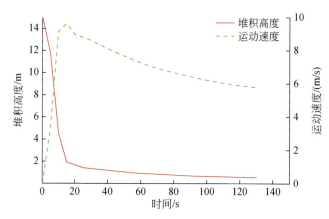

图 8.34　P9 监测点滑坡堆积体堆积高度与运动速度–时间图

外,滑坡堆积体运动速度并未减小到 0m/s,至运动结束前始终大于 5m/s,说明在该监测点位置不断有堆积体经过,但其土体量对堆积高度影响较小。

通过对比滑坡体后缘 P7、P8、P9 监测点的堆积体堆积高度与运动速度随时间变化曲线,发现滑坡后缘堆积高度在 P7、P8、P9 监测点呈不断降低趋势,其中 P8 监测点的最终堆积高度最大,为 5m,推测其主要原因是监测点位置地形不同导致,P8 监测点相对 P7 和 P9 监测点位置较低,所以堆积体在该位置的堆积量大于运动量。此外,P8 监测点的运动速度在 15s 时快速减小并趋近于 0m/s,说明滑坡堆积体在该位置积累已经停止,不会有运动土体或只有运动速度极小的土体经过该监测点。而 P7 和 P9 监测点滑坡结束时的运动速度都大于 0m/s,主要原因是 P7 监测点后缘和中部土体不断向下运动扩散,P9 监测点则主要受冲沟地形影响,滑坡体不断向冲沟运动,所以运动速度始终大于 0m/s(图 8.35、图 8.36)。

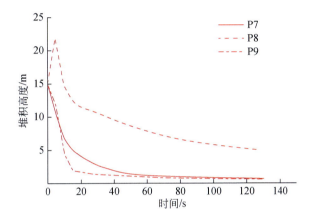

图 8.35　P7、P8、P9 监测点滑坡堆积体堆积高度-时间图

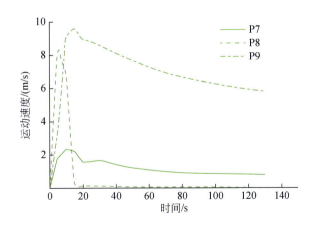

图 8.36　P7、P8、P9 监测点滑坡堆积体运动速度-时间图

8.3.2.4　滑坡不同位置堆积体堆积高度与运动速度演化分析

为了进一步分析滑坡体进入怒江时的运动速度,图 8.37 显示了庄房滑坡在进入怒江右岸时的运动速度与堆积高度随时间变化图。从图 8.37 中可知,庄房滑坡在运动到 55s 时开

始进入怒江，此时滑坡堆积体运动速度开始快速增大，堆积高度开始快速升高；在60s，滑坡堆积体运动速度达到最大，为8m/s；在60s以后，滑坡堆积体运动速度开始快速减小，随后增大、再减小，滑坡体运动速度快速减小表明滑坡体此时受到的堆积体阻力与地面摩擦阻力已经大于重力加速作用力，滑坡体开始做减速运动，而运动速度后增大，表明来自前缘堆积层上的滑坡堆积体不断向怒江运动，使得经过怒江右岸的堆积体运动速度增大，但其峰值速度低于最初进入怒江右岸时的运动速度。此外滑坡堆积体堆积高度不断升高，滑坡运动结束时的最大堆积高度达24m。

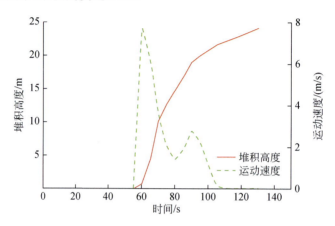

图8.37 进入怒江右岸时滑坡堆积体堆积高度与运动速度-时间图

结合上文分析，对庄房滑坡不同运动区域范围的堆积特征做出总结，滑坡区总释放体积为 $4.5×10^6m^3$，前缘堆积层上堆积体体积为 $2.2×10^6m^3$，占总释放体积的45.8%；后缘坡体上堆积体体积为 $1.95×10^6m^3$，占总释放体积的40.6%；冲沟内堆积体体积为 $5.7×10^5m^3$，占总释放体积的11.9%；进入怒江堆积体体积为 $0.8×10^5m^3$，占总释放体积的1.7%。滑坡区不同区域堆积体占比如图8.38所示。

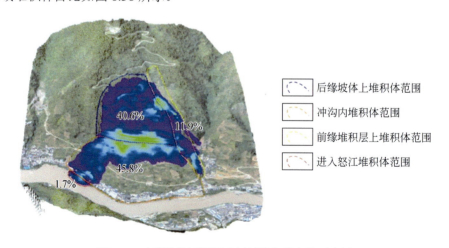

图8.38 庄房滑坡不同运动区域堆积体占比示意图

8.4　大型堆积体滑坡堵江风险评价

8.4.1　物理模拟研究方法概述

滑坡堵江风险评价是一个复杂的涉及多学科交叉的问题。室内模型试验可以很好地再现滑坡堵江这一过程，然而目前有关滑坡堵江风险的室内模型试验研究多集中在滑坡稳定性分析评价和滑坡堵江成坝后的溃坝分析方面，对于滑坡堵江成坝这一过程的研究内容较少。根据前人对滑坡堵江成坝的研究总结，滑坡体流量与河水流量的关系，对滑坡堵江成坝有着显著影响。本节通过室内模型试验首先研究了滑坡体不同坡度、不同体积下滑坡堵江成坝的演化过程，分析了滑坡体坡度和体积在稳定河流作用下对滑坡堵江成坝的影响。随后研究了滑坡在同一坡度下，不同滑坡体流量、河水流量与堵江成坝的关系，并基于此形成了滑坡堵江成坝的经验判据，对怒江流域庄房滑坡的堵江危险性做出了预测分析。

8.4.1.1　相似理论

相似理论是用于研究和判断自然界相似现象的学说。在实际模型试验中，受限于原型体积庞大、结构复杂等因素，往往难以进行足尺试验。而运用相似理论，可以使原型在满足一定相似关系的基础上尺寸适当缩小，同时还能保证所描述的物理现象与原型的物理现象相似，这样不仅能节约经济成本，还能使一些复杂的或难以在现场进行试验的问题得到大大简化。相似理论的核心内容主要包括 3 个基本定理，即相似三定理。而随着研究的不断深入，很多学者认为相似三定理并不能完全描述相似现象所表现出的性质，因此在 3 个基本定理的基础上增加至 5 个定理。

1）相似定理一

若两现象相似，则表达这一相似现象的相似准数 π 不变。这里相似准数 π 指描述该相似现象的无量纲因式值。相似准数 π 不变还可以表述为相似指数 C 等于 1，相似指数 C 指模型与原型之间各物理量关系比表达式，二者都反映了该相似现象对应的相似准则或物理表达式一致，是相似现象的必要条件。

2）相似定理二

若两现象相似，描述现象的物理量为 n，物理量中涉及的基本量纲为 k，则相似准则个数为 $n-k$。该定理又称 π 定理，它表明 n 个物理量间的关系可以合并成 $n-k$ 个函数表达式，也说明不同相似准则之间存在一定的函数关系。

3）相似定理三

若两个系统的现象相似，则组成两个系统的单值条件相似，且由单值条件组成的相似准则的数值相等。这一定理又称为判定定理，1930 年由苏联学者提出，其定理判据与相似现象互为充分必要条件。这里单值条件指系统的初始状态、几何特性、边界条件以及介质条件等。相似准则指能够反映系统某一规律特征的无量纲等式。

4）相似定理四

若两现象相似，相似准则与对应相似指数构成对应，且数量相同。这一定理说明具有相似现象的模型与原型之间相似指数不仅等于 1，且是唯一的。

5）相似定理五

若两现象相似，基本量纲与基本物理量种类的数量一致且各自对应。这一定理说明具有相似现象的模型与原型之间基本物理量尽管数量很多，但其类别与基本量纲数量相等。

在滑坡堵江模型试验中，水体的流动往往涉及黏性力、弹性力、表面张力等作用力，这就需要原型和模型满足流动现象相似，包括几何相似、动力相似、运动相似。而若要使以上相似条件都成立，则需要满足不同力之间形成的相似准则数值相等，这些相似准则数包括欧拉数、弗劳德数、雷诺数、马赫数、韦博数等。但事实上，在实际试验中有些作用力对试验结果影响很小，甚至可以忽略不计。例如，水体在流动过程中几乎没有压缩性，不受弹性力作用，这时马赫数就可以忽略；同时水体受到的表面张力也很小，这时韦博数也可以忽略。在滑坡堵江模型试验中，滑坡体和水体的流动主要受重力和惯性力控制，由于水体黏性小，且本次试验中水体流量保持不变，雷诺相似准则起次要控制作用，本次模型试验主要需满足弗劳德相似准则。根据模型试验中所涉及的基本量纲，原型与模型的相似比例如表 8.2 所示。

表 8.2 滑坡堵江试验基本物理量相似比例表

基本物理量	基本量纲	原型与模型的相似比例
时间	T	$1:1$
长度	L	$1:N$
速度	L/T	$1:N$
流量	L^3/T	$1:N^3$
体积	L^3	$1:N^3$
角度	—	$1:1$
自然休止角	—	$1:1$

8.4.1.2 模型试验装置

本次模型试验装置共分为两个部分，分别是滑坡模拟试验装置、河道模拟试验装置，试验装置材料主要由亚克力板构成，试验装置尺寸和实物如图 8.39、图 8.40 所示。

滑坡模拟试验装置由矩形滑槽和角度调节装置构成，矩形滑槽宽 0.2m、高 0.4m、长 1.0m。滑槽由角度调节装置固定，通过角度调节装置可以实现滑槽与水平面从 30°到 60°的角度变化。滑槽内设置有卡扣挡板用于储存滑坡土体，滑槽滑道上贴有 80 目砂布用于模拟滑坡运动路径，滑槽侧壁上贴有透明刻度用于测量土体体积。

河道模拟试验装置主要由供水箱、河道、集水箱 3 个部分组成。供水箱用于供水，水箱长 0.4m、宽 0.4m、高 0.8m，顶部可以由水泵增压单元保提供稳定流量注水，底部由直径为 80mm 的可调节水阀出水，水箱侧壁贴有透明刻度用于记录水箱水头。通过调节水泵增压单元供水流量、供水箱水头、出水阀出水流量，可以实现河道流量的调节与稳定。河道为矩形断面形式水槽，河道长 2.4m、宽 0.2m、高 0.2m，河道倾角为 4°，河道侧壁贴有

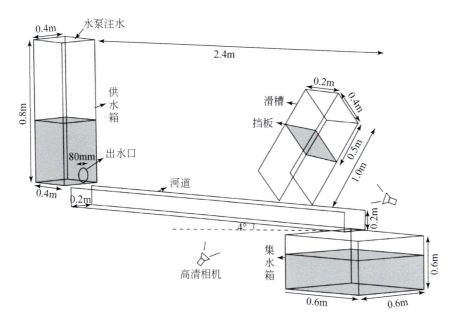

图 8.39　滑坡堵江模型试验装置尺寸图

图 8.40　滑坡堵江模型试验装置实物图

透明刻度用于记录河水位变化、滑坡体堵江高度、涌浪高度等。集水箱主要用于集水和测量河水流量，水箱长 0.6m、宽 0.6m、高 0.6m，侧壁贴有透明刻度用于测量水头变化，河水流量可由式（8.1）计算得出。此外，在河道与滑槽交接处、滑槽侧面位置、河道出水口处分别放置 1 台高清摄影机，用于记录滑坡体滑动过程和滑坡堵江过程。

$$Q_{\mathrm{w}} = (V_1 - V_2)/(t_2 - t_1) \tag{8.1}$$

式中，Q_{w} 指水流量；V_1 和 t_1 指当前时刻的过水体积与时间；V_2 和 t_2 指下一时刻的过水体积与时间。

　　根据前人对滑坡堵江案例的总结，滑坡堵江事件通常发生在河道宽度为 10～30m 的河谷内，以实际河道宽 30m 为例，结合本次模型试验设计河宽 0.2m，此时原型与模型相似比

N 为 150。同时，本次试验中滑坡体体积最大为 0.004m³，滑坡体速度最大为 1m/s。河水流量最大为 0.001m³/s，最大河水流速为 0.3m/s，根据表 8.2 中的相似比例关系，可得试验模型与原型的基本物理量对比如表 8.3 所示。

表 8.3　模型试验装置物理量与原型物理量对比表

基本物理量	模型数值	原型数值
河道宽度/m	0.2	20
河水流量/(m³/s)	0～0.001	0～3375
河水流速/(m/s)	0～0.3	45
河道倾角/(°)	4	4
坡度/(°)	30～60	30～60
滑坡体体积/m³	0～0.004	0～13500
滑坡体速度/m/s	0～1	0～150
自然休止角/(°)	25	25

8.4.1.3　实验步骤与工况设计

在研究滑坡体在不同坡度、不同体积下对滑坡堵江成坝的影响试验中，保持河水流量稳定在 $0.3×10^{-3}$m³/s，然后分别设置滑坡体体积为 $2.2×10^{-3}$m³、$2.4×10^{-3}$m³、$2.6×10^{-3}$m³，并在每一体积下逐步以坡度 40°、50°、60°，来观察不同工况下滑坡堵江成坝的演化过程。

在研究不同滑坡体流量、河水流量与滑坡堵江成坝的关系试验中，滑坡体坡度统一设置为 40°，然后分别设置河水流量为 $0.3×10^{-3}$m³/s、$0.6×10^{-3}$m³/s、$0.9×10^{-3}$m³/s，并在每一河道流量下逐次按 0.002m³ 增加滑坡体积，直至观察到滑坡完全堵江坝体的形成。试验中所测量的河水流量为单位时间内平均流量，滑坡体流量为滑坡从启动到完全入江后单位时间内的平均流量。滑坡体体积主要通过对比河道体积流量与前期预试验确定，当滑坡体流量远小于河道体积流量时，滑坡发生完全堵江的可能性较小，因此在试验时滑坡体的初始体积设置略大于河水单位时间的过水体积。

本次模型试验主要研究的是土质滑坡堵江成坝过程，为消除颗粒不均匀性对滑坡运动的影响，试验时所用的主要为粒径小于 2.5mm 的松散土，土颗粒密度为 1850kg/m³，自然休止角为 25°。同时，本次模型试验主要考虑滑坡完全堵江成坝的情况，并认为滑坡堵江成坝导致下游断流 3s 即为完全堵江。模型试验中各工况的设计如表 8.4 所示。

表 8.4　滑坡堵江模型试验工况设计表

工况编号	滑坡坡度/(°)	河水流量（Q_w）/（10^{-3}m³/s）	滑坡体体积（V）/10^{-3}m³
T1-1			2.2
T1-2	40	0.3	2.4
T1-3			2.6

续表

工况编号	滑坡坡度/(°)	河水流量（Q_w）/（10^{-3}m^3/s）	滑坡体体积（V）/10^{-3}m^3
T2-1			2.2
T2-2	50		2.4
T2-3			2.6
T3-1			2.2
T3-2	60		2.4
T3-3			2.6
T1-4			1.2
T1-5			1.4
T1-6		0.3	1.6
T1-7			1.8
T1-8			2.0
T1-9			2.0
T1-10			2.2
T1-11	40	0.6	2.4
T1-12			2.6
T1-13			2.8
T1-14			2.8
T1-15			3.0
T1-16		0.9	3.2
T1-17			3.4
T1-18			3.6

8.4.2　滑坡堵江坝体形态特征分析

本次模型试验首先分析了滑坡体在不同坡度、不同体积下滑坡堵江成坝的演化过程，对应工况 T1-1～T1-3、T2-1～T2-3、T3-1～T3-3。从试验结果看，滑坡体坡度和体积对坝体的形态特征有着显著影响，随着滑坡体坡度和体积的增加，坝体横剖面形态分别呈滑入型、爬高型、折返型，这与郑鸿超对崩滑-碎屑体总结的成坝模式相一致，同时坝体在对岸的纵剖面高度和长度也逐步增加。

（1）通过对比滑坡成坝体的横剖面可知，在 40°坡度下，由于坡度缓，滑坡体运动速度慢，导致形成坝体近岸高、对岸低，坝体形态以滑入型为主，溃口位置发生在对岸。在 50°坡度下，坡度相对较陡，滑坡体运动速度较快，滑坡体逐渐开始向对岸爬高，形成坝体对岸高、近岸低，坝体形态以爬高型为主，溃口位置出现在近岸。在 60°坡度下，坡度极陡，运动速度最快，滑坡体冲到对岸后，有很大一部分发生折返，坝体形态除工况 T3-1 由于滑坡体体积小为爬高型外，T3-2 和 T3-3 均以折返型为主，但由于折返量较少，溃口位置出现在近岸，并未从河道中部溃决。同时，通过对比 60°坡度下工况 T3-1 与 T3-2、T3-3 的坝体形态可知，随着滑坡体积的增大，滑坡坝体逐渐从爬高型向折返型过渡。试验中不同工况下滑坡堵江堰塞坝的横剖面如图 8.41 所示。

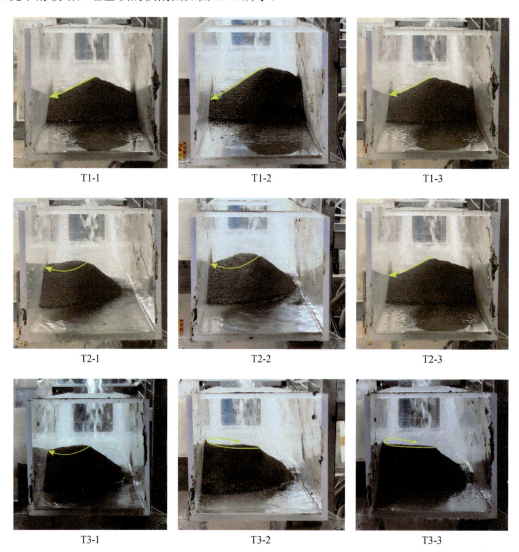

图 8.41　不同工况下滑坡堵江坝体横剖面图

（2）通过对比滑坡成坝体的对岸纵剖面可知，随着滑坡体坡度和体积的增大，滑坡体动量增大，对岸纵剖面的长度和高度逐渐增大，在 40°坡度下，工况 T1-1 纵剖面长度（l）为 28.5cm，高度为 3cm；T1-2 纵剖面长度为 29cm，高度为 4cm；T1-3 纵剖面长度为 30cm，高度为 4.2cm。在 50°坡度下，工况 T2-1 纵剖面长度为 38cm，高度为 6.2cm；T2-2 纵剖面长度为 38.5cm，高度为 6.5cm；T2-3 纵剖面长度为 39.5cm，高度为 7cm。在 60°坡度下，工况 T3-1 纵剖面长度为 45cm，高度为 7.3cm；T3-2 纵剖面长度为 45.5cm，高度为 8cm；T3-3 纵剖面长度为 46cm，高度为 8.3cm。不同工况下滑坡堵江坝体的纵剖面如图 8.42 所示，不同工况下滑坡堵江坝体的纵剖面尺寸如图 8.43 所示。

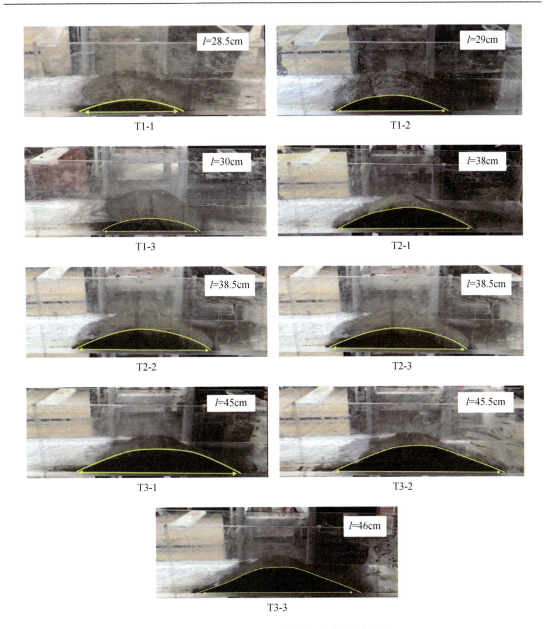

图 8.42　不同工况下滑坡堵江坝体纵剖面图

　　根据郑鸿超对崩滑-碎屑体成坝模式的总结，崩滑-碎屑体的成坝模式共有滑入型、爬高型、折返型 3 种，分别对应本次试验中坡度 40°、50°、60°的坝体形态。但对于溃口位置的分布，郑鸿超提出折返型坝体的溃口位置主要在河道中部。本书认为滑入型坝体溃口位置主要出现在对岸，爬高型坝体溃口位置主要出现在近岸，而对于折返型坝体，其溃口位置主要取决于滑入河谷滑坡体体积的大小，当滑入河谷滑坡体体积较大时，滑坡体受对岸山体阻碍，形成的折返量也较大，此时溃口位置主要出现在河道中部位置；而当滑入河谷滑坡体体积较小时，此时滑坡体折返量小，溃口位置主要出现在近岸位置，如本次试验中的工况 T3-2、T3-3 的试验结果，溃口位置均出现在近岸。不同工况下滑坡堵江成坝模式如图 8.44 所示。

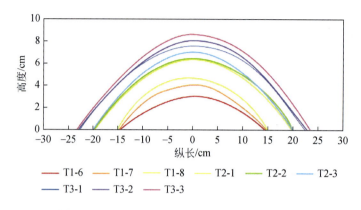

图 8.43 不同工况下滑坡堵江坝体纵剖面尺寸图

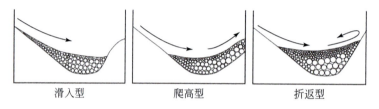

滑入型   爬高型   折返型

图 8.44 不同工况下滑坡堵江成坝模式图

此外，从滑坡堵江成坝的结果看，滑坡体坡度陡缓与滑坡是否成坝并无明显对应关系，同一体积下，并非坡度越陡就越容易堵江成坝。在 40°坡度下，当滑坡体体积分别为 $2.2 \times 10^{-3} m^3$、$2.4 \times 10^{-3} m^3$、$2.6 \times 10^{-3} m^3$ 时，均形成堵江成坝，且形成的坝体稳定性较好。而在 50°坡度下，滑坡体在体积 $2.2 \times 10^{-3} m^3$、$2.4 \times 10^{-3} m^3$、$2.6 \times 10^{-3} m^3$ 下均未形成堵江成坝。在 60°坡度下，由于有部分滑坡体从对岸折返，滑坡体体积为 $2.6 \times 10^{-3} m^3$ 时形成了堵江成坝，在体积分别为 $2.4 \times 10^{-3} m^3$、$2.6 \times 10^{-3} m^3$ 时未形成堵江成坝。

8.4.3 滑坡堵江演化模式分析

本次模型试验共计进行工况 24 组，其中形成滑坡堵江成坝的工况有 T1-1、T1-2、T1-3、T1-6、T1-7、T1-8、T1-12、T1-13、T1-17、T1-18、T3-3，其余工况均未形成滑坡堵江成坝，现以工况 T1-3 为例对滑坡堵江成坝的演化过程进行论述。

图 8.45 为工况 T1-3 下滑坡堵江的演化过程，滑坡体坡度此时为 40°，滑坡体体积为 $2.6 \times 10^{-3} m^3$，河水流量为 $0.3 \times 10^{-3} m^3/s$。当 $t=0s$ 时，河道水流保持稳定，此时河水位线为 7mm，滑坡体从滑槽内开始释放，如图 8.45（a）所示。当 $t=2.87s$ 时，随着滑坡体快速冲入河道，河道内上游水位开始迅速上升，并产生涌浪现象，浪体沿河道上游与河流相反方向推进，最高水位线达 22mm。如图 8.45（b）所示。当 $t=4.08s$ 时，滑坡体基本停止运动，此时河道水流被完全堵塞，产生上游堵塞、下游断流现象，河道上游开始形成堰塞湖，堰塞湖水位随着上游河流稳定供给而逐渐上升，如图 8.45（c）所示。当 $t=11.43s$ 时，随着堰塞湖水

位的上升，河道水流在滑坡对岸出现漫顶现象，坝体中的部分土颗粒被不断侵蚀，坝体开始失效，如图 8.45（d）所示。当 $t=14.75s$ 时，堰塞湖水流开始完全漫过堰塞坝，由于上游堰塞湖水位在短时间内迅速升高，河水势能增加，河水流量开始随着溃口增大而增大，并夹挟于坝体土颗粒在下游形成泥石流，如图 8.45（e）所示。由于在堰塞坝溃坝初期只有部分河水从堰塞坝漫顶通过，堰塞湖出水量小于供给量，堰塞湖水位仍在不断上升，并在 $t=45.58s$ 时，堰塞湖水位达到最大值，为 54mm，如图 8.45（f）所示。当 $t=56.65s$ 时，随着上游河水不断冲蚀堰塞坝坝体，堰塞坝溃口不断增大，坝体泄洪量不断增加，并在该时刻下游泥石流洪水水位达到最大值，为 17mm，如图 8.45（g）所示。当 $t=68.16s$ 时，堰塞坝坝体已基本被冲蚀，只有部分滑坡体沉积物残留，此时河道已基本贯通，上、下游水流量基本一致，如图 8.45（h）所示。

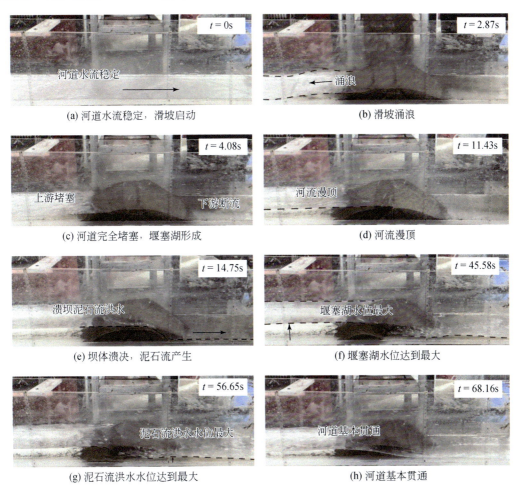

图 8.45　滑坡堵江溃坝演化过程图

通过对比分析 24 组工况下滑坡堵江的演化过程，本书总结了土质滑坡的堵江成坝演化模式，可分为以下 4 个阶段：滑坡启动入江阶段、堰塞湖形成阶段、堰塞坝溃决阶段、河道基本贯通阶段，滑坡堵江演化模式图如图 8.46 所示。

（1）滑坡启动入江阶段。该阶段滑坡体从滑动面开始迅速启动，并沿坡体运动进入江面，此时河道水流由稳定转为上游河流涌浪、下游水位逐渐下降，如图 8.46（a）、（b）所示。

（2）堰塞湖形成阶段。该阶段滑坡体已基本停止运动，此时上游堵塞、下游断流，堰塞坝稳定，并形成堰塞湖，堰塞湖水位开始逐步上升，如图 8.46（c）所示。

（3）堰塞坝溃决阶段。在该阶段随着堰塞湖水位的上升，上游河流开始出现漫顶并不断侵蚀坝体表面土颗粒，使得河道下游开始形成溃坝泥石流，并随着溃口的不断增大而形成泥石流洪水。此时在溃坝初期，堰塞湖水位仍在不断上升，并随着坝体的不断侵蚀和下游河水流量的增大而达到最大，随后堰塞湖水位开始逐渐下降，下游泥石流洪水水位逐渐上升，泥石流洪水水位随着坝体的不断侵蚀而达到最大，并最终趋于稳定，如图 8.46（d）～（g）所示。

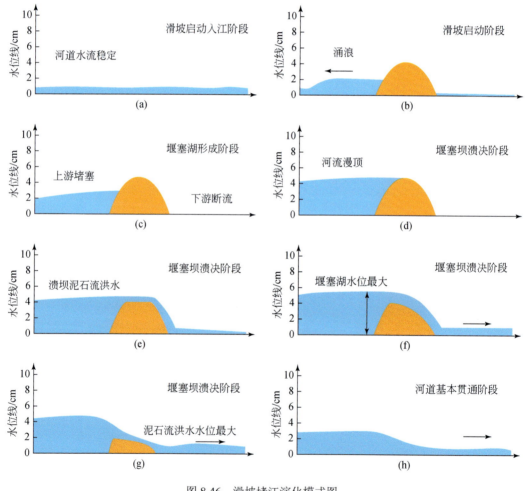

图 8.46　滑坡堵江演化模式图

（4）河道基本贯通阶段。在该阶段堰塞坝坝体已基本被冲毁，河道中只有部分滑坡体沉积物，但河道流量基本稳定，堰塞湖泄流完成，下游河水水位趋于初始水位，如图 8.46

（h）所示。

8.4.4　滑坡堵江危险性预测评价

8.4.4.1　滑坡堵江成坝的经验判据

为了探究滑坡体流量、河水流量与滑坡堵江成坝之间的关系，本次试验共设置了 3 种河水流量 $0.3×10^{-3}m^3/s$、$0.6×10^{-3}m^3/s$、$0.9×10^{-3}m^3/s$，并分别观测了其在不同滑坡体积下的堵江成坝情况。考虑到怒江流域庄房滑坡地形后缘高陡、前缘开阔宽缓，成坝模式主要以滑入型为主，所以滑坡体坡度统一设置为 40°。试验对应工况 T1-4～T1-18。

从试验结果看，在河水流量为 $0.3×10^{-3}m^3/s$ 时，当滑坡体体积分别为 $1.6×10^{-3}m^3$、$1.8×10^{-3}m^3$、$2.0×10^{-3}m^3$ 时，滑坡体均造成了堵江，对应滑坡体流量分别为 $0.438×10^{-3}m^3/s$、$0.497×10^{-3}m^3/s$、$0.556×10^{-3}m^3/s$；当滑坡体积分别为 $1.2×10^{-3}m^3$、$1.4×10^{-3}m^3$ 时，滑坡体未造成堵江，对应滑坡体流量分别为 $0.333×10^{-3}m^3/s$、$0.394×10^{-3}m^3/s$。在河水流量为 $0.6×10^{-3}m^3/s$ 时，当滑坡体体积分别为 $2.8×10^{-3}m^3$、$2.6×10^{-3}m^3$ 时，滑坡体均造成了堵江，对应滑坡体流量分别为 $0.7×10^{-3}m^3/s$、$0.731×10^{-3}m^3/s$；当滑坡体积分别为 $2.4×10^{-3}m^3$、$2.2×10^{-3}m^3$、$2.0×10^{-3}m^3$ 时，滑坡体均未造成堵江，对应滑坡体流量分别为 $0.556×10^{-3}m^3/s$、$0.611×10^{-3}m^3/s$、$0.649×10^{-3}m^3/s$。在河水流量为 $0.9×10^{-3}m^3/s$ 时，当滑坡体体积分别为 $3.4×10^{-3}m^3$、$3.6×10^{-3}m^3$ 时，滑坡体均造成了堵江，对应滑坡体流量分别为 $0.971×10^{-3}m^3/s$、$1.03×10^{-3}m^3/s$；当滑坡体积分别为 $2.8×10^{-3}m^3$、$3.0×10^{-3}m^3$、$3.2×10^{-3}m^3$ 时，滑坡体均未造成堵江，对应滑坡体流量分别为 $0.763×10^{-3}m^3/s$、$0.758×10^{-3}m^3/s$、$0.914×10^{-3}m^3/s$。为了进一步分析滑坡体流量与河水流量之间的关系，定义滑坡体流量与河水流量的比值为 K。图 8.47 显示了在不同工况下滑坡体流量与河水流量的比值（K）分布。

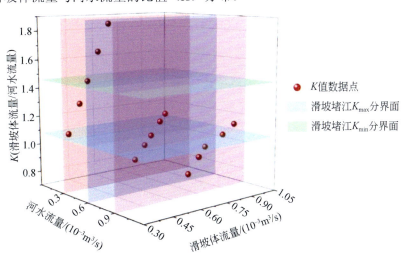

图 8.47　不同工况下滑坡体流量与河水流量的比值（K）分布图

从图 8.47 中可知，导致滑坡堵江成坝的 K 最小为 1.08，最大为 1.46。根据吴昊对于滑坡堵江 K 值的总结，当 K 大于 1.5 时滑坡可能导致堵江成坝。本书以庄房滑坡原状土样为例，提出关于滑坡堵江新的经验判据，公式如下：

$$K = Q_1 / Q_w \tag{8.2}$$

式中，Q_1 为运动过程平均的滑坡体流量，m^3/s；Q_w 为河水流量，m^3/s。

当 $K>1.46$ 时，滑坡可以形成堵江成坝，当 $K<1.08$ 时，滑坡不能形成堵江成坝，而当 $1.08 \leqslant K \leqslant 1.46$ 时，滑坡可能形成堵江成坝，也可能不形成堵江成坝。基于此经验判据，对怒江流域庄房滑坡的堵江危险性做出预测，庄房滑坡滑坡体入江总体积为 $0.8 \times 10^5 m^3$，运动时间为 75s，平均流量为 $1066.7 m^3/s$，怒江平均河水流量为 $2184.8 m^3/s$。此时 K 为 0.49，远低于滑坡堵江 K 的最小值 1.08，所以滑坡堵江不能形成堵江成坝，这也与数值模拟结果相符。

8.4.4.2　滑坡堵江成坝的经验判据

1. 庄房滑坡入江堆积体基本特征

根据室内模型试验结果，对庄房滑坡入江堆积体的基本特征做出总结。庄房滑坡入江堆积体的整体形态呈扇形，入江位置位于滑坡南侧，怒江右岸。堆积体进入怒江时的最大速度为 8m/s，最大横宽 200m，最大纵宽 75m，最大堆积高度为 24m，总堆积体体积为 $0.8 \times 10^5 m^3$。根据室内物理模型试验，滑坡在不同角度和体积量下形成的坝体形态为 3 种：滑入型、爬高型、折返型。从 RAMMS 数值模拟分析结果来看，庄房滑坡的坝体形态为滑入型，溃口位置位于对岸，距离对岸的最小距离为 95m。入江堆积体的形态特征如图 8.48 所示，坝体形态如图 8.49 所示，纵剖面如图 8.50 所示。

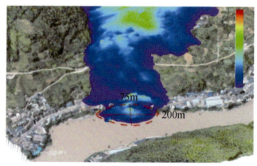

图 8.48　庄房滑坡入江堆积体形态特征示意图

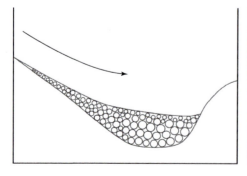
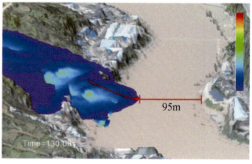

图 8.49　庄房滑坡入江堆积体坝体形态特征示意图

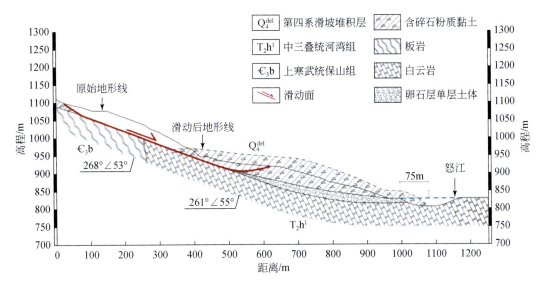

图 8.50　庄房滑坡入江堆积体纵剖面形态特征图

2. 庄房滑坡堵江危险性预测综合评价

根据 RAMMS 数值模拟软件计算结果，庄房滑坡进入怒江后的堆积体并未完全堵江成坝，堆积体运动最远处距怒江对岸的距离为 95m，同时考虑怒江河水本身具有一定流量，滑坡不能形成完全堵江成坝。同时结合室内物理模型试验中滑坡体流量和河水流量比值与堵江成坝的经验关系，利用 RAMMS 数值模拟计算结果中单位滑坡体入江流量与实际怒江河水流量的关系比值，对滑坡堵江危险性进行了判别，庄房滑坡滑坡体入江总体积为 $0.8×10^5m^3$，运动时间为 75s，平均流量为 $1066.7m^3/s$，怒江河水平均流量为 $2184.8m^3/s$。此时 K 为 0.49，远低于滑坡堵江的 K 最小值 1.08，所以滑坡堵江不能形成堵江成坝。

综合数值模拟试验结果与室内物理模型试验形成的经验判据判定结果，确定庄房滑坡不能形成完全堵江成坝，但由于有部分滑坡体进入江中，仍可能发生涌浪地质灾害，此外滑坡前缘承灾体众多，建议对滑坡进行及时治理。

8.5　小　　结

本章选取云南省泸水市庄房滑坡为研究对象，采用 RAMMS 岩土工程数值模拟软件和物理模拟试验，开展大型堆积体滑坡成灾机理与堵江风险评价的研究并得到以下结论：

通过 RAMMS 软件的 Voellmy 流体摩擦模型，设计了一组室内滑槽与数值模拟滑槽对比试验，通过对比两组试验下滑坡体的堆积厚度、堆积扇范围和槽内滞留长度，反演确定了 Voellmy 流体摩擦模型的摩擦系数（μ）为 0.33 和湍流系数（ξ）为 $150m/s^2$，并基于确定的摩擦参数对庄房滑坡运动的全过程进行了模拟计算，根据数值模拟结果，庄房滑坡总运动时间为 130s，最大运动速度为 21.9m/s，最大运动距离为 400m，最大堆积高度为 56.1m。滑坡体入江最大速度为 8m/s，最大堆积高度为 24m，最大纵宽 200m，最大运动距离为 75m，入江的总体积为 $0.8×10^5m^3$，仅占滑坡总体积的 1.7%，结合滑坡体入江堆积特征、运动速度特征、演化范围特征，同时考虑到怒江本身具有一定流量，庄房滑坡不能完全堵江成坝，但由于有部分滑坡体进入江中，仍可能发生涌浪地质灾害。

基于室内物理模型试验，开展了大型堆积体滑坡在不同坡度、体积失稳堵江风险研究。得出随着滑坡体坡度和滑坡体积的上升，滑坡体在对岸纵剖面的长度和高度也随之增大，同时滑坡体可分别形成 3 种坝体形态即滑入型、爬高型、折返型，并认为滑入型坝体溃口位置主要出现在对岸，爬高型坝体溃口位置主要出现在近岸，而折返型坝体的溃口位置主要取决于滑入河谷滑坡体体积的大小，当滑入河谷滑坡体体积较大时，溃口位置在河道中部，滑入河谷滑坡体体积较小时，溃口位置在近岸。同时得出同一滑坡体体积下，坡度的增大对滑坡体是否堵江成坝无明显影响。

通过室内物理模型试验分析了 24 组工况滑坡堵江的演化过程，总结了土质滑坡堵江的演化模式，提出土质滑坡堵江的演化模式可分为 4 个阶段滑坡启动入江阶段、堰塞湖形成阶段、堰塞坝溃决阶段、河道基本贯通阶段。同时根据滑坡体流量和河水流量与堵江成坝的关系，提出滑入型滑坡堵江成坝的经验判据 $K = Q_l / Q_w$，式中，Q_l 为运动过程平均的滑坡体流量（m^3/s），Q_w 为河水流量（m^3/s），认为当 $K>1.46$ 时，滑坡可以形成堵江成坝，当 $K<1.08$ 时，滑坡不能形成堵江成坝，而当 $1.08 \leqslant K \leqslant 1.46$ 时，滑坡可能形成堵江成坝，也可能不形成堵江成坝。并基于此对典型案例庄房滑坡的堵江危险性进行了评价，其 K 值为 0.49，结果远低于滑坡堵江的最小值 1.08，所以庄房滑坡不能形成完全堵江成坝。

第9章 高位崩滑–碎屑流成灾模式与风险精准评价

9.1 概 述

我国西南川渝黔地区在新生代以来，受到燕山运动和喜马拉雅运动，地壳间歇性抬升，形成了多级剥蚀面及深切峡谷，山高坡陡，河谷纵横，"V"形峡谷与悬崖陡壁发育。本章以重庆秀山县箱子岩高位崩滑-碎屑流灾害为例，研究了其成灾机理和演化模式，建立了典型岩溶山区高位远程地质灾害的易灾地质结构组合模型。从地质条件与力学条件着手，提出了岩溶山区高位崩塌灾害的成灾模式。基于岩溶山区易滑结构模型，建立了典型高位崩滑-碎屑流的演化机制。采用动力学数值模拟软件预测了高位崩滑灾害链成灾范围，考虑不同降雨工况和风险分级，开展了箱子岩-尖山危岩带的风险精准评价。

9.2 重大高位崩滑灾害形变过程分析

9.2.1 光学遥感精准调查分析

箱子岩-尖山危岩带地处重庆市秀山县涌洞乡河坝村，区域地形地貌为侵蚀剥蚀中低山斜坡地貌，总体地势南高北低，崖顶部与斜坡底部高差约427m，陡崖出露地层为下二叠统栖霞组灰岩，陡崖带高程为26~180m，长约4.45km，呈圈状展布。陡崖坡角一般为70°~85°，部分段近直立，局部岩腔发育但不连续，岩体临空凸出，陡崖受裂隙切割破坏，形成危岩体（带）。

基于2013年12月31日WorldView-2卫星影像（图9.1），可以看出，危岩带形态清晰，崩源区和堆积区影像特征明显。崩源区呈不规则带状分布，后缘基岩出露，形成基岩陡坎，影像上呈灰白、亮白色，同时在影像上可判识崩源区发育多条拉裂缝，裂缝呈暗色条状图斑，走向与主崩方向呈大角度相交；危岩带堆积区呈不规则状，影像上呈灰褐、亮白色，其中W01危岩体坡脚可见多处堆积体，W02危岩体坡脚堆积体较少；危岩带前缘植被覆盖茂密，大量的植被对危岩带体运动有一定的阻挡作用。可以看出，利用WorldView-2卫星影像基本可以识别箱子岩-尖山危岩带的变形特征，危岩带后缘发育明显的拉裂变形特征，坡体上堆积体具有较强的可识别性。

利用该时相影像，解译识别箱子岩-尖山危岩带发育2处危岩体，面积分别为$30.05×10^4m^2$、$13.95×10^4m^2$。同时识别9处崩塌堆积体，其中D07面积最大，为$3.38×10^4m^2$，D02面积最小，为$182.31m^2$。

基于2017年4月23日WorldView-2卫星影像（图9.2），可以看出，危岩带形态清晰，崩源区和堆积区影像特征明显。相较于2013年遥感解译结果，该期影像显示箱子岩-尖山

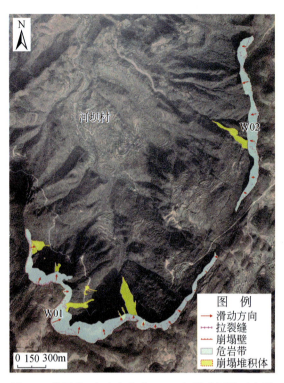

图 9.1　箱子岩-尖山危岩体 2013 年遥感解译示意图

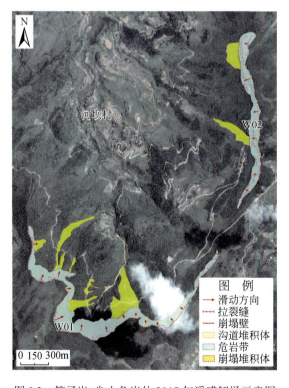

图 9.2　箱子岩-尖山危岩体 2017 年遥感解译示意图

危岩带有明显变形迹象，主要表现：① 危岩体的崩源区面积有所扩展，W01 危岩体从原来的 30.05×10^{4}m^2 增加到 30.05×10^{4}m^2，W02 危岩从原来的 13.95×10^{4}m^2 增加到 15.52×10^{4}m^2；② W01 危岩体前缘的崩塌堆积体 D06、D07 持续堆积后合并在一起，合并后的面积为 7.44×10^{4}m^2；③ W01 危岩体坡脚新增 D10 崩塌堆积体，面积为 0.39×10^{4}m^2；④ W02 危岩体坡脚新增 D11 崩塌堆积体，面积为 3.13×10^{4}m^2；⑤ W01 危岩体坡脚可见由崩塌堆积体汇聚形成的 G01 沟道堆积体，面积为 1.01×10^{4}m^2。

　　基于 2020 年 5 月 19 日高分二号卫星影像（图 9.3），可以看出，危岩带形态清晰，崩源区和堆积区影像特征明显。相较于 2017 年遥感解译结果，该期影像显示箱子岩-尖山危岩带有一定变形迹象，主要表现：① 少量崩塌堆积体面积增加，D04 崩塌堆积体从原来的 0.78×10^{4}m^2 增加到 0.83×10^{4}m^2，D05 崩塌堆积体从原来的 2.23×10^{4}m^2 增加到 5.00×10^{4}m^2；② 较多的崩塌堆积体面积减少，分析认为此类堆积体表部未新增崩落块石，加之植被茂密生长，覆盖了早期崩塌堆积体。

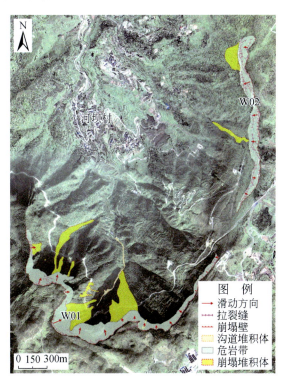

图 9.3　箱子岩-尖山危岩体 2020 年遥感解译示意图

　　基于 2021 年 12 月 7 日高分七号卫星影像（图 9.4），可以看出，危岩带形态清晰，崩源区和堆积区影像特征明显。相较于 2020 年遥感解译结果，该期影像显示箱子岩-尖山危岩带有一定变形迹象，主要表现：① 少量崩塌堆积体面积增加，D03 崩塌堆积体从原来的 3.95×10^{4}m^2 增加到 4.82×10^{4}m^2；② W01 危岩体前缘的 D04、D05 崩塌堆积体持续堆积后合并在一起，合并后的面积为 6.93×10^{4}m^2。

图 9.4 箱子岩-尖山危岩体 2021 年遥感解译示意图

9.2.2 InSAR 技术动态调查分析

箱子岩-尖山危岩带地处重庆市秀山县涌洞乡河坝村，总体地势南高北低，崖顶部与斜坡底部高差约 427m，周长为 14.2km，面积为 11.6km²。图 9.5 为利用 ALOS-2 数据获取的

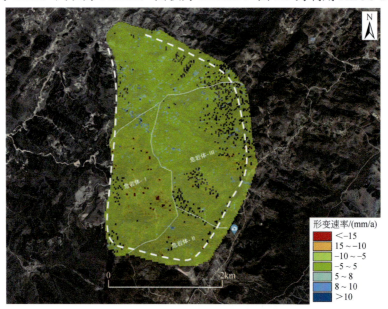

图 9.5 箱子岩-尖山危岩带视线向形变速率示意图

箱子岩-尖山危岩带地区视线向（LOS）形变速率图，形变主要发生在危岩带后缘。基于影像和地形的关系，计算视线向和坡向的转换因子，将视线向形变逐像元进行投影，获取了相应的坡向形变速率图（图 9.6）。

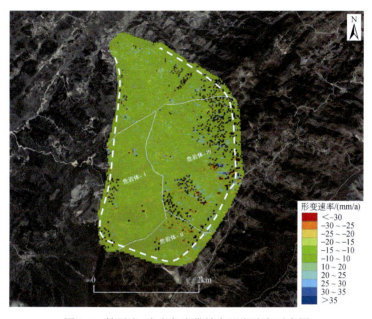

图 9.6　箱子岩-尖山危岩带坡向形变速率示意图

由于箱子岩-尖山危岩带整体区域较大，为了具体分析将形变区域划分为 3 个部分进行展示，在危岩体-Ⅰ、危岩体-Ⅱ、危岩体-Ⅲ上分别选取了特征点，相应的形变速率图和形变时间序列见图 9.7～图 9.12。可以发现，该危岩带各块体处于持续变形状态，近两年来呈

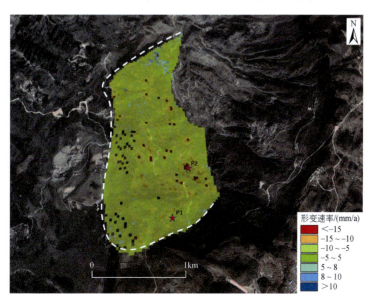

图 9.7　危岩体-Ⅰ形变速率示意图

加速变形趋势，3 个块体最大累积形变分别可达-86mm、-89mm 和-103mm。危岩体一旦发生崩塌，将直接影响下方道路及居民安全。

针对遥感影像解译得到的危岩带及堆积体信息，获取了其相应的 InSAR 形变信息（图9.13）。

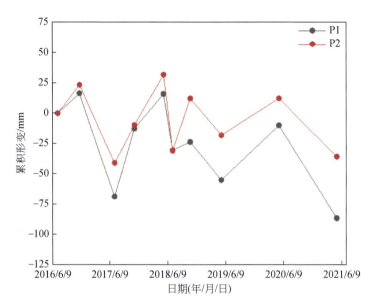

图 9.8　危岩体-Ⅰ形变时间序列图

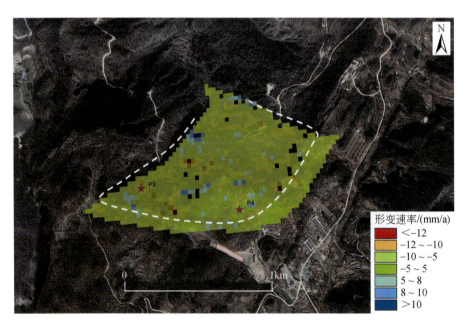

图 9.9　危岩体-Ⅱ形变速率示意图

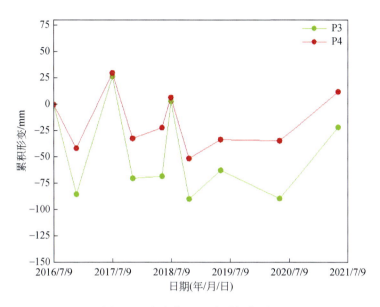

图 9.10 危岩体-Ⅱ形变时间序列图

图 9.11 危岩体-Ⅲ形变速率示意图

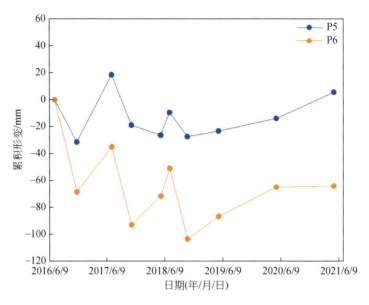

图 9.12　危岩体-Ⅲ形变时间序列图

图 9.13　危岩带遥感影像与 InSAR 解译结果示意图

9.3　高位崩滑灾害易滑地质结构模型研究

　　根据陡崖带的发育分布及斜坡坡向变化情况，将危岩带划分为 7 段，陡崖基本特征及稳定性评价按照陡崖分段进行评述。

　　（1）控灾构造：研究区位于川河盖向斜中段南东翼，岩层稳定，呈一单斜构造。斜坡基岩主要为厚层状灰岩、薄层状碳质页岩，层面产状为 338°~356°∠5°~9°∠19°~30°，优势产状为 350°∠6°。裂隙 I 产状为 18°~26°∠80°~85°，张开宽 2~20cm，间距为 1~2m，延伸 5~18m，裂隙局部黏土夹岩屑充填，多为卸荷裂隙，局部倒转。裂隙 II 优势产状为 353°∠82°，张开宽 3~15cm，间距为 0.5~2m，延伸 2~16m，裂隙局部黏土夹岩屑充填，多贯穿危岩体，局部倒转。其中裂隙 I 常构成陡崖中危岩的后缘卸荷裂隙，裂隙 II 常构成陡崖中危岩的侧缘裂隙。3 组构造裂隙与岩层层面切割岩体形成积木块状（图 9.14），使岩体具有较好的离散性，为滑坡边界分离提供了有利条件，并且易于斜坡变形后解体，形成了川河盖地区高位远程地质灾害的控灾构造。

图 9.14　川河盖地区斜坡大型构造裂隙组合示意图

（2）孕灾地层：川河盖地区斜坡岩体具有上硬下软、上陡下缓的二元结构特征，属于典型的煤系地层山体，出露的主要地层自上而下分别为下二叠统栖霞组（P_1q）厚层灰岩、下二叠统梁山组（P_1l）含煤碳质页岩、上泥盆统水车坪组（D_3s）石英砂岩。栖霞组（P_1q）厚层灰岩岩溶发育，易于风化剥蚀。软弱地层主要由二叠系梁山组含煤碳质页岩组成，厚度为 0.2~2.0m。漫长的地质历史演化过程使原生软岩性状发生变化，强度逐渐降低，并经过长期蠕变最终形成了滑带。高位地质灾害的孕灾地层常具有这种"三明治"软硬组合结构，形成了具"高位"启动的高势能启动源区，亦提供了"远程"运动的链动空间（图 9.15）。

（3）成灾地貌：川河盖地区的高山峡谷地貌为高位崩滑灾害提供了极高的势能，由于沿构造结合带软弱地层形成的宽缓沟谷"L"形地形，也为高位崩滑的势能向动能的转化和远程运动提供了特殊的成灾地貌条件。研究区为侵蚀剥蚀中低山斜坡地貌（图 9.16），地形多以高陡的陡崖地形为主，总体地势南高北低，陡崖坡角一般为 70°~85°，部分段近直立，陡崖下为较陡的斜坡，坡角一般为 36°~65°；高程为 510~1222m，相对高差为 712m，总体地形条件复杂，具备高位崩滑体形成的必要条件。

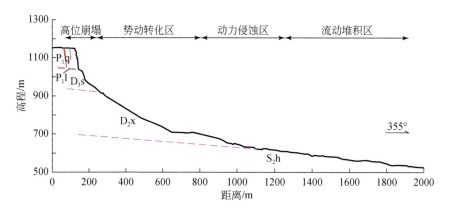

图 9.15　川河盖地区典型高位崩滑孕灾地层剖面图

图 9.16　川河盖地区高位远程地质灾害成灾地貌型式示意图

9.4　高位崩滑演化机制研究

从地质条件与力学条件着手，将研究重点放到岩溶山区高陡斜坡岩体底部，通过损伤理论阐明底部岩体的损伤演化机理，建立底部损伤区岩体的力学失稳模型，提出岩溶山区岩体成灾模式。以重庆秀山县箱子岩高位崩滑-碎屑流为例，基于岩溶山区易滑结构模型，建立了典型高位崩滑-碎屑流的演化机制，将失稳模型分为损伤发展、压裂破裂、碎裂扩容和整体崩解 4 个阶段。

（1）损伤发展阶段：岩体是具有典型初始损伤的材料，灰岩山体在初始损伤的基础上，受采空区、大气降水、岩溶作用、下伏软弱层、风化作用等多因素影响下，损伤逐步发展，尤其是底部岩体，在上覆岩体自重应力作用下，损伤程度增大，形成损伤区，岩体性状随之劣化，更多微裂隙出现的累积效应使得损伤区岩体在宏观上表现为缓慢的微小变形[图 9.17（a）]。

（2）压致破裂阶段：随着微裂隙进一步发育，底部损伤区岩体在自重压应力作用下损伤加剧，微裂隙迅速延伸、扩展、贯通，形成宏观裂缝，塔柱状岩体进入压致开裂阶段，也可称为损伤加速发展阶段[图 9.17（b）]。这一阶段是由量变到质变的过程，但相对损伤发展阶段而言时间非常短暂，崩塌形变监测曲线表明，在崩塌前 8 天形变才开始骤增（贺凯，2015），通常意义上崩塌前变形过程就是从这一阶段开始的，宏观形变急剧增长是这一阶段的突出特点。

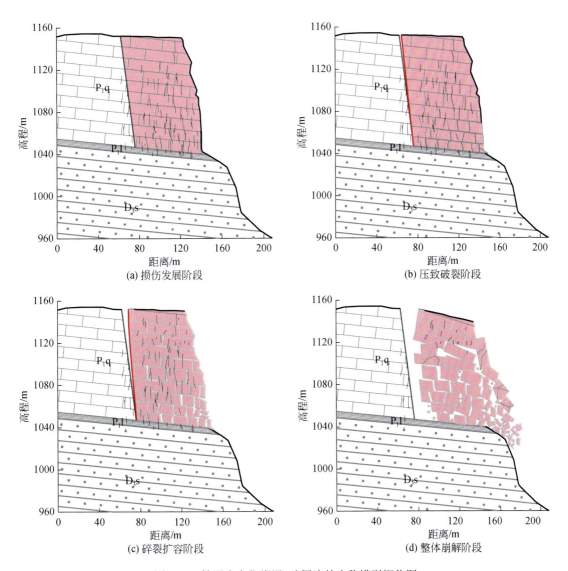

(a) 损伤发展阶段　　　　　　　　　(b) 压致破裂阶段

(c) 碎裂扩容阶段　　　　　　　　　(d) 整体崩解阶段

图 9.17　箱子岩高位崩滑-碎屑流的失稳模型概化图

（3）碎裂扩容阶段：接着进入破裂扩展阶段，初始失稳运动特征分析中的启动过程就处于这一阶段。宏观裂缝形成后，在重力作用下，底部损伤区最先开始溃屈破坏，同时失去对上覆岩体的支撑，上覆岩体随之下坐，在下坐过程中不可避免会受到岩体间扰动、摩擦、碰撞，因此大大加快了中上部岩体损伤演化的进程，在宏观上则表现为裂缝向上扩展、崩解向上传递，岩体损伤范围向上迅速扩展[图9.17（c）]。

（4）整体崩解阶段：最终整个塔柱状岩体破裂解体，崩塌失稳过程结束[图9.17（d）]。综上所述，损伤演化孕育微裂隙，自重压应力导致宏观裂纹出现，底部损伤区变形破坏，破裂扩展使得上部岩体在短时间内迅速失衡解体，最终岩体以整体崩解完成初始失稳。这就是岩溶山区高陡斜坡岩体底部压裂溃屈崩塌模式的演化过程。

9.5　高位崩滑灾害时效变形规律与动力成灾过程研究

针对高位地质灾害的高度隐蔽性，基于控灾构造、孕灾地层和成灾地貌综合分析的易滑结构理论为灾害源空间识别提供了方法，这种高位远程灾害还具有明显的势动传递特征，根据动力成灾特征，将高位崩滑灾害为高位崩塌区、势动转化区、动力侵蚀区和流动堆积区4个区。

（1）高位崩塌区：灾害源区启动位置高于承灾对象，并且剪出口位置通常大于100m，甚至大于数千米。箱子岩危岩体前后缘高差达110m，剪出口与堆积区河坝村高差约400m，历史崩滑块体最远滑动堆积距离为2700m（图9.18）。

图9.18　高位崩滑灾害分区示意图

（2）势动转化区：灾害源区启动位置具有超视距特征。远程滑坡的基本特征表现在从滑源区剪出并滑动一定距离后，其原有结构基本解体。箱子岩崩滑体最大宽度约为380m，高度约为110m，厚度约为40m，体积约为$140×10^4m^3$，上部滑体与下伏基岩平台发生强烈撞击，并触发下部滑坡，台阶到堆积区高差约400m。滑坡高位抛出后，撞击对岸高地，形成土石碎屑溅落体,是典型的高位远程滑坡。

（3）动力侵蚀区:高位远程滑坡动力侵蚀作用导致成灾过程具有放大效应。这种放大效应包括底蚀作用导致成灾体体积明显增大,侧蚀作用导致两侧斜坡稳定性明显降低,诱发次生滑坡,甚至滑动堵塞沟道,形成堵溃放大效应。

（4）流动堆积区:箱子岩崩滑体经过铲刮碰撞作用后,碎屑流分为两部分,一部分碎屑物质由于撞击获得了一定的速度,向铲刮区北东侧地势较洼的地方运动,并逐渐堆积;另一部分碎屑物质向地形平缓的地方缓慢向前减速运动,经多次撞击减速后,在沟谷中大量堆积。

9.6　高位崩滑−碎屑流灾害链动力学成灾范围分析

9.6.1　高位崩滑−碎屑流灾害链动力学分析方法

采用 DAN3D 软件预测高位崩滑灾害链成灾范围,该软件提供多种流变关系模型,大量的模拟结果表明,Frictional、Voellmy 两种流变模型能够较好地反映滑坡的运动行为（Hungr et al.,1996）,其流变关系式如下。

（1）Frictional 模型:摩擦准则是一个单变量的流变准则,假设基底阻力（τ）为作用在基底上的有效正应力的函数,表达式为

$$\tau = \sigma(1 - \gamma_{u})\tan\phi \qquad (9.1)$$
$$\tan\phi_{b} = (1 - \gamma_{u})\tan\phi \qquad (9.2)$$

式中,τ 为基底阻力;σ 为垂直于滑动路径方向的总应力;γ_{u} 为孔隙水压力系数（即孔隙水压力与总正应力之比）;ϕ 为动摩擦角;ϕ_{b} 为单元块体摩擦角。

（2）Voellmy 模型:相比 Frictional 模型,增加了湍流项,其基底阻力表达式为

$$\tau = \sigma f + \rho g \frac{v^2}{\xi} \qquad (9.3)$$

式中,f 为摩擦系数;ρ 为滑体物质的密度;g 为重力加速度;v 为滑体的平均速度;ξ 为湍流系数。在 Voellmy 模型中,f 和 ξ 为两个待定的参数。

DAN 模型是基于数学计算的模型,流变模型和参数的选取需要通过大量历史滑坡的反演模拟与滑坡现场调查数据对比分析来获取。

9.6.2　动力学计算模型

通过无人机航测数据和现场调查得到崩滑灾害运动路径、崩滑坡体厚度和碎屑流铲刮区范围等高精度数据。滑动路径采用比例尺为 1:2000 的无人机航测生成的数字高程模型（DEM）。由于危岩体滑面位于二叠系梁山组底部软层界面位置。根据前述分析得到箱子岩危岩体边界范围、易滑结构模型和滑面产状对滑后地形进行计算,得到预测的崩滑后崩塌源区地形数据,通过崩滑前和崩滑后崩塌源区地形数据的对比分析,得到崩滑体厚度。铲刮区范围则根据野外调查和工程地质模型分析确定（图 9.19）。

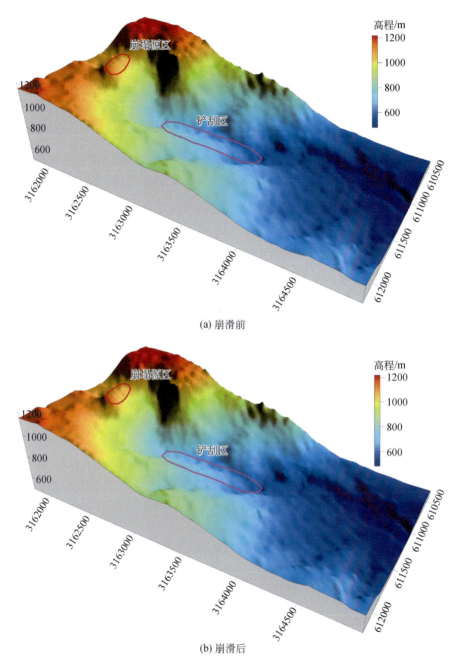

(a) 崩滑前

(b) 崩滑后

图 9.19 崩滑前、后崩塌源区三维地形示意图

9.6.2.1 流变模型建立

采用 DAN 软件对崩滑体进行动力学分析，在具有明显铲刮效应的高位远程崩滑-碎屑流中，将 Frictional 模型和 Voellmy 模型结合起来，具有较好的模拟效果（表 9.1；McKinnon，2008）。铲刮率取值参考经验参数，取值为 0.006。

表 9.1　动力学流变模型计算参数

材料编号	流变模型	摩擦角	摩擦系数	湍流系数
1	Frictional	20°	—	—
2	Voellmy	—	0.20	200m/s²
3	Frictional	19°	—	—

9.6.2.2　成灾范围分析

1）正常降雨条件下的崩滑-碎屑流运动过程分析

通过模型计算得到箱子岩危岩失稳后在真实三维沟谷地形下的运动全过程，碎屑流的滑动距离约为 2720m，模拟运动时间为 265s（图 9.20）。沿箱子岩危岩失稳后形成的碎屑

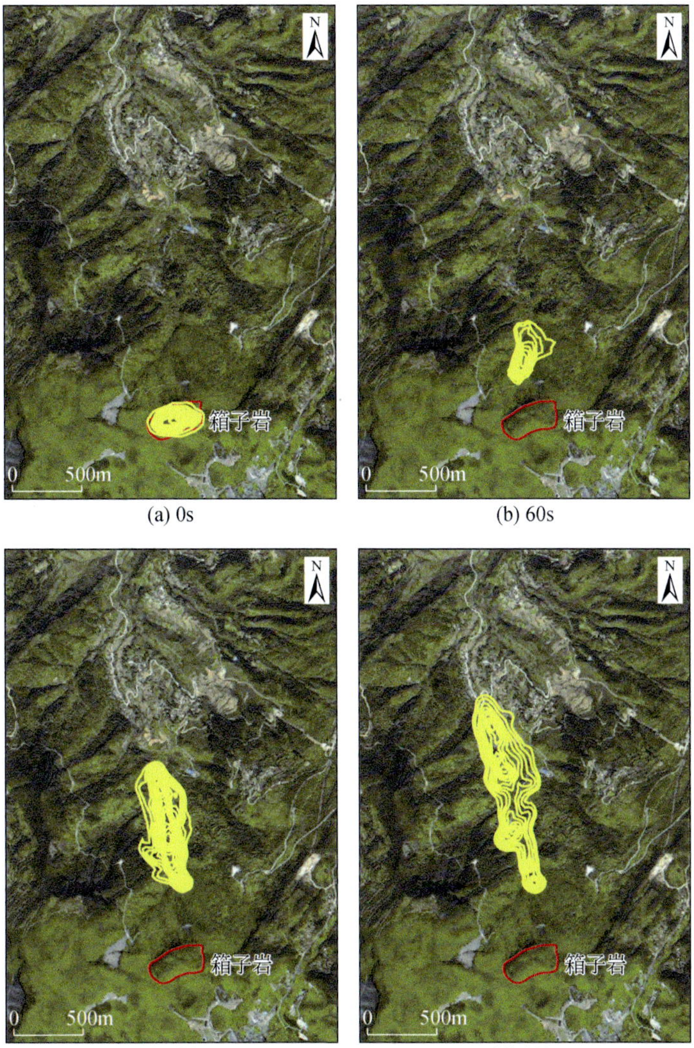

(a) 0s　　　　(b) 60s

(c) 120s　　　(d) 180s

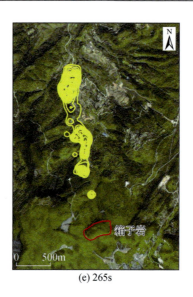

(e) 265s

图 9.20　箱子岩崩滑体运动堆积过程等值线示意图

流主要运动方向，分段对碎屑流进行地形剖面切割，并与危岩体失稳滑动前的地形进行对比，得到崩滑-碎屑流运动过程（图 9.21）。箱子岩危岩失稳后的运动过程大致分为崩滑启动-高位抛出-碰撞铲刮-远程堆积 4 个阶段：

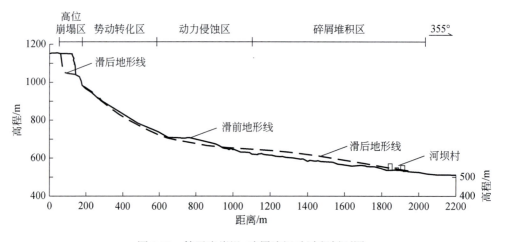

图 9.21　箱子岩崩滑-碎屑流运动过程剖面图

（1）崩滑启动阶段：发生在海拔 1150m 陡崖上，崩滑体开始启动，沿着软层面向南侧失稳破坏，整体脱离斜坡后，速度逐渐加快，直至崩滑体前缘左侧与西侧稳定山体发生碰撞。

（2）高位抛出阶段：受稳定山体的侧向阻挡作用，崩滑体前部向北东发生偏移运动，从高差约 100m 的陡崖上整体抛出。

（3）碰撞铲刮阶段：从陡崖抛出后，滑体获取较大的动能，与剪出口下方范围较大的厚层堆积体发生铲刮作用。被铲刮的堆积体与碎屑体一起向前运动，并具备较高的速度。在碰撞铲刮作用下，滑体解体破碎，碎屑物质散开，向斜坡下方运动。部分碎屑由于撞击作用导致能量丧失，速度变缓，向铲刮区下方和北东侧周围散开，并逐渐堆积。

（4）远程堆积阶段：经过铲刮碰撞作用后，一部分碎屑物质向地形汇聚的龙洞湾沟继续高速向前运动，经与沟谷两岸发生多次撞击后，在沟谷中大量堆积。碎屑物运动至沟口平台处速度逐渐变小，部分碎屑物质继续向前运动，随着坡度变陡而速度逐渐加快，穿过河坝村，最终堆积在河坝村北侧。碎屑流运动 265s 后，堆积体分布范围已经基本稳定，仅在堆积厚度分布上略有变化。

2）动力铲刮特征

经过铲刮阶段后，碎屑流形成的铲刮区厚度分布如图 9.22 所示，可以看出铲刮区的分布主要是沿着碎屑流的运动方向。铲刮山体的体积约为 $45×10^4 m^3$，铲刮区的平均铲刮区厚度约为 2.5m。从图 9.22 中可以看，厚度最大值约为 8m，发生在铲刮区近于中心位置。

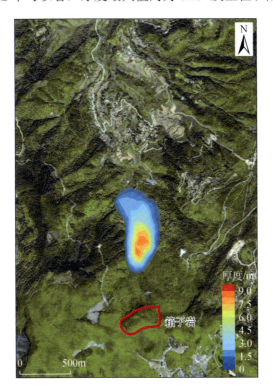

图 9.22　箱子岩崩滑-碎屑流铲刮区厚度分布示意图

3）堆积体分布特征

堆积体厚度分布特征如图 9.23 所示，碎屑流最大运动距离为 2500m，到达河坝村范围内滑体方量为 $120×10^4 m$，滑后堆积体方量为 $185×10^4 m$。堆积体主要分布于龙洞湾沟中和铲刮区周围，其余分布于河坝村。堆积体水平长度约 2780m，平均厚度为 23m，最大厚度为 40m。运动过程中滑体厚度始终在中心线附近最大，与实际"V"形沟谷相符，龙洞湾沟的堆积体分布为沿滑体运动方向逐渐增大。

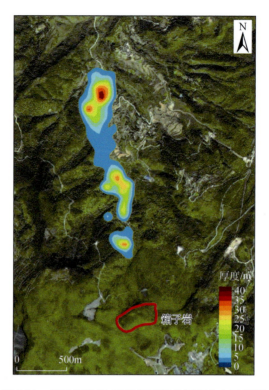

图 9.23 箱子岩崩滑-碎屑流堆积体厚度分布示意图

4）动力学过程特征

箱子岩危岩从陡崖上整体崩塌下滑后，由于崩塌体的撞击解体，受到运动路径上地貌的控制影响，形成两个大的堆积区，一部分堆积在龙洞湾范围内，另一部分堆积在河坝村范围内。同时沿运动路径对沟道两侧及沟底进行铲刮，在碎屑流运动到 85s 时，崩滑体体积和平均堆积厚度开始显著增加。

图 9.24 显示了箱子岩崩滑-碎屑流运动过程中最大速度的分布情况。崩滑体启动后，通过高差约100m陡坎的势动能转换阶段使速度不断增大，滑坡运动达到最大速度为70m/s，发生在铲刮区中部下方附近。崩滑-碎屑流通过铲刮区时，受基底阻力的影响速度迅速减小，但仍具有较大的速率，在沟道经过多次撞击后，速度减幅明显，在龙洞湾处随着平台下方斜坡变缓，速度逐渐减小，运动抵达河坝村后逐渐停滞堆积。

5）不同降雨条件下崩滑-碎屑流运动范围

图 9.25 为在正常降雨条件下，碎屑流对沟床不发生铲刮的情况下，箱子岩崩滑-碎屑流的运动范围。图 9.26、图 9.27 分别为箱子岩危岩在不同降雨条件下，所形成的高速远程滑坡-碎屑流的运动范围。可以看出，正常降雨条件下，箱子岩危岩体失稳后形成的碎屑流最远运动距离约 2282m，可以到河坝村；100 年一遇降雨条件下的碎屑流最远运动距离约 2522m；200 年一遇降雨条件下的降雨工况下，碎屑流的扩展影响范围越来越大，最远运动距离约 2720m。

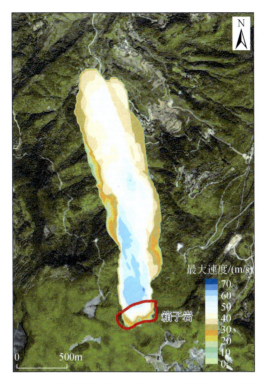

图 9.24 箱子岩崩滑–碎屑流最大速度分布示意图

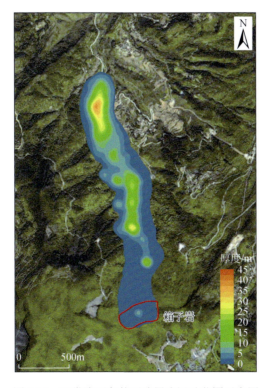

图 9.25 正常降雨条件下碎屑流运动范围示意图

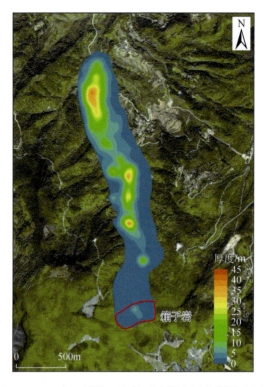

图 9.26　100 年一遇降雨条件下碎屑流运动范围示意图

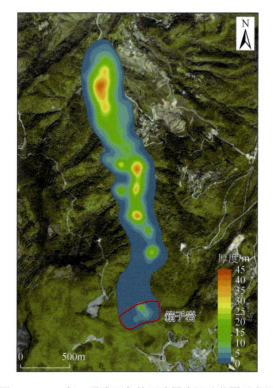

图 9.27　200 年一遇降雨条件下碎屑流运动范围示意图

9.7　高位崩滑-碎屑流灾害链风险精准评价

根据工程地质调查和失稳机理分析，箱子岩-尖山危岩带 11 处危岩体（W01～W11）地质环境条件、失稳模式和运动特征与箱子岩崩滑体具有类似条件。根据箱子岩崩滑体的成灾模式，计算出 11 处危岩体在不同工况条件下运动范围。结合易损性等级，将 200 年一遇降雨条件下碎屑流的运动范围划为灾害红线，进行风险分区评价（图 9.28）。

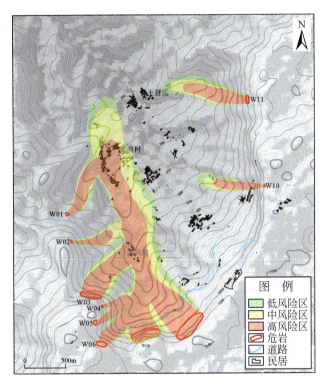

图 9.28　箱子岩-尖山危岩带隐患点风险区划示意图

9.8　小　　结

本章以重庆秀山县箱子岩高位崩滑-碎屑流灾害为例，研究了其成灾机理和演化模式，建立了岩溶山区典型高位远程地质灾害易滑地质结构组合模型，提出了岩溶山区高位崩塌灾害的成灾模式。基于岩溶山区易滑结构模型，建立了典型高位崩滑-碎屑流的演化机制。采用数值模拟软件预测了高位崩滑灾害链成灾范围，考虑不同降雨工况和风险分级，进行了箱子岩-尖山危岩带的风险精准评价。

第10章 高位滑坡－泥石流风险精准评价研究

10.1 概 述

随着全球气候变暖、人类工程活动的加剧，地质灾害呈现频发的趋势，"地质灾害隐患在哪里""结构是什么""什么时候可能发生"是地质灾害防治工作迫切需要解决的三大关键问题。西南部高山峡谷区，河谷深切，地质条件复杂，是特大高位远程地质灾害的高风险区，形成了多次重大的灾害事件，形成流域性灾害链，造成重大的经济损失，也给区域的重大工程建设带来巨大挑战。2018年10月11日和2018年11月3日，西藏自治区江达县波罗乡白格村金沙江右岸发生两次大规模滑坡，总方量达到$3050×10^4m^3$，两次堵塞金沙江，形成堰塞湖，经人工干预，堰塞湖险情得予解除，造成10余万人受灾，直接经济损失超过70亿元。本次研究采用高分卫星遥感、InSAR遥感、无人机航测遥感和现场调绘等综合技术手段，从面到区、区到点开展多层次的识别分析，结合二维、三维加时间多尺度开展重要斜坡地质灾害及隐患的精准识别与综合评价，破解该区域地质灾害调查与监测难题，为高山峡谷区地质灾害防治和城镇建设规划提供科学依据。

10.1.1 风险评价思路

当前，国内外对于单体地质灾害的风险评价方法主要有定性和定量两种方法，国外于20世纪60年代就已经针对灾害的单体风险评价陆续开展了定量的研究工作，我国定量研究的起步相对较晚，但近20年来发展较快，也取得了一系列的研究进展。总体而言，针对地质灾害的单体风险评价主要是研究不同工况下灾害体的危险性及威胁对象的易损性，进而评价灾害体的风险。风险评价的具体方法与模型因灾害类型不同而有较大区别。因此结合国内外研究现状和相关技术规范要求，本次高位地质灾害风险评价思路如下：

（1）在易发性评价的基础上，考虑地质灾害的发生频率来评估地质灾害的危险性。

（2）对单体地质灾害勘查点，主要依据遥感解译、钻探、山地工程、物探、测试与试验等资料，开展灾害体稳定性评价，分析地质灾害发生概率，结合现场调查、历史统计、经验公式和数值模拟等方法划分不同工况下灾害体潜在影响范围。

（3）根据地质灾害现场调查和资料收集，对灾害体影响范围内的建筑、人口进行详细调查，评价承灾体易损性。单体地质灾害勘查点各类承灾体进行赋值，结合地质灾害的作用强度、影响范围等因素，开展单体地质灾害易损性评价。

（4）按照地质灾害风险级别评判图将危险性和易损性评价结果采用风险矩阵进行划分，确定单体地质灾害勘查点风险等级（地质灾害风险等级分为3级，即高风险、中风险、低风险）。

本次评价工作采用定性和定量两种方法开展单沟泥石流风险评价，首先采用定性方法对整个流域进行危险性区划，结合遥感动态解译、现场调查、机载 LiDAR 调查等方法，对泥石流进行定量风险评价，定量风险评价主要应用无人机航测影像和现场调查对单沟泥石流及承灾体进行精细解译，分别得到危险性评价结果和易损性评价结果，最后在 GIS 平台上将泥石流危险性和易损性进行量化赋值并进行矩阵叠加分析和计算，从而实现风险评估及分区。

10.1.2　定性评价方法

泥石流危险区的划分仍采用《泥石流灾害防治工程勘查规范》（DZ/T 0220—2006）中的泥石流危险区范围划定方法进行划分（表 10.1），得到单沟泥石流危险性分区图。

表 10.1　泥石流活动危险区域划分表（据葛文斌等）

危险分区	判别特征
高危险区	（1）泥石流、洪水能直接到达的地区：历史最高泥位或水位线及泛滥线以下地区； （2）河沟两岸已知的及预测可能发生崩坍、滑坡的地区：有变形迹象的崩坍、滑坡区域内和滑坡前缘可能到达的区域内； （3）堆积扇挤压大河或大河被堵塞后诱发的大河上、下游的可能受灾地区
中危险区	（1）最高泥位或水位线以上加堵塞后的雍高水位以下的淹没区，溃坝后泥石流可能达到的地区； （2）河沟两岸崩坍、滑坡后缘裂隙以上 50～100m 范围内，或按实地地形确定； （3）大河因泥石流堵江后在及危险区以外的周边地区仍可能发生灾害的区域
低危险区	泥石流堆积扇内地势相对较高的区域，介于中危险区以外的区域，受到泥石流危险直接威胁的可能性较小区域
影响区	高危险区、中危险区、低危险区以外的地区，它不会直接与泥石流遭遇，但却有可能间接受到泥石流危害的牵连而发生某些级别灾害的地区

10.1.3　风险定量评价方法

泥石流危险范围是指泥石流冲出沟口以后可能形成堆积扇的范围，其特征包括堆积扇面积、堆积扇形状及堆积位置，影响泥石流堆积范围的因素较多，如流域面积、高差、沟道密度、松散固体物质补给量、雨强、堆积扇坡度和形态等。目前，对泥石流堆积扇平面形态进行预测，主要采用的因素包括最大堆积长度（L）、最大堆积宽度（B）、堆积幅角（R）、堆积面积（S）和堆积类型等。堆积范围的确定，除了考虑形态外，还需研究范围的大小和位置，其中范围的大小与泥石流的最大冲出距离（指泥石流从起始堆积的位置到停止沉积扩散位置的距离）相关。对泥石流的堆积起始位置，国内学者大多认为泥石流堆积起始点坡度在 10°以内，结合对直溪河泥石流活动特点的遥感调查，堆积起始点的确定为沟底高程 1500m 沟谷出口位置，该处沟床坡度约 14°，该点以下沟段沟谷逐渐变宽缓，平均坡度约 8.5°，沟口最缓位置坡度为 4°～5°。

1. 泥石流最大堆积长度的预测

直溪河泥石流堆积范围的预测，这里利用刘希林、唐川通过模型试验得到的堆积范围预测模型公式进行预测：

$$L=8.71（VGR/\ln R）^{1/3}$$

式中，L 为泥石流最大堆积长度（冲出距离），m；V 为泥石流一次冲出固体物质量，m³；G 为堆积区纵比降；R 为泥石流容重，g/cm³。

2. 泥石流最大堆积宽度预测

泥石流一旦流到沟口，侧向约束逐渐变小或解除，因地形坡降变缓，地形开阔，泥石流流体速度减慢，并逐渐堆积下来，泥石流流体宽度一般按下式计算：

$$B_P=（1.5～3）Q_C^{0.5}$$

式中，B_P 为泥石流流体宽度，m；Q_C 为不同暴雨频率下泥石流峰值流量，m³/s。

大量的研究表明，在没有地形约束的情况下，泥石流的堆积宽度一般为流体宽度的 6 倍。根据不同频率泥石流峰值流量值，按上述计算式评价的不同设计频率下泥石流最大堆积宽度。

3. 泥石流最大堆积幅角预测

泥石流最大堆积幅角计算参照刘希林、唐川预测模型：

$$R=47.8296-1.3085D+8.8876H$$

式中，R 为最大堆积幅角，（°）；D 为流域沟长，km；H 为流域高差，km。

4. 泥石流最大堆积面积的预测

泥石流最大堆积面积的预测主要参考刘希林、唐川预测模型：

$$S=0.6667L×B-0.0833B2\sin R/(1-\cos R)$$

根据前面的计算公式得到泥石流最大堆积长度（L）、堆积宽度（B）及堆积幅角（R）。

易损性判定主要通过高分辨率遥感影像（以无人机影像为主）资料，对遭受泥石流灾害威胁的承灾体进行精细解译，承灾体类型主要分为人口密度、建筑用地、道路用地和农业用地四大类，并按用地类型赋予权，然后对各类承灾体进行解译并赋值（表 10.2）。最后将各类承灾体的解译结果在 GIS 平台上进行空间叠加分析，根据赋值相加得到的结果确定出综合的易损性分区图。

表 10.2　泥石流承灾体易损性分级赋值表

承灾体类型	权重	赋值			
		4	3	2	1
人口密度	1	工厂、学校等人口密集地区	城镇民房、办公区等	道路、广场及分散农户区等	农业生产用地区
建筑用地	0.5	框架结构（层数>5层）	框架结构（层数<5层）	砖木结构	土木结构、规划建筑用地
道路用地	0.35	省道及城镇道路	县道及乡镇道路	乡道及农村集中居住区道路	村道及农业生产道路
农业用地	0.15	耕地	园地	林地	荒地

风险评估主要在 GIS 平台上完成，即根据危险性和易损性的分区赋值结果，再进行矩阵叠加并分别用不同颜色表示极高风险区、高风险区、中风险区和低风险区（图 10.1）。

危险性 易损性	极高	高	中	低
极高	极高风险	极高风险	高风险	中风险
高	极高风险	高风险	中风险	中风险
中	高风险	高风险	中风险	低风险
低	高风险	中风险	低风险	低风险

图 10.1　单沟泥石流风险矩阵叠加图

10.2　德钦县直溪河高位泥石流风险评价

10.2.1　危险性定性评价

直溪河泥石流位于德钦县城的北部。作为一条老泥石流沟，100 多年前，曾暴发过大规模的泥石流，冲毁、淤埋德钦老城区，死伤多人，迫使县城上迁。在县五中（城关中学）、粮食局、加工厂、德钦县第一中学等基建中，地表以下 1～2m 多次挖掘出人体骨骸、生活用具等。有历史记载以来，该泥石流沟曾分别于 1957 年、1966 年、1968 年、1974 年、1977 年、1986 年、1988 年、1997 年、2002 年暴发过大规模的泥石流，因灾死亡 1 人，多人受伤，直接经济损失上千万元。特别是 2002 年 7 月 18 日以来，连续降雨 32 天，县城所在地发生了严重的泥石流灾害，泥石流使县医院部分建筑夷为平地，造成严重的财产损失。直溪河泥石流历时短、来势猛、堵塞严重，具阵性，龙头较高、流速大，弯道超高现象严重，沿途补给性强、规模大。泥石流弯道超高达 1.1m，龙头高达 3.5m，流体像混凝土一样，容重达 2.1t/m^3。参照《泥石流灾害防治工程勘查规范（试行）》（T/CAGHP 006—2018）附录 I，对泥石流沟易发程度进行量化评分。直溪河泥石流标准得分 N=102，泥石流沟易发程度等级属易发。

采用上述定性方法对直溪河泥石流进行危险区划分，分别得到极高危险区、高危险区、中危险区和低危险区 4 个级别，分别以不同的颜色分别表示危险性级别，得到危险性分区图（图 10.2）。

结果统计表明（表 10.3），直溪河泥石流极高危险区包括主沟沟道，以及后缘崩塌、滑坡发育区，分布面积为 1.8km^2，占总面积的 46.91%；高危险区包括主沟两岸 30～50m 范围和流域中部区域，分布面积为 0.51km^2，占总面积的 13.35%；中危险区分布在流域中部崩滑少量发育的区域及未来发生泥石流后可能到达的最高区域，分布面积为 1.17km^2，占总面积的 30.63%；低危险区包括流域内中部北侧平缓区域和沟口北侧地势较高的区域，分布面积为 0.35km^2，占总面积的 9.11%，该区地质灾害不发育，受到泥石流危害可能性小。

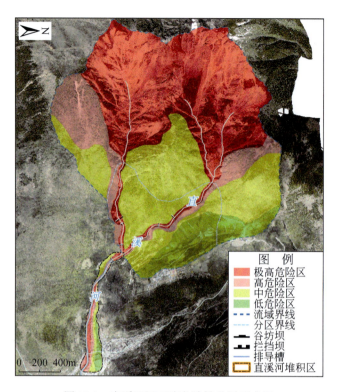

图 10.2 直溪河泥石流危险性分区示意图

表 10.3 直溪河泥石流危险性分区统计表

危险区分区	极高危险区	高危险区	中危险区	低危险区	合计
面积/km^2	1.80	0.51	1.17	0.35	3.83
占比/%	46.91	13.35	30.63	9.11	100.00

10.2.2 危险性定量评价

根据前述直溪河泥石流流域背景参数，计算其最大堆积幅角约 55°。通过遥感影像量测的历史泥石流实际堆积幅角值为 33°，由于直溪河泥石流堆积区本身地形较狭长造成的误差较大。因此，综合考虑直溪河实际地形，泥石流堆积幅角值为 33°。

通过收集资料和现场调查，直溪河已经进行多次工程治理，先后共完成"V"形排导槽 6768m，拦渣坝 5 座。现有防治工程为 20 年一遇暴雨设计，50 年一遇暴雨校核。而对 100 年一遇降雨条件下，物源区高位崩塌、滑坡等引发的碎屑流或堵溃型泥石流防治能力远远不足。因此本次计算考虑 50 年一遇降雨、50 年一遇降雨+地震、100 年一遇降雨、100 年一遇降雨+地震 4 种工况分析泥石流堆积范围，并分析 100 年一遇降雨+地震工况下泥石流风险情况。通过上述定量计算方法，得到直溪河不同频率下泥石流最大堆积面积如表 10.4

所示。按照沟床、淤积坡度和泥石流直进性的特点对其进行预测范围的确定及调整，得到不同频率下预测范围如图 10.3 所示。

表 10.4　预测直溪河不同设计工况泥石流最大堆积面积统计表

设计工况	50 年一遇降雨	50 年一遇降雨+地震	100 年一遇降雨	100 年一遇降雨+地震
一次冲出固体物质量（V）/$10^4 m^3$	11.30	13.00	20.40	23.46
最大堆积长度/m	1230	1230	1230	1230
预测最大堆积宽度/m	16	23	45	89
泥石流最大堆积面积/m^2	16347	28572	50206	99220

图 10.3　不同工况下直溪河泥石流最大危险范围预测示意图

　　由于泥石流体的不均匀性，同一泥石流堆积扇内不同位置所受泥石流冲击力和淤埋深度等参数不同，其危险等级不同，可能遭受泥石流毁坏的程度也不相同。流速和泥深是评价堆积扇危险等级的两个重要参数。一般情况下，流速大的地方泥石流冲击力也大，物质受到毁坏的程度越高；而泥石流淤积厚度（泥深）可以在一定程度上反映泥石流流量和流速大小，并直观反映对承载体淤埋程度的破坏，淤埋厚度越大、危险等级越高。1997 年，唐川通过对堆积扇的淤积厚度、最大石块粒径、扇面纵比降、距扇面沟道距离、扇面粗糙率 5 个因子，分别对其危险度进行了分类；泥石流具有流体的性质，容易在地势低洼的地区进行堆积，基于这一思路 Dwain Boyer 通过相对于主沟垂直距离的大小，将堆积扇分为高、中、低 3 个危险区。

　　2009 年，铁永波采用距离到扇面沟道的距离和堆积区坡度两个因子，利用 GIS 工具进行叠加分析计算，得到了汶川县城南沟泥石流堆积扇在单一频率下危险度等级分区图。本次在对直溪河危险等级进行分区时，借鉴并采用了这两个因子。但是不同频率下泥石流冲出沟口的流速和堆积泥位深度是不同的，这将导致距离主沟道相同距离的同一地点危险性等级也会随着改变。

一般情况下泥石流暴发的频率越低，它的容重和堆积厚度将呈正比变化，高危险区占据主沟道两侧的面积也将会变得越大。例如，对于 $P=10\%$ 时划定为的中危险区，在 $P=5\%$ 时可能为高危险区；同样在 $P=5\%$ 的低危险区，在 $P=2\%$ 是可能处于中危险区。因此，在利用距离扇面沟道距离这一因子对危险度进行判定时，距离主沟道距离的选取要进行适当的调整，研究中结合不同频率下的泥石流的最大预测淤积宽度的基础上，结合已有的研究成果的综合分析，提出将不同频率下堆积扇沟道距离（A_1）因子、堆积扇坡度（A_2）因子的等级划分结果如表 10.5。

表 10.5　直溪河泥石流危险性等级评价因子 A_1 与 A_2 的分级划分表

工况	堆积扇沟道距离（A_1）/m		
	高度危险	中度危险	低度危险
50 年一遇降雨	<10	10～16	>16
50 年一遇降雨+地震	<16	16～23	>23
100 年一遇降雨	<23	23～45	>45
100 年一遇降雨+地震	<45	45～89	>89
堆积扇坡度（A_2）/（°）	>8	8～4	<4

对上述指标，堆积扇沟道距离（A_1）利用了 ArcGIS 中的 Buffer 缓冲分析工具进行处理的；堆积扇坡度（A_2）分类是以堆积区无人机 LiDAR 航测地形为数据支持，利用 ArcGIS 中的 3DAnalyst 工具生成坡度图进行统计分类的。利用 GIS 软件中对多因子和多图层的叠加处理功能，将因子 A_1、A_2 进行叠加运算生成危险性分区图，叠加计算模型如下：

$$F = \sum A_i * B_{ij}$$

式中，A_i 为第 i 个评价指标的权重；B_{ij} 为第 i 个指标属性 j 的赋值大小（i，j 分别取 1，2）。

由于直溪河泥石流堆积区地形坡度整体较平缓，对 A_i 的堆积扇坡度和距扇形沟道距离权重赋值分别为 0.4、0.6。B_{ij} 的赋值采用定量化处理，分别按高度危险、中度危险、低度危险对应的堆积扇坡度和距离沟道距离赋值为 3、2、1，然后通过 GIS 平台对堆积扇扇区坡度和距离扇面沟道距离两个因子进行叠加分析计算，最后对其结果进行重分类处理，将评价结果分为高危险区、中危险区、低危险区 3 类，并用不同颜色进行标注，得到 100 年一遇降雨+地震工况下的危险性评价分区图（图 10.4）。

从表 10.6 和图 10.4 可见，直溪河泥石流中 100 年一遇降雨+地震工况下高危险区所占面积最大，达 49%左右，主要分布在沟道两侧，尤其是堆积扇下游侧区域。中危险区面积占总面积的 41%，低危险区面积占总面积的 10%。

表 10.6　直溪河泥石流 100 年一遇降雨+地震工况不同危险性分区面积统计表

危险性分区	高危险区	中危险区	低危险区	合计
面积/m²	62355	51634	12612	126601
占比/%	49	41	10	100

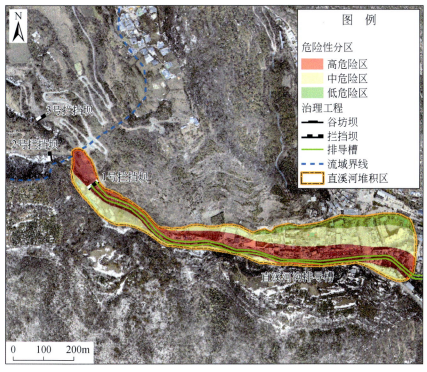

图 10.4　直溪河泥石流 100 年一遇降雨+地震工况危险性分区示意图

10.2.3　泥石流风险评价

通过前面对直溪河泥石流发育特征、危险度和危险性的评价，结合无人机航测影像和现场调查数据，对泥石流危险区内的承灾体进行精细解译，本次工作根据 100 年一遇降雨+地震工况，结合泥石流危险性和承灾体的易损性，开展泥石流灾害的单体地质灾害风险评价，划分了高风险区、中风险区和低风险区 3 个等级区，从评价结果来看（图 10.5），泥石流高风险区主要分布在堆积扇沟道两侧 70m 范围，分布房屋面积为 22500.9m²；中风险区分布在沟道两侧 70～120m 范围，分布房屋面积为 11443m²；低风险区分布在沟道两侧大于 120m 范围，分布房屋面积为 5895m²。

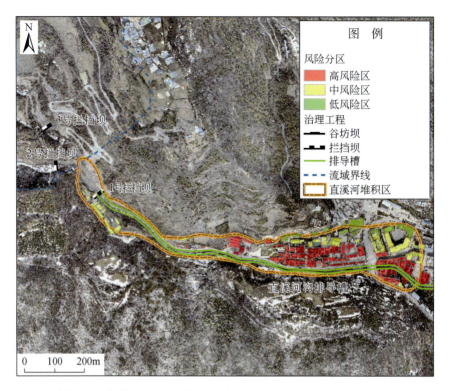

图 10.5　直溪河泥石 100 年一遇降雨+地震工况流风险分区示意图

10.3　德钦县水磨房沟高位泥石流风险评价

10.3.1　危险性定性评价

水磨房沟泥石流位于德钦县城的东北部。经调查访问，历史上分别于 1957 年、1968 年、1977 年、1988 年暴发过泥石流，总体规模不大。据访问，主要是在大跌水处 B21、B22 崩塌引起。根据近几次泥石流暴发时的雨量情况，当连续降水量超过 70mm 时，就有可能暴发泥石流。水磨房沟泥石流直接威胁沟口的物资公司、电力公司、木材公司等 9 家单位 570 余人、100 户居民 510 余人，累计总人口 1080 余人，威胁固定资产约 1.2 亿元，间接威胁沟口下游县城城区。水磨房沟泥石流曾于 1990～2010 年实施了排导和拦挡工程治理措施。已建拦挡坝 4 座，"V" 形排导槽 712m，护岸墙 412m。拦挡坝具体位置：中下游流通区水厂附近 4 座，现状已全部淤满。参照《泥石流灾害防治工程勘查规范（试行）》（T/CAGHP 006—2018）附录 I，对泥石流沟易发程度进行量化评分。水磨房沟泥石流标准得分 $N=104$，泥石流沟易发程度等级属易发。

采用上述定性方法对水磨房沟泥石流进行危险区划分，分别得到极高危险区、高危险区、中危险区和低危险区 4 个级别，分别用以不同的颜色分别表示危险性级别，得到危险性分区图（图 10.6，表 10.7）。

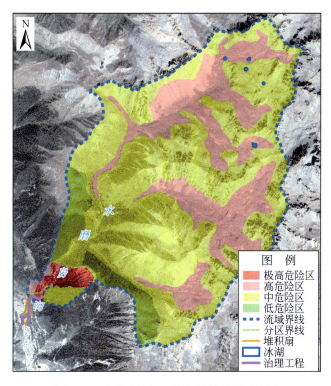

图 10.6　水磨房沟泥石流危险性分区示意图

表 10.7　水磨房沟泥石流危险性分区统计表

危险性分区	极高危险区	高危险区	中危险区	低危险区	合计
面积/km²	0.70	8.89	21.47	2.40	33.46
占比/%	2.10	26.57	64.16	7.17	100.00

结果统计表明，水磨房沟泥石流极高危险区分布在流域下部沟道两侧，区内高位崩塌、滑坡发育，分布面积为 0.7km²，占总面积的 2.1%；高危险区包括主沟下部沟道两岸 30～50m 范围和流域中后部冰碛物堆积区，分布面积为 8.89km²，占总面积的 26.57%；中危险区分布在流域中部崩滑少量发育的区域及未来发生泥石流后可能到达的最高区域，分布面积为 21.47km²，占总面积的 64.16%；低危险区包括流域内中部山脊区域，分布面积为 2.4km²，占总面积的 7.17%，该区地质灾害不发育，受到泥石流危害可能性小。

10.3.2　危险性定量评价

通过收集资料和现场调查，水磨房沟已经进行多次工程治理，已建拦挡坝 4 座，"V"形排导槽 712m，护岸墙 412m。现有防治工程为 20 年一遇暴雨设计，50 年一遇暴雨校核。而对 100 年一遇降雨工况下或物源区高位崩塌、滑坡等引发的碎屑流或堵溃型泥石流防治能力远远不足。因此本次计算考虑 50 年一遇降雨、50 年一遇降雨+地震、100 年一遇降雨、100 年一遇降雨+地震 4 种工况分析泥石流堆积范围，并分析 100 年一遇降雨+地震工况下泥石流风险情况。通过上述定量计算方法，得到水磨房沟不同频率下泥石流最大堆积面积（表 10.8）。按照沟床、淤积坡度和泥石流直进性的特点对其进行预测范围的确定及调整，得到不同频率下预测范围（图 10.7）。

表 10.8　预测水磨房沟不同设计工况泥石流最大堆积面积一览表

设计工况	50 年一遇降雨	50 年一遇降雨+地震	100 年一遇降雨	100 年一遇降雨+地震
一次冲出固体物质量（V）/10^4m^3	2.36	4.65	8.23	12.42
最大堆积长度/m	610	680	680	680
预测最大堆积宽度/m	18	32	56	106
泥石流最大堆积面积/m^2	11016	24120	45754	67388

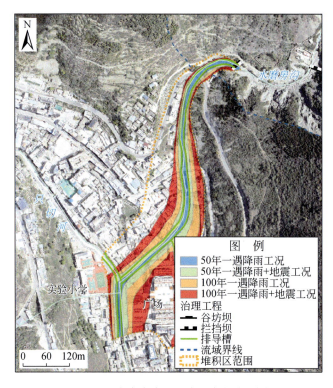

图 10.7　不同工况下水磨房沟泥石流最大危险范围预测示意图

在利用距离扇面沟道距离这一因子对危险度进行判定时，距离主沟道距离的选取要进行适当的调整，研究中结合不同频率下的泥石流的最大预测淤积宽度的基础上，结合已有的研究成果的综合分析，提出将不同频率下堆积扇沟道距离（A_1）因子、堆积扇坡度（A_2）因子的等级划分结果如表 10.9 所示。

利用 GIS 软件中对多因子和多图层的叠加处理功能，通过 GIS 平台对堆积扇扇区坡度和距离扇面沟道距离两个因子进行叠加分析计算，最后对其结果进行重分类处理，将评价结果分为高危险区、中危险区、低危险区 3 类，并用不同颜色进行标注，得到 100 年一遇降雨+地震工况下的危险性评价分区图（图 10.8）。

表 10.9 水磨房沟泥石流危险性等级评价因子 A_1 与 A_2 的分级划分表

工况	堆积扇沟道距离（A_1）/m		
	高度危险	中度危险	低度危险
50 年一遇降雨	<10	10~18	>18
50 年一遇降雨+地震	<18	18~32	>32
100 年一遇降雨	<32	32~56	>56
100 年一遇降雨+地震	<56	56~106	>106
堆积扇坡度(A_2)/(°)	>9	9~5	<5

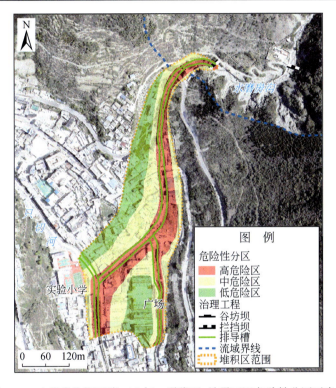

图 10.8 水磨房沟泥石流 100 年一遇降雨+地震工况危险性分区示意图

从表 10.10 可见，水磨房沟泥石流中 100 年一遇降雨+地震工况下高危险区所占面积为 36%，主要分布在沟道两侧，尤其是堆积扇下游侧区域。中危险区面积占总面积的 35%，低危险区面积占总面积的 29%。

表 10.10 水磨房沟泥石流 100 年一遇降雨+地震工况不同危险性分区面积统计表

危险性分区	高危险区	中危险区	低危险区	合计
面积/m²	37655	36080	30360	104095
占比/%	36	35	29	100

10.3.3 泥石流风险评价

通过前面对水磨房沟泥石流发育特征、危险度和危险性的评价，结合无人机航测影像和现场调查数据，对泥石流危险区内的承灾体进行精细解译，本次工作根据 100 年一遇降雨+地震工况，结合泥石流危险性和承灾体的易损性，开展泥石流灾害的单体地质灾害风险评价，划分了高风险区、中风险区和低风险区 3 个等级区，从评价结果来看（图 10.9，表 10.11），泥石流高风险区主要分布在堆积扇沟道两侧 50m 范围，分布房屋面积为 16503m^2；中风险区分布在沟道两侧 50～100m 范围，分布房屋面积为 23974m^2；低风险区分布在沟道两侧大于 100m 范围，分布房屋面积为 5702m^2。

图 10.9　水磨房沟泥石流 100 年一遇降雨+地震工况风险分区示意图

表 10.11　水磨房沟泥石流 100 年一遇降雨+地震工况风险分区面积统计表

风险分区	高风险区	中风险区	低风险区	合计
面积/m^2	16503	23974	5702	46180
占比/%	36	52	12	100
距离/m	50	50～100	100	

10.4　德钦县温泉村沟高位泥石流风险精准评价

温泉村沟泥石流风险评估研究的资料来源主要有：①多期高分辨率卫星影像（2004 年、2011 年、2015 年、2019 年和 2023 年）；②温泉村沟泥石流无人机航空拍摄影像（2019 年和 2023 年）；③2023 年 11 月无人机 LiDAR 航测数据；④1∶1 万地形图和 1∶5 万地质图；
⑤德钦县城地质灾害防治能力提升项目温泉村沟泥石流勘查与治理工程可行性研究报告；
⑥对温泉村沟泥石流开展现场调查获取的流域特征资料。

10.4.1　危险性定性评价

温泉村沟泥石流位于德钦县城东侧，沟口地理坐标为 E98°54′2.47″，N28°29′26.15″，
高程 3365m。参照《泥石流灾害防治工程勘查规范（试行）》（T/CAGHP 006—2018）附录
I，对泥石流沟易发程度进行量化评分。温泉村沟泥石流标准得分 $N=82$，泥石流沟易发程
度等级属中易发。

采用上述定性方法对温泉村沟泥石流进行危险区划分，分别得到极高危险区、高危险
区、中危险区和低危险区 4 个级别，分别用以不同的颜色分别表示危险性级别，得到危险
性分区图（图 10.10，表 10.12）。

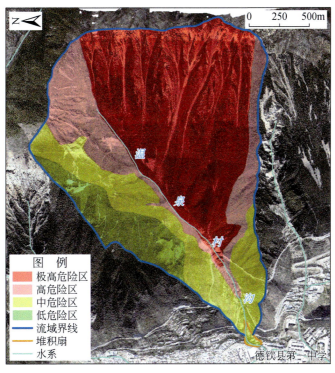

图 10.10　温泉村沟泥石流危险性分区示意图

表 10.12　温泉村沟泥石流危险性分区统计表

危险性分区	极高危险区	高危险区	中危险区	低危险区	合计
面积/km²	1.82	0.65	0.66	0.38	3.51
占比/%	51.87	18.55	18.87	10.71	100.00

结果统计表明，温泉村沟泥石流极高危险区包括主沟沟道和左侧后缘崩塌、滑坡发育
区，分布面积为 1.82km²，占总面积的 51.87%；高危险区包括主沟两岸 30～50m 范围和流

域中部后部区域，分布面积为 0.65km²，占总面积的 18.55%；中危险区分布在流域中部崩滑少量发育的区域及未来发生泥石流后可能到达的最高区域，分布面积为 0.66km²，占总面积的 18.87%；低危险区包括流域内中部北侧平缓区域和沟口北侧地势较高的区域，分布面积为 0.38km²，占总面积的 10.71%，该区地质灾害不发育，受到泥石流危害可能性小。

10.4.2　危险性定量评价

通过收集资料和现场调查，温泉村沟已进行多次工程治理，先后共完成"V"形排导槽 6768m，拦渣坝 5 座。现有防治工程为 20 年一遇降雨设计，50 年一遇降雨校核。而对 100 年一遇降雨工况下或物源区高位崩塌、滑坡等引发的碎屑流或堵溃型泥石流防治能力远远不足。因此本次计算考虑 50 年一遇降雨、50 年一遇降雨+地震、100 年一遇降雨、100 年一遇降雨+地震 4 种工况分析泥石流堆积范围，并分析 100 年一遇降雨+地震工况下泥石流风险情况。通过上述定量计算方法，得到温泉村沟不同频率下泥石流最大堆积面积如表 10.13 所示。按照沟床、淤积坡度和泥石流直进性的特点对其进行预测范围的确定及调整，得到不同频率下预测范围如图 10.11 所示。

表 10.13　预测温泉村沟不同设计工况泥石流最大堆积面积一览表

设计工况	50 年一遇降雨	50 年一遇降雨+地震	100 年一遇降雨	100 年一遇降雨+地震
一次冲出固体物质量（V）/10⁴m³	2.46	5.20	11.42	22.64
最大堆积长度/m	1150	1230	1270	1270
预测最大堆积宽度/m	18	38	84	126
泥石流最大堆积面积/m²	20512	43357	99734	221223

图 10.11　不同工况下温泉村沟泥石流最大危险范围预测示意图

本次在对温泉村沟危险等级进行分区时，借鉴并采用了这两个因子。但是不同频率下泥石流冲出沟口的流速和堆积泥位深度是不同的，这将导致距离主沟道相同距离的同一地点危险性等级也会随着改变。一般情况下泥石流暴发的频率越低，它的容重和堆积厚度将呈正比变化，高危险区占据主沟道两侧的面积也将会变得越大。例如，对于 $P=10\%$ 时划定为的中危险区，在 $P=5\%$ 时可能为高危险区；同样在 $P=5\%$ 的低危险区，在 $P=2\%$ 是可能处于中危险区。因此，在利用距离扇面沟道距离这一因子对危险度进行判定时，距离主沟道距离的选取要进行适当的调整，研究中结合不同频率下的泥石流的最大预测淤积宽度的基础上，结合已有的研究成果的综合分析，提出将不同频率下堆积扇沟道距离（A_1）因子、堆积扇坡度（A_2）因子的等级划分结果如表 10.14 所示。

表 10.14 温泉村沟泥石流危险性等级评价因子 A_1 与 A_2 的分级划分表

工况	堆积扇沟道距离（A_1）/m		
	高度危险	中度危险	低度危险
50 年一遇降雨	<10	10~18	>18
50 年一遇降雨+地震	<18	18~38	>38
100 年一遇降雨	<38	38~84	>84
100 年一遇降雨+地震	<84	84~126	>126
堆积扇坡度（A_2）/(°)	>11	11~6	<6

对上述指标，堆积扇沟道距离（A_1）利用了 ArcGIS 中的 Buffer 缓冲分析工具进行处理的；堆积扇坡度（A_2）分类是以堆积区无人机 LiDAR 航测地形为数据支持，利用 ArcGIS 中的 3DAnalyst 工具生成坡度图进行统计分类的。利用 GIS 软件中对多因子和多图层的叠加处理功能，最后对其结果进行重分类处理，将评价结果分为高危险区、中危险区、低危险区 3 类，并用不同颜色进行标注，得到 100 年一遇降雨+地震工况下的危险性评价分区图（图 10.12）。

从表 10.15 和图 10.12 可见，温泉村沟泥石流中 100 年一遇降雨+地震工况下高危险区所占比例为 34%，主要分布在沟道两侧，尤其是堆积扇下游侧区域；中危险区面积占总面积的 42%；低危险区面积占总面积的 24%。

表 10.15 温泉村沟泥石流 100 年一遇降雨+地震工况危险性分区面积统计表

危险性分区	高危险区	中危险区	低危险区	危险区总面积
面积/m²	99734	121489	68862	290085
占比/%	34	42	24	100

10.4.3 泥石流风险评价

通过前面对温泉村沟泥石流发育特征、危险度和危险性的评价，结合无人机航测影像和现场调查数据，对泥石流危险区内的承灾体进行精细解译，本次工作根据 100 年一遇降雨+地震工况，结合泥石流危险性和承灾体的易损性，开展泥石流灾害的单体地质灾害风险评价，划分了高风险区、中风险区和低风险区 3 个等级区，从评价结果来看（图 10.13，表 10.16），

图 10.12 温泉村沟泥石流 100 年一遇降雨+地震工况危险性分区示意图

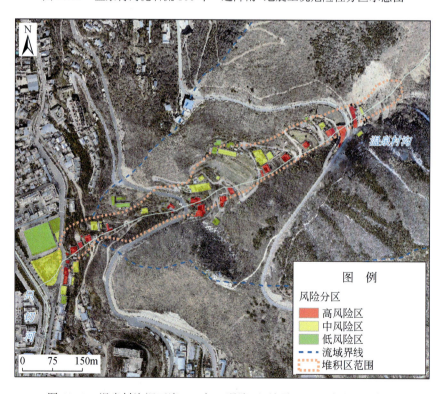

图 10.13 温泉村沟泥石流 100 年一遇降雨+地震工况风险分区示意图

泥石流高风险区主要分布在堆积扇沟道两侧 30m 范围, 分布房屋面积为 7044m^2; 中风险区分布在沟道两侧 30～60m 范围, 分布房屋面积为 11443m^2; 低风险区分布在沟道两侧大于 60m 范围, 分布房屋面积为 8233m^2。

表 10.16　温泉村沟泥石流 100 年一遇降雨+地震工况风险分区面积统计表

风险分区	高风险区	中风险区	低风险区	合计
面积/m^2	7044	11443	8233	26720
占比/%	26	43	31	100
距离/m	30	30-60	60	

10.5　小　　结

中国西南高山峡谷区区内分布大量隐蔽性高的高位崩塌、滑坡灾害隐患, 同时容易形成高位滑坡 (崩塌)-泥石流链式灾害, 该类灾害具有规模大、孕灾周期长、破坏力强、影响范围大等特点, 对区内的城镇安全具有重要的影响, 也是制约城镇发展建设的关键因素之一。开展高山峡谷区高位滑坡 (崩塌)-泥石流链式灾害风险评价研究对区内防灾减灾、城镇发展规划等具有重要的意义, 本章以西部三江并流区的德钦县场址区的高位滑坡-泥石流为研究对象, 采用高分辨率卫星遥感、无人机航测、机载 LiDAR 测量等综合遥感手段, 开展德钦县城重点区可能危及县城安全的高位或远程地质灾害隐患点识别, 开展高位滑坡-泥石流遥感动态解译和精准解译, 结合现场调查和勘查资料开展泥石流灾害风险评价。直溪河泥石流风险评价结果显示, 在 100 年一遇降雨+地震工况, 泥石流高风险区主要分布在堆积扇沟道两侧 70m 范围, 分布房屋面积为 22500.9m^2; 中风险区分布在沟道两侧 70～120m 范围, 分布房屋面积为 11443m^2; 低风险区分布在沟道两侧大于 120m 范围, 分布房屋面积为 5895m^2。水磨房沟泥石流灾害风险评价结果显示, 在 100 年一遇降雨+地震工况, 泥石流高风险区主要分布在堆积扇沟道两侧 30m 范围, 分布房屋面积为 7044m^2; 中风险区分布在沟道两侧 30～60m 范围, 分布房屋面积为 11443m^2; 低风险区分布在沟道两侧大于 60m 范围, 分布房屋面积为 8233m^2。温泉沟村泥石流高风险区主要分布在堆积扇沟道两侧 30m 范围, 分布房屋面积为 7044m^2; 中风险区分布在沟道两侧 30～60m 范围, 分布房屋面积为 11443m^2; 低风险区分布在沟道两侧大于 60m 范围, 分布房屋面积为 8233m^2。德钦县城受到地质灾害危险极大, 尤其是重大泥石流灾害, 工程治理难以根除隐患, 在地震和暴雨的极端工况下, 可能群发高位崩滑链式和滑坡-泥石流链式灾害等, 将会对县城造成巨大的危害。

第 11 章　德钦县城城市发展宜建性精准评价

11.1　概　　述

德钦县地处云南省西北部青藏高原东南缘，构造复杂，岩体结构破碎，生态环境脆弱，地质灾害严重。县城建成区适宜建设用地仅 0.42km², 已建设用地 1.64km², 县城常往人口1.5 万人。按照规划，至 2030 年德钦县城常往人口将达 2.4 万人，旅游接待约为 2.5 万人/a, 用地建设规模约为 2.45km²。现已查明城区范围内有滑坡、崩塌、泥石流等地质灾害 106处，特别是直溪河、水磨房沟、温泉村沟、一中河等 4 条泥石流对县城的整体安全构成重大威胁，地质灾害风险极高。4 条泥石流沟和 10 余处重大滑坡虽进行了工程治理，减缓和削弱了灾害危害，但在暴雨、强震等极端条件下，4 条特大型泥石流沟固体松散物储量丰富，沟道纵坡陡，存在发生高位滑坡-泥石流（碎屑流）灾害链风险，对县城地质安全构成严重威胁。本章通过对德钦县城城区近 20 年发展变化，以及城区发展对特大泥石流行洪通道和堆积区的挤占分析，精准评价县城建成区泥石流风险，划分了宜建区等级。

11.2　德钦县城城区发展变化

德钦县地处云南省西北部横断山脉地段，青藏高原南缘滇、川、藏 3 省（自治区）结合部，德钦县城是云南省海拔最高的县城，也是地质灾害威胁较大的城区。整体处于澜沧江支流的河谷区，城区沿沟谷分布（图 11.1）。

德钦县近 20 年发展变化巨大，采用 2005 年、2010 年、2015 年和 2020 年和 2023 年 5期影像分析城区范围的发展变化，2005 年前城区没有高建筑，城区面积为 701125.93m², 2015 年为 1426174.88m², 15 年间扩展了 2 倍，2020 年为 1495465.802m², 相对 2015 年增长较小，增长了 69290.922m², 2023 年为 1519405.902m², 相对 2020 年增长较小，增长了23940.1m², 目前城区可发展空间极小，城镇建设挤压泥石流沟道，并沿国道公路在两岸形成切坡（表 11.1，图 11.2）。

表 11.1　德钦县城城区发展变化统计表

时间	2005 年	2010 年	2015 年	2020 年	2023 年
城区面积/m²	701125.93	1122978.45	1426174.88	1495465.802	1519405.902
变化量/m²	—	421852.52	303196.43	69290.922	23940.1

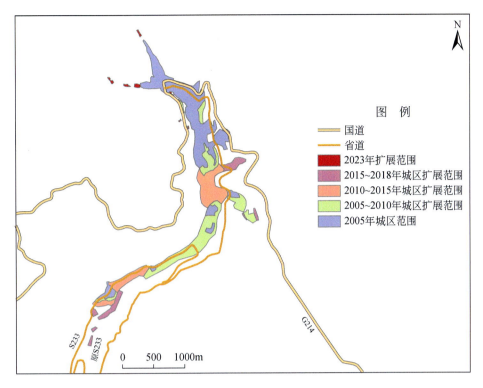

图 11.1　德钦县城城区发展变化示意图

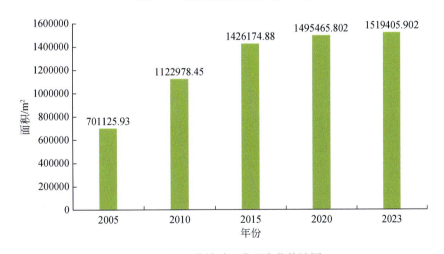

图 11.2　德钦县城城区发展变化统计图

通过统计（表 11.2），城区房屋建筑用地总面积为 706351m²，其中建筑物层数以小于 7 层为主，占总用地面积的 90.14%，层数大于 7 层的建筑物共 72 处，总用地面积为 69648m²，占总面积的 9.86%，主要分布在城区中下部（图 11.3），建设时间主要为 2015 年以后。

表 11.2　德钦县城城区主要建筑用地统计表

序号	类型	数量	面积/m²	占比/%
1	城区建筑（小于 7 层）	523	636703	90.14
2	城区建筑（大于 7 层）	72	69648	9.86
	合计	595	706351	100

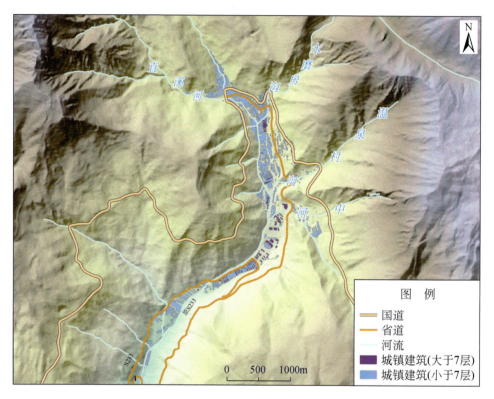

图 11.3　德钦县城镇建筑分布示意图

11.3　城镇发展对行洪通道的挤占分析

　　德钦县城建设沿只切河沟谷及两侧分布，新城区主要沿河谷下游侧（南侧）扩展，目前已经扩展至巨水村下游 800m 附近，下游区域已经没有发展空间，城区建设严重挤压行洪通道，通过多期影像数据分析（图 11.4），2004 年行洪通道面积约 410198m²，主要包括已建排导区和自然河道区；2023 年行洪通道面积为 103085m²，主要为排导槽区域；对比来看，2004 年至今城市建设对行洪通道面积为 307113m²，挤占率为 74.8%。

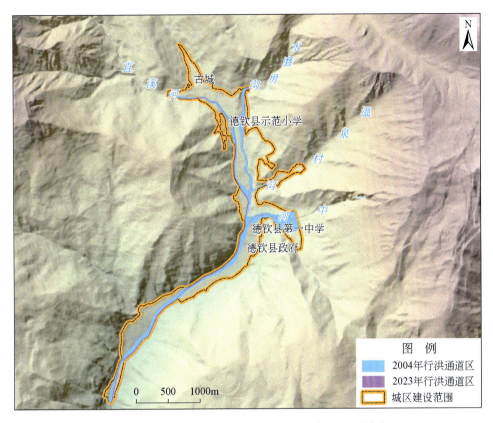

图 11.4　德钦县城发展对行洪通道的挤占分布示意图

11.4　城镇发展对泥石流堆积区的挤占分析

11.4.1　直溪河泥石流

直溪河泥石流位于德钦县城西北侧，沟口位于县城城区边缘，堆积扇沿沟谷分布，通过地形条件和历史影像分析，泥石流堆积至国道 214（G214）下游侧，泥石流堆积扇面积为 0.126km²，堆积长度约 1.25km。采用 2004 年、2015 年、2019 年和 2023 年多期遥感数据解译分析了城镇发展对泥石流堆积区的挤占情况（图 3.30～图 3.34），从统计结果来看，2004 年城镇建设对堆积区的挤占率约 50%，2023 年城镇建设对堆积区的挤占率增长到 68%，城镇发展严重挤压泥石流堆积区，城镇建设严重压缩行洪通道区域，不断向泥石流沟内扩展。目前堆积区沟道偏向南侧，修建有排导槽，按照 20 年一遇降雨工况设计，宽 10～13m，深 2.5～3m，过流断面为 31.78m²，最大允许过流流量为 166.12m³/s。

11.4.2　水磨房沟泥石流

水磨房沟泥石流位于德钦县城北东侧，沟口位于县城城区边缘，堆积扇沿沟谷分布，堆积体挤压主沟道。通过地形条件和历史影像分析，泥石流堆积现德钦县示范小学附近，泥石流堆积扇面积为 0.111km²，堆积长度约 0.68km。采用 2004 年、2015 年、2019 年和 2023 年多期遥感数据解译分析了城镇发展对泥石流堆积区的挤占情况（图 3.48～图 3.51），从统计结果来看，2004 年城镇建设对堆积区的挤占率约 46%，2023 年城镇建设对堆积区的挤占率增长到了 82%，城镇发展严重挤压泥石流堆积区，城镇建设严重压缩行洪通道区域，不断向泥石流沟内扩展。目前堆积区沟道分布在中部，修建有排导槽，按照 20 年一遇降雨工况设计，宽 10～13m，深 2～2.5m，长约 0.65km。

11.4.3　温泉村沟泥石流

温泉村沟泥石流位于德钦县城东侧，沟口位于体育馆附近，堆积区分布在沟道下部至主河道，通过地形条件和历史影像分析，泥石流堆积区面积 0.08km²，堆积长度约 0.75km。采用 2004 年、2015 年、2019 年和 2023 年多期遥感数据解译分析了城镇发展对泥石流堆积区的挤占情况（图 11.5～图 11.8），从统计结果来看，2004 年城镇建设对堆积区的挤占率约 37%，2023 年城镇建设对堆积区的挤占率增长到 67%，城镇发展严重挤压泥石流堆积区，城镇建设压重压缩行洪通道区域，不断向泥石流沟内扩展。

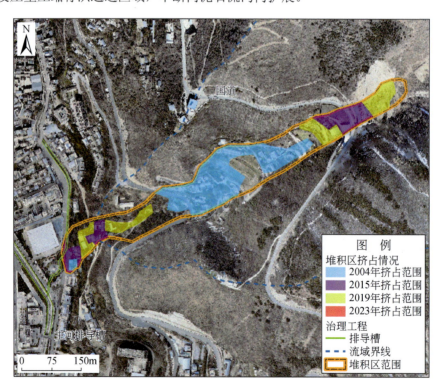

图 11.5　城镇发展对温泉村沟泥石流堆积区的挤占情况示意图

图 11.6　城镇发展对温泉村沟泥石流堆积区的挤占情况统计图

图 11.7　温泉村沟泥石流堆积区全貌

(a) 2004年堆积区特征

(b) 2015年堆积区特征

(c) 2019年堆积区特征

(d) 2023年堆积区特征

图 11.8　温泉村沟堆积区多期演化特征示意图

11.5　德钦县城建设区泥石流风险精准评价

德钦县城整体分布于直溪河峡谷区，老城区主要分布在水磨房沟与直溪河交汇附近及以上区域（图 11.9），新城区主要向下游侧发展，2004～2015 年新城区向下游扩展了 4.2km，

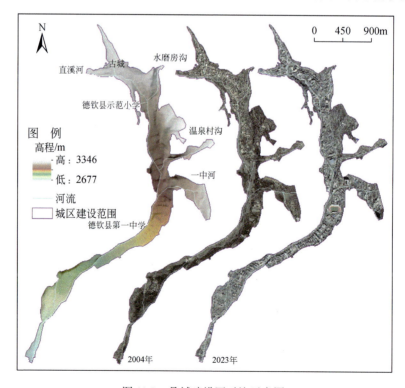

图 11.9　县城建设区对比示意图

目前城区沿沟道长 6.3km；城区最高点位于古城北侧，高程约 3365m，最低点位于巨水村下游德钦污水处理厂，高程约 2735m，整个县城区峡谷高差为 630m，平均比降为 100‰。县城建设主要分布在河谷相对平缓区域，河谷最窄的地方在德钦县党校附近，宽约 140m，最宽的区域分布在水磨房沟与直溪河交汇处，宽度约 380m；通过 2023 年卫星影像解译，城区建设面积为 1.51km²，其中建筑物占地面积为 0.71km²，行洪通道（排导槽、沟道）面积约 0.103km²，城镇建设严重挤压行洪通道及泥石流沟道。

　　德钦县城区域地形地质条件复杂，断裂构造发育，区内地质灾害发育数量多、密度大，对县城威胁最大的灾害为泥石流，其次为城区东西两侧的滑坡体，泥石流灾害主要的包括直溪河泥石流、水磨房沟泥石流、温泉村沟泥石流和一中河泥石流。目前 4 条泥石流已经进行工程治理，极大降低了城区的泥石流灾害风险，但目前的治理工程设计工况相对较低，对极端工况下的防灾能力不足。通过卫星遥感、无人机航摄、机载 LiDAR 调查等技术方法，对 4 条泥石流的发育特征、演化过程、成灾条件等进行了精细遥感调查，2019 年至今 4 条沟发生了多次泥石流活动，流域内物源在不断增加，分布有多处高位崩滑物源，泥石流风险在不断增高。本次工作分别对 4 条沟进行了泥石流风险评价，4 条泥石流沟在一中河沟口汇聚到直溪河主沟，在强降雨或极端条件下，4 条沟可能同时发生泥石流，将会对县城造成极大的危害。通过对 4 条泥石流的叠加分析，结合现有的排导工程，按照 100 年一遇降雨+地震工况对县城城区进行地质灾害风险评价，从危险性评价结果来看（图 11.10，表 11.3），地质灾害高危险区主要分布在 4 条泥石流沟堆积区两侧 50m 范围内和主沟道两

图 11.10　县城城区泥石流危险分区示意图（100 年一遇降雨+地震工况）

表 11.3　县城城区泥石流危险分区面积统计表

等级	高危险区	中危险区	低危险区	高危险区（行洪通道）	合计
面积/km²	0.29	0.24	0.88	0.10	1.51
占比/%	19.17	15.86	58.16	6.81	100.00

侧 20m 范围内，在水磨房沟与直溪河交汇处和一中河与直溪河交汇处危险区范围会扩大，高危险区总面积为 0.29km²，占城区建设面积的 19.17%；中危险区主要分布在泥石流沟道两侧 50～100m 范围和主沟道两侧 20～50m 范围，中风险区面积约为 0.24km²，占城区建设面积的 15.86%；低危险区分布在高危险区和中危险区外，分布面积为 0.88km²，占城区建设面积的 58.16%，该区域地势相对较高，受到泥石流影响小。

目前，县城建设严重挤压原来的行洪通道和泥石流堆积扇，整个城区修建了排导槽，受到地形影响，部分沟道交汇处和桥涵处排导能力有限，在极端工况下泥石流灾害风险仍然较大。本次对城区进行风险区划（图 11.11），从统计结果来看（表 11.4），高风险区主要分布在 4 条泥石流堆积扇和主沟道两侧，重要场所包括德钦县示范小学、德钦县第一中学、移动大厦等，高风险区分布面积为 92981m²，占城区建筑面积的 13.16%；中风险区主要分布在 4 条泥石流堆积扇中部、主沟道两侧的道路和居民区等，尤其是水磨房沟与直溪河交汇处、一中河堆积区及其下游河道区域，中风险区分布面积为 115084m²，占城区建筑面积的 16.29%；低风险区主要分布在远离河道区域，低风险区分布面积为 498286m²，占城区建筑面积的 70.54%。

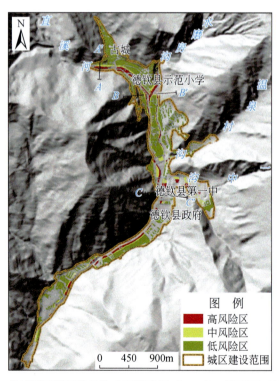

图 11.11　县城城区泥石流风险分区示意图（100 年一遇降雨+地震工况）

表 11.4　县城城区泥石流风险分区面积统计表

等级	高风险区	中风险区	低风险区	合计
面积/m²	92981	115084	498286	706351.00
占比/%	13.16	16.29	70.54	100.00

县城建设区整体分布在直溪河河谷区及主要支沟沟道内，城区整体沿沟道呈长条状展布，从整体来看，高风险区主要分布在 4 条沟堆积区附近及目前的主沟道附近区域，直溪河上游侧主要为德钦县老城区，城区建设密集，房屋建筑物主要为砖木、砖混结构，建筑楼层一般小于 5 层，从沟口剖面来看（图 11.12），该处沟道宽约 100~130m，城镇发展对沟道挤占严重，2004 年挤占约 70m，至 2023 年扩展至 100m，目前沟道偏向南侧，修建的排导槽宽约 13m。通过综合风险分析，沟道中部至南侧排导槽为高风险区，中部为中风险区，北侧地势相对较高，为低风险区；结合城区建筑分布情况，高风险区主要分布在排导槽西侧 50m 范围，中风险区主要分布在 50~70m 范围，大于 70m 范围为低风险区。

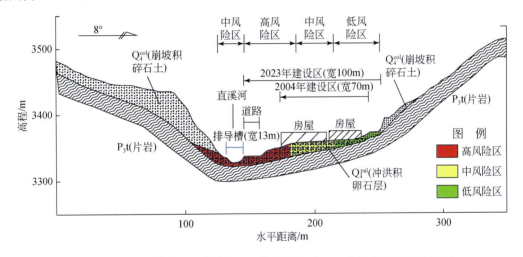

图 11.12　德钦县城城区风险评价 A-A′纵剖面图（G214 公路上游直溪河口处）

水磨房沟在德钦县示范小学处与主沟交汇，该区域城区建设延伸至两侧坡脚，沟谷宽约 300m，从沟道剖面上来看（图 11.13），该区域主要属于老城区，2004 年城区建设对沟道挤占约 180m，之后修建学校、居民区等，截至 2023 年对沟道挤占达到了 290m，除了排导区域，已经全部开发利用。该区域分布有主沟道排导槽和 2 条水磨房沟排导槽，高风险区主要分布在排导槽两侧区域，尤其是沟道交汇附近，中风险区主要分布在中部区域，低风险区主要分布在德钦县示范小学西侧区域；结合主要建筑物分布情况来看，中部为高风险区，主要为居民区和城区道路，两侧为中风险区，主要包括学校、居民区和道路。

2010 年以后，城区快速向下游扩展，至 2015 年已经扩展至巨水村附近，从一中河交汇处的沟道纵剖面来看（图 11.14），该区域沟谷宽约 240m，2004 年分布一处厂区，挤占沟道约 160m，2010 年后修建为德钦县第一中学，目前已经全部挤占沟道（宽约 240m）。该区域为一中河交汇口，据 2004 年影像，该处为一中河泥石流主要堆积区，当时行洪通道

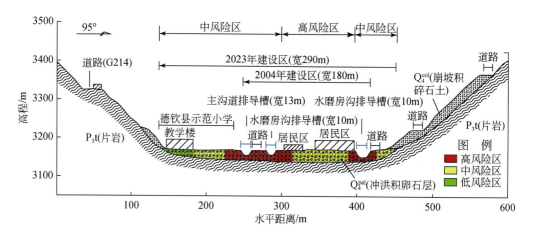

图 11.13　德钦县城城区风险评价 *B-B'* 纵剖面图（水磨房沟交汇处）

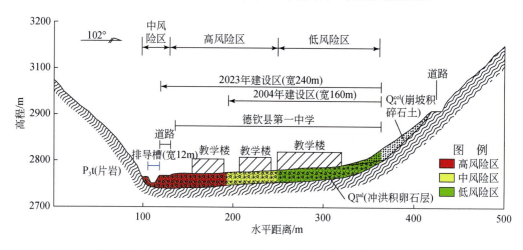

图 11.14　德钦县城城区风险评价 *C-C'* 纵剖面图（一中河交汇处）

宽 60～80m，受到地形条件限制，该区域容易形成泥石流堵塞点，目前沟道偏向西侧山脚，排导槽宽约 12m。通过综合分析，该区域距离主沟 100m 范围为高风险区，100～150m 范围为中风险区，大于150m 为低风险区；区内主要分布德钦县第一中学和居民区，高风险区分布在距离主沟 150m 范围，大于 150m 范围为中低风险区。

11.6　小　　结

　　德钦县城近 20 年发展变化巨大，老城区主要分布在狭窄沟道上部，新区主要沿沟道下部和泥石流行洪通道内拓展建设。2005 年之前城区面积为 701125.93m²，2010 年城区面积为 1122978.45m²，2015 年城区面积为 1426174.88m²，2020 年城区面积为 1495465.802m²，2023 年城区面积 1519405.902m²。近 20 年间城区范围扩大了 2 倍多，扩展建设速度快。城镇建设挤占泥石流沟道，沿国道公路形成大量高切坡，城区可发展空间极小，限制了县城的发展。通过县城地质安全分析，县城不宜建区约占县城建成区面积的 30%，县城将无进一步发展空间。德钦县城直溪河、水磨房沟、温泉村沟及一中河 4 条泥石流发育大量高位物源，2020 年以来变形范围扩大，活动增强，在强震、强降雨作用下发生高位滑坡-泥石流（碎屑流）灾害链可能性大，风险极高，如果同时暴发泥石流，将冲击掩埋县城面积 0.63km^2，致使城市功能丧失，严重威胁城区人民生命财产安全，急需采取防灾减灾措施。

参 考 文 献

白永健, 葛华, 冯文凯, 等. 2019. 乌蒙山区红层软岩滑坡地质演化及灾变过程离心机模型试验研究. 岩石力学与工程学报, 38(S1): 3025-3035.

曹璞源, 胡胜, 邱海军, 等. 2017. 基于模糊层次分析的西安市地质灾害危险性评价. 干旱区资源与环境, 31(8): 136-142.

晁刚, 王鸿. 2014. 青海高原大型红层滑坡成因分析及治理. 铁道建筑, (6): 109-112.

陈百炼, 杨胜元, 杨森林, 等. 2005. 基于 GIS 的地质灾害气象预警方法初探. 中国地质灾害与防治学报, (4): 97-100.

陈昌富, 何旷宇, 余加勇, 等. 2022. 基于无人机贴近摄影的高陡边坡结构面识别. 湖南大学学报(自然科学版), 49(1): 145-154.

陈菲, 王塞, 高云建, 等. 2020. 白格滑坡裂缝区演变过程及其发展趋势分析. 工程科学与技术, 52(5): 71-78.

陈立权, 赵超英, 任超锋, 等. 2020. 光学遥感用于贵州发耳镇尖山营滑坡监测研究. 中国岩溶, 39(4): 518-523.

陈龙飞, 刘高, 田华, 等. 2017. 黄土-红层接触面滑坡稳定性可靠性分析. 地质科技情报, 36(2): 244-248.

陈松, 陈剑, 刘超. 2016. 金沙江上游雪隆囊古滑坡堰塞湖溃坝堆积物粒度分维特征分析. 中国地质灾害与防治学报, 27(2): 78-85.

陈天博, 胡卓玮, 魏铼, 等. 2017. 无人机遥感数据处理与滑坡信息提取. 地球信息科学学报, 19(5): 692-701.

陈永波, 王成华. 2000. 滑坡发生的危险边坡判别及预测预报分析. 山地学报, (6): 559-562.

陈宙翔, 叶咸, 张文波, 等. 2019. 基于无人机倾斜摄影的强震区公路高位危岩崩塌形成机制及稳定性评价. 地震工程学报, 41(1): 257-267, 270.

戴可人, 铁永波, 许强, 等. 2020. 高山峡谷区滑坡灾害隐患 InSAR 早期识别——以雅砻江中段为例. 雷达学报, 9(3): 554-568.

戴可人, 张乐乐, 宋闯, 等. 2021. 川藏铁路沿线 Sentinel-1 影像几何畸变与升降轨适宜性定量分析. 武汉大学学报(信息科学版), 46(10): 1450-1460.

邓辉, 巨能攀, 向喜琼. 2005. 高分辨率卫星遥感数据在白衣庵滑坡调查研究中的应用. 地球与环境, (4): 96-100.

邓建辉, 高云建, 余志球, 等. 2019. 堰塞金沙江上游的白格滑坡形成机制与过程分析. 工程科学与技术, 51(1): 9-16.

邓茜. 2011. 大渡河得妥—加郡河段地质灾害危险性评价研究. 成都: 成都理工大学硕士学位论文.

丁亮, 王文娴, 汪希. 2012. 基于GIS的 Logistic 回归模型在区域滑坡敏感性评价中的应用. 国土资源信息化, 71(5): 32-36, 16.

冯文凯, 张国强, 白慧林, 等. 2019. 金沙江 "10·11" 白格特大型滑坡形成机制及发展趋势初步分析. 工程地质学报, 27(2): 415-425.

傅碧宏, 冯筎. 1991. 遥感技术在地质灾害预测、监测和调查研究中的应用. 遥感技术与应用, (2): 52-56.

傅文杰, 洪金益. 2006. 基于支持向量机的滑坡灾害信息遥感图像提取研究. 水土保持研究, (4): 120-121, 124.

高进. 2016. 米脂县地质灾害易发性与危险性评价. 西安: 长安大学硕士学位论文.

葛大庆, 郭兆成. 2019. 重大地质灾害隐患早期识别中综合遥感应用的思考. 中国应急救援, (1): 10-14.

管伟瑾, 曹泊, 潘保田. 2020. 冰川运动速度研究: 方法、变化、问题与展望. 冰川冻土, 42(4): 1101-1114.

郭长宝, 吴瑞安, 李雪, 等. 2020. 川西日扎潜在巨型岩质滑坡发育特征与形成机理研究. 工程地质学报, 28(4): 772-783.

郭佳, 赵之星, 刘志奇, 等. 2022. 结合信息量与 AHP 模型的阳泉市矿区地质灾害风险评价. 测绘通报, 548(11): 101-105.

郭强. 2023. 无人机贴近摄影测量技术在农村人居环境整治工程中的应用分析——以晋中市某乡村人居环境整治工程为例. 华北自然资源, 5: 125-127, 131.

郭晓光, 黄润秋, 邓辉, 等. 2013. 平推式滑坡多级拉陷槽形成过程及成因机理分析. 工程地质学报, 21(5): 770-778.

郭子正, 殷坤龙, 黄发明, 等. 2019. 基于滑坡分类和加权频率比模型的滑坡易发性评价. 岩石力学与工程学报, 38(2): 287-300.

韩一波, 梁世忠, 李颖, 等. 2001. 延吉盆地公路滑坡机理分析. 建筑施工, (6): 444-446.

贺凯. 2015. 塔柱状岩体崩塌机理研究. 西安: 长安大学博士学位论文.

贺礼家, 冯光财, 冯志雄, 等. 2019. 哨兵-2 号光学影像地表形变监测: 以 2016 年 M_W 7.8 新西兰凯库拉地震为例. 测绘学报, 48(3): 339-351.

侯春尧, 毛延翩, 刘顶明, 等. 2023. 基于无人机贴近摄影的电站近坝高边坡位移检测方法. 水电能源科学, 41(4): 172-175.

侯建军, 韩慕康, 万波, 等. 1990. 辽宁省泥石流灾害的发育规律及其危险性分区预测. 地质灾害与防治, (4): 46-54.

胡德勇, 李京, 赵文吉, 等. 2008. 基于对象的高分辨率遥感图像滑坡检测方法. 自然灾害学报, 17(6): 42-46.

胡卸文, 吕小平, 黄润秋, 等. 2009. 唐家山堰塞坝"9·24"泥石流堵江及溃决模式. 西南交通大学学报, 44(3): 312-320.

花利忠, 崔胜辉, 李新虎, 等. 2008. 汶川大地震滑坡体遥感识别及生态服务价值损失评估. 生态学报, 28(12): 5909-5916.

黄崇福, 史培军. 1994. 城市自然灾害风险评价的二级模型. 自然灾害学报, (2): 22-27.

黄崇福, 史培军, 张远明. 1994. 城市自然灾害风险评价的一级模型. 自然灾害学报, (1): 3-8.

黄润秋. 2013. 岩石高边坡稳定性工程地质分析. 北京: 科学出版社.

黄勋, 唐川. 2016. 基于数值模拟的泥石流灾害定量风险评价. 地球科学进展, 231(10): 1047-1055.

黄远东, 许冲, 薛智文, 等. 2025. 从镇雄1·22山体滑坡事件浅析冬季滑坡伤亡事件规律. 灾害学, (1): 1-10.

吉随旺, 张倬元, 邓荣贵, 等. 2000. 川中红色砂泥岩岩石力学特性研究. 地质灾害与环境保护, 11(1):

72-78.

蒋弥, 丁晓利, 李志伟, 等. 2013. 基于时间序列的 InSAR 相干性量级估计. 地球物理学报, 56(3): 799-811.

井哲帆, 周在明, 刘力. 2010. 中国冰川运动速度研究进展. 冰川冻土, 32(4): 749-754.

康亚. 2020. 滑坡形变 InSAR 监测关键技术研究与机理分析. 西安: 长安大学博士学位论文.

孔繁司, 乔刚, 王卫安. 2016. 基于光学影像的冰流速测量软件比较与分析. 中国科技论文在线精品论文, 9(12): 1240-1252.

蓝朝桢, 卢万杰, 于君明, 等. 2021. 异源遥感影像特征匹配的深度学习算法. 测绘学报, 50(2): 189-202.

雷明堂, 蒋小珍, 李瑜. 1993. 岩溶塌陷模型试验——以武昌为例. 地质灾害与环境保护, (2): 39-44.

黎娟, 李昊燔, 王伟峰. 2021. 基于贴近摄影测量技术的实景精细建模. 测绘与空间地理信息, 44(11): 40-43.

李得立, 李小磊, 罗德江, 等. 2018. 基于地貌单元与灰关联分析的地质灾害风险性评价. 地质灾害与环境保护, 29(4): 26-31.

李海, 杨成生, 惠文华, 等. 2021. 基于遥感技术的高山极高山区冰川冰湖变化动态监测. 中国地质灾害与防治学报, 32(5): 10-17.

李海军, 董建辉, 朱要强, 等. 2019. 贵州发耳煤矿尖山营滑坡特征及成因机制. 科学技术与工程, 19(26): 345-351.

李佳, 李志伟, 汪长城, 等. 2013. SAR 偏移量跟踪技术估计天山南依内里切克冰川运动. 地球物理学报, 56(4): 1226-1236.

李江, 许强, 张继, 等. 2023. 横向拖拽式滑坡形成机制及三维稳定性评价研究. 岩石力学与工程学报, 42(S2): 4152-4161.

李莉. 2015. 基于随机森林模型的重庆市滑坡灾害的研究. 重庆: 重庆师范大学硕士学位论文.

李松, 李亦秋, 安裕伦. 2010. 基于变化检测的滑坡灾害自动识别. 遥感信息, (1): 27-31.

李先福, 李彰明, 晏同珍. 1996. 易滑岩层的构造力学评价方法. 水文地质工程地质, (3): 43-44.

李小凡, Peter M J, 方晨, 等. 2011. 基于 Terrasar-X 强度图像相关法测量三峡树坪滑坡时空形变. 岩石学报, 27(12): 3843-3850.

李晓天. 2019. 基于改进 LBET 和神经网络的机载 LiDAR 点云分类研究. 西安: 长安大学硕士学位论文.

李新斌, 田辉, 韩朝辉, 等. 2021. 地质灾害调查评价与监测预警技术的发展与展望. 世界有色金属, (11): 163-165.

李雪, 郭长宝, 杨志华, 等. 2021. 金沙江断裂带雄巴巨型古滑坡发育特征与形成机理. 现代地质, 35(1): 47-55.

李媛, 吴奇. 2001. 孟家山黄土-红层接触面滑坡破坏机理研究. 水文地质工程地质, 28(1): 52-54.

李远耀, 殷坤龙, 柴波, 等. 2008. 三峡库区滑带土抗剪强度参数的统计规律研究. 岩土力学, 29(5): 1419-1424.

李振洪, 宋闯, 余琛, 等. 2019. 卫星雷达遥感在滑坡灾害探测和监测中的应用: 挑战与对策. 武汉大学学报(信息科学版), 44(7): 967-979.

李治郡, 钟琳婷, 黄炎和, 等. 2021. 基于贴近摄影测量的崩岗侵蚀监测技术. 农业工程学报, 37(8): 151-159.

李壮, 高杨, 贺凯, 等. 2020. 贵州省六盘水水城高位远程滑坡流态化运动过程分析. 地质力学学报, (4):

520-532.

梁安祺. 2019. 机载 LiDAR 点云数据电力线提取与安全距离自动检测研究. 武汉: 武汉大学硕士学位论文.

梁安祺, 马洪超, 蔡湛. 2019. 基于 SVM 的机载 LiDAR 数据电力线提取方法. 激光杂志, 40(2): 29-34.

梁峰. 2021. 基于遥感技术与深度学习的四川高陡山区典型地质灾害识别. 成都: 成都理工大学博士学位论文.

梁京涛, 铁永波, 赵聪, 等. 2020. 基于贴近摄影测量技术的高位崩塌早期识别技术方法研究. 中国地质调查, 7(5): 107-113.

梁昭阳, 陈平. 2023. 基于无人机贴近摄影测量技术的古建三维数字化建模应用研究. 江西科学, 41(2): 388-392.

林杰. 2020. 尖山营不稳定斜坡影响因素与形成演化机理研究. 水利科技与经济, 26(2): 38-43.

刘传正. 2015. 浙江省丽水市莲都区雅溪镇里东村滑坡灾害. 中国地质灾害与防治学报, (4): 5.

刘民生. 2023. 浅议地质灾害风险调查评价有关问题. 四川地质学报, 43(4): 687-692, 701.

刘瑞春, 张锦, 郭文峰, 等. 2021. 利用 GPS 观测研究山西断陷带现今构造应力场变化与地震活动. 地震工程学报, 43(2): 251-258.

刘世雄. 2009. 第三系红层高边坡失稳机理研究. 成都: 西南交通大学硕士学位论文.

刘世雄, 冯君, 刘东. 2009. 第三系红层滑坡机理物理模型研究. 路基工程, (6): 174-176.

刘文, 王猛, 朱赛楠, 等. 2021. 基于光学遥感技术的高山极高山区高位地质灾害链式特征分析——以金沙江上游典型堵江滑坡为例. 中国地质灾害与防治学报, 32(5): 29-39.

刘洋, 李秀丽, 张凯想, 等. 2021. 基于无人机贴近摄影测量的桥梁精细化建模. 公路, 12: 106-109.

刘正刚. 1998. 日本滑坡治理主导思想及统计分析. 铁道工程学报, (2): 81-91.

刘志青, 李鹏程, 陈小卫, 等. 2016a. 基于信息向量机的机载激光雷达点云数据分类. 光学精密工程, 24(1): 210-219.

刘志青, 李鹏程, 郭海涛, 等. 2016b. 基于相关向量机的机械 LiDAR 点云数据分类. 红外与激光工程, 45(S1): 105-111.

柳林, 宋豪峰, 杜亚男, 等. 2021. 联合哨兵 2 号和 Landsat 8 估计白格滑坡时序偏移量. 武汉大学学报(信息科学版), 46(10): 1461-1470.

卢螽樗. 1988. 浅论易滑地层. 山地研究, (2): 119-122.

鲁冬冬, 邹进贵. 2023. 多分类器组合的 LiDAR 点云分类. 测绘地理信息, 48(3): 36-40.

罗红. 2009. 南山地质灾害预测及应急对策研究. 重庆: 重庆交通大学硕士学位论文.

罗晓丹, 赖明治, 卢燕, 等. 2023. 贴近摄影测量技术在物质文化遗产三维建模中的应用. 测绘通报, 12: 132-135.

罗元华. 1998. 泥石流堆积数值模拟及泥石流灾害风险评估方法研究. 武汉: 中国地质大学博士学位论文.

买小争, 冯学胜, 颜振能, 等. 2022. 贴近摄影影像与倾斜影像融合精细化建模方法. 北京测绘, 36(9): 1188-1192.

孟令超, 卢晓仓, 史晨晓, 等. 2009. 基于信息量模型的达曲库区滑坡危险性分析. 灾害学, 24(4): 31-34.

缪海波. 2012. 三峡库区侏罗系红层滑坡变形破坏机理与预测预报研究. 武汉: 中国地质大学博士学位论文.

聂文波, 张利洁, 唐辉明, 等. 2002. 三峡工程库区谭家坪滑坡系统工程地质研究. 三峡大学学报(自然科学版), (5): 392-396.

牛全福, 程维明, 兰恒星, 等. 2010. 玉树地震滑坡灾害的遥感提取与分布特征分析//中国灾害防御协会. 全国突发性地质灾害应急处置与灾害防治技术高级研讨会论文集. 42-48. https://wap.cnki.net/touch/web/Conference/List/ZHFY201006001030.html [2024-06-14].

牛玉芬. 2020. 基于 InSAR 技术的地震构造和火山形变获取及模型解译研究. 西安: 长安大学博士学位论文.

潘林依. 2021. 基于机载激光雷达的三维场景重构研究. 大连: 大连理工大学硕士学位论文.

潘世兵, 李小涛, 宋小宁. 2009. 四川汶川 "5·12" 地震滑坡堰塞湖遥感监测分析. 地球信息科学学报, 11(3): 299-304.

裴向军, 崔圣华, 黄润秋. 2018. 大光包滑坡启动机制: 强震过程滑带动力扩容与水击效应. 岩石力学与工程学报, 37(2): 430-448.

裴小龙, 杨瀚文, 宋东阳, 等. 2022. 雅砻江中游楞古水电站夏日滑坡发育特征及稳定性分析. 中国地质灾害与防治学报, 33(1): 75-82.

彭华, 吴志才. 2003. 关于红层特点及分布规律的初步探讨. 中山大学学报(自然科学版), (5): 109-113.

彭令, 徐素宁, 梅军军, 等. 2017. 地震滑坡高分辨率遥感影像识别. 遥感学报, 21(4): 509-518.

钱婷. 2019. 基于深度学习的机载点云分类研究. 南昌: 东华理工大学硕士学位论文.

乔建平. 1991. 四川乐山地区红层滑坡特点研究//中国岩石力学与工程学会地面岩石工程专业委员会, 水利部长江水利委员会勘测总队, 水利部能源部长江勘测技术研究所, 四川重庆水土保持办公室. 自然边坡稳定性分析暨华蓥山边坡变形趋势研讨会论文集. 北京: 中国岩石力学与工程学: 176-183.

乔建平, 吴彩燕, 李秀珍, 等. 2005. 四川省宣汉县天台乡特大型滑坡分析. 山地学报, (4): 4458-4461.

冉伟杰, 王欣, 郭万钦, 等. 2021. 2017~2018 年中国西部冰川编目数据集. 中国科学数据(中英文网络版), 6(2): 195-204.

任涛. 2022. 基于 GIS 的平山县地质灾害风险性评价. 石家庄: 河北地质大学硕士学位论文.

任玉环, 刘亚岚, 魏成阶, 等. 2009. 汶川地震道路震害高分辨率遥感信息提取方法探讨. 遥感技术与应用, 24(1): 52-56, 133-134.

阮沈勇, 黄润秋. 2001. 基于 GIS 的信息量法模型在地质灾害危险性区划中的应用. 成都理工学院学报, (1): 89-92.

阮壮. 2019. 云南省云龙县城地质灾害风险评价. 成都: 成都理工大学硕士学位论文.

单博. 2014. 基于 3S 技术的奔子栏水源地库区库岸地质灾害易发性评价及灾害风险性区划研究. 吉林: 吉林大学博士学位论文.

邵铁全. 2006. 滑坡地质灾害超前地质预判技术研究. 西安: 长安大学硕士学位论文.

邵亚凯. 2022. 地质灾害调查中的地理信息系统应用. 信息与电脑(理论版), 34(5): 197-199.

石进桥. 2017. 搭载混合视觉系统的无人机对大场景的三维重建技术研究. 福州: 福州大学硕士学位论文.

石菊松. 2008. 基于遥感和地理信息系统的滑坡风险评估关键技术研究. 北京: 中国地质科学院硕士学位论文.

石玲, 张永双, 韩金良, 等. 2009. 三峡引水工程秦巴段的主要工程地质问题. 地质通报, 28(5): 651-658.

宋高举, 黄继超, 吴东民. 2015. 基于斜坡单元划分法的汝阳县地质灾害易发性区划. 地质灾害与环境保护, 26(1): 103-107.

苏珍, 奥尔洛夫 A B. 1991. 1991 年中苏联合希夏邦马峰地区冰川考察研究简况. 冰川冻土, 14(2): 184-186.

谭金石, 陈颖彪, 祖为国. 2023. 利用无人机贴近摄影的临街建筑立面测绘方法. 遥感信息, 36(6): 80-85.

唐然. 2018. 内外动力作用对四川盆地红层近水平岩层滑坡形成与演化的影响研究. 成都: 成都硕士学位论文.

唐然, 刘宗祥, 邓韧, 等. 2018. 四川南充龙头山滑坡发育特征与形成演化. 科学技术与工程, 18(32): 7-13.

唐尧, 王立娟, 马国超, 等. 2019a. 利用国产遥感卫星进行金沙江高位滑坡灾害灾情应急监测. 遥感学报, 23(2): 252-261.

唐尧, 王立娟, 马国超, 等. 2019b. 基于"高分+"的金沙江滑坡灾情监测与应用前景分析. 武汉大学学报(信息科学版), 44(7): 1082-1092.

唐尧, 王立娟, 廖军, 等. 2022. 基于 Insar 技术的川西高山峡谷区地质灾害早期识别研究——以小金川河流域为例. 中国地质调查, 9(2): 119-128.

陶鹏杰. 2016. 联合几何与辐射成像模型的三维表面重建与优化. 武汉: 武汉大学硕士学位论文.

滕冲, 程峰, 王杰光, 等. 2009. GLP 模型在金属矿山地质灾害评估中的应用. 有色金属(矿山部分), 61(1): 15-17.

铁永波, 徐伟, 向炳霖, 等. 2022. 西南地区地质灾害风险"点面双控"体系构建与思考. 中国地质灾害与防治学报, 33(3): 106-113.

童立强, 郭兆成. 2013. 典型滑坡遥感影像特征研究. 国土资源遥感, 25(1): 86-92.

童立强, 祁生文, 刘春玲. 2007. 喜马拉雅山东南地区地质灾害发育规律初步研究. 工程地质学报, 15(6): 721-729.

汪华斌. 2006. 滑坡灾害风险分析原理//《第二届全国岩土与工程学术大会论文集》编辑委员会. 第二届全国岩土与工程学术大会论文集(上册). 北京: 科学出版社: 49-53.

王安. 2019. 地质灾害治理工程施工中边坡稳定问题及滑坡治理对策——金沙江白鹤滩水电站恩子坪 2#滑坡体治理工程. 住宅与房地产, (31): 190.

王朝阳, 许强, 陈伟. 2009. 滑坡灾害风险性评价研究现状与展望. 路基工程, (6): 7-8.

王成华, 陈永波, 林立相. 2000. 世寿街滑坡发生机理与防治对策. 工程地质学报, (3): 277-280.

王宏涛, 雷相达, 赵宗泽. 2020. 融合光谱信息的机载 LiDAR 点云三维深度学习分类方法. 激光与光电子学进展, 57(12): 340-347.

王佳运, 王根龙, 石小亚. 2019. 陕西山阳特大型滑坡视向滑移-溃屈破坏力学分析. 中国地质, 46(2): 381-388.

王立朝, 温铭生, 冯振, 等. 2019. 中国西藏金沙江白格滑坡灾害研究. 中国地质灾害与防治学报, 30(1): 1-9.

王立功. 1982. 唐山东矿区地震易损性分析. 地震地质, (3):63-72.

王培清, 徐国涛, 何强. 2013. 西藏藏东南地区典型地质灾害成因及防治技术浅析. 西藏大学学报(自然科学版), 28(1): 16-20.

王庆芳, 郑志军, 董继红, 等. 2023. 基于多源遥感技术的红层滑坡识别与监测研究. 人民长江, 54(1): 111-118.

王森. 2017. 红层地区软弱夹层形成演化规律及泥化特征研究. 成都: 成都理工大学硕士学位论文.

王生明, 刘恒辉, 王清朋, 等. 2023. 贴近摄影测量环绕式航线规划方法研究. 绿色科技, 25(10): 253-257.

王欣, 刘琼欢, 蒋亮虹, 等. 2015. 基于 SAR 影像的喜马拉雅山珠穆朗玛峰地区冰川运动速度特征及其影响因素分析. 冰川冻土, 37(3): 570-579.

王亚强, 王兰民, 张小曳. 2004. GIS 支持下的黄土高原地震滑坡区划研究. 地理科学, (2): 170-176.

王志荣. 2005. 红层软岩滑坡基本特征. 洁净煤技术, 11(2): 75-78.

王治华. 2007. 三峡水库区城镇滑坡分布及发育规律. 中国地质灾害与防治学报, 18(1): 33-38.

王治华. 2012. 滑坡遥感. 北京: 科学出版社: 104-105.

魏春蕊, 杨成生, 魏云杰, 等. 2022. 联合 Sentinel-1 与 Landsat 8 影像的希夏邦马峰冰川三维运动反演. 中国地质灾害与防治学报, 33(1): 6-17.

文宝萍, 王思敬, 王恩志, 等. 2005. 黄土-红层接触面滑坡的变形特征. 地质学报, 79(1): 144.

吴柏清, 何政伟, 刘严松. 2008. 基于 GIS 的信息量法在九龙县地质灾害危险性评价中的应用. 测绘科学, (4): 146-147, 131.

吴海平, 郑明新, 李平棕. 2007. 赣南红层滑坡分布规律的映射分析. 华东交通大学学报, 24(2): 9.

吴红刚, 马惠民, 侯殿英, 等. 2010. 青海高原龙穆尔沟红层滑坡变形机制的地质分析与模型试验研究. 岩石力学与工程学报, 29(10): 2094-2102.

吴文豪, 周志伟, 李陶, 等. 2017. 精密轨道支持下的哨兵卫 TOPS 模式干涉处理. 测绘学报, 46(9): 1156-1164.

武利娟. 2007. 金沙江上游区域地质灾害遥感解译与 GIS 分析. 北京: 中国地质大学(北京)硕士学位论文.

夏玉成, 陈练武, 薛喜成. 2022. 地学信息数字化概述. 西安: 陕西科技技术出版社.

向喜琼, 黄润秋. 2000. 基于GIS的人工神经网络模型在地质灾害危险性区划中的应用. 中国地质灾害与防治学报, (3): 26-30.

邢亚东. 2023. 基于贴近摄影测量的历史建筑遗产数字化方法探讨. 科学技术创新, 5: 85-88.

熊俊麟, 范宣梅, 窦向阳, 等. 2021. 藏东南然乌湖流域雅弄冰川流速季节性变化. 武汉大学学报(信息科学版), 46(10): 1579-1588.

徐邦栋. 2001. 滑坡分析与防治. 北京: 中国铁道出版社.

徐来进. 2017. 基于激光视觉数据融合的大范围三维场景重构. 大连: 大连理工大学硕士学位论文.

徐伟, 冉涛, 田凯. 2021. 西南红层地区地质灾害发育规律与成灾模式——以云南彝良县为例. 中国地质灾害与防治学报, 32(6): 127-133.

许强, 唐然. 2023. 红层及其地质灾害研究. 岩石力学与工程学报, 42(1): 28-50.

许强, 黄润秋, 殷跃平, 等. 2009. 2009年6·5重庆武隆鸡尾山崩滑灾害基本特征与成因机理初步研究. 工程地质学报, 17(4): 433-444.

许强, 范宣梅, 李园, 等. 2010. 板梁状滑坡形成条件、成因机制与防治措施. 岩石力学与工程学报, 29(2): 242-250.

许强, 李为乐, 董秀军, 等. 2017. 四川茂县叠溪镇新磨村滑坡特征与成因机制初步研究. 岩石力学与工程学报, 36(11): 2612-2628.

许强, 董秀军, 朱星, 等. 2023. 基于实景三维的天-空-地-内滑坡协同观测. 工程地质学报, 31(3): 706-717.

薛豆豆, 程英蕾, 释小松, 等. 2020. 综合布料滤波与改进随机森林的点云分类算法. 激光与光电子学进展, (22): 1-14.

薛强, 张茂省, 董英, 等. 2023. 基于 DEM 和遥感的黄土地质灾害精细化风险识别——以陕北黄土高原区米脂县为例. 中国地质, 50(3): 926-942.

闫俊, 张云卫, 袁晓路, 等. 2024. 无人机摄影测量技术在高位危岩地质灾害精细化调查中的应用. 工程建设与设计, (3): 133-135.

晏同珍. 1994. 水文工程地质与环境保护. 北京: 中国地质大学出版社.

晏同珍, 杨顺安, 方云. 2000. 滑坡学. 北京: 中国地质大学出版社.

杨必胜, 赵刚. 2016. 基于 Gradient Boosting 的车载 LiDAR 点云分类. 地理信息世界, 23(3): 47-52.

杨军义. 2011. 遥感影像目视解译在第二次全国土地调查中的应用. 甘肃科技, 27(9): 74-76, 58.

杨梅忠, 陈克良. 1997. 中国煤矿灾害现状与减灾对策分析. 灾害学, (3): 66-70.

杨洋, 陶鹏, 钟良, 等. 2020. 贴近摄影测量技术在南水北调中线工程监管中的应用——以渠首邓州段为例//中国水利学会. 中国水利学会 2020 学术年会论文集, 第五分册. 北京: 中国水利水电出版社: 360-363.

杨宗佶, 乔建平, 陈晓林, 等. 2008. 三峡库区万州侏罗系红层滑坡成因机制研究. 世界科技研究与发展, 30(2): 174-176.

姚富潭, 吴明堂, 董秀军, 等. 2023. 基于贴近摄影测量技术的高陡危岩体结构面调查方法. 成都理工大学学报(自然科学版), 50(2): 218-228.

姚松, 卢斌, 邓波. 2022. 基于贴近摄影测量技术的大坝表面裂缝监测研究. 建筑与土木, 15: 103-105.

姚怡航, 张展, 李永红, 等. 2023. 基于无人机贴近摄影测量的坡面细沟侵蚀及形态演化研究. 水土保持通报, 43(6): 1-7.

叶超, 江华, 杨鹏, 等. 2022. 贴近摄影测量在塑石造景表面积测量中的应用. 城市勘测, 3: 125-128.

殷坤龙, 杜娟, 汪洋. 2008. 清江水布垭库区大堰塘滑坡涌浪分析. 岩土力学, 29(12): 3266-3270.

殷跃平. 2000. 西藏波密易贡高速巨型滑坡特征及减灾研究. 水文地质工程地质, (4): 8-11.

殷跃平. 2010. 斜倾厚层山体滑坡视向滑动机制研究——以重庆武隆鸡尾山滑坡为例. 岩石力学与工程学报, 29(2): 217-226.

殷跃平. 2022. 地质灾害风险调查评价方法与应用实践. 中国地质灾害与防治学报, 33(4): 5-6.

殷跃平, 胡瑞林. 2004. 三峡库区巴东组(T_2b)紫红色泥岩工程地质特征研究. 工程地质学报, 12(2): 124-135.

殷跃平, 刘传正, 陈红旗, 等. 2013. 2013 年 1 月 11 日云南镇雄赵家沟特大滑坡灾害研究. 工程地质学报, 21(1): 6-15.

殷跃平, 王文沛, 张楠, 等. 2017. 强震区高位滑坡远程灾害特征研究——以四川茂县新磨滑坡为例. 中国地质, (5): 827-841.

殷宗敏. 2018. 基于时序 InSAR 技术与地形特征的黄土高原潜在滑坡识别研究. 兰州: 兰州大学硕士学位论文.

于洋洋. 2020. 机载激光雷达点云滤波与分类算法研究. 合肥: 中国科学技术大学硕士学位论文.

岳冲, 刘昌军, 王晓芳. 2016. 基于多尺度维度特征和 SVM 的高陡边坡点云数据分类算法研究. 武汉大学学报(信息科学版), 41(7): 882-888.

曾超, 贺拿, 宋国虎. 2012. 泥石流作用下建筑物易损性评价方法分析与评价. 地球科学进展, 27(11): 1211-1220.

詹文欢, 钟建强. 1995. 珠江三角洲地质灾害的模糊综合评价. 热带海洋, (1): 62-69.

张成龙, 李振洪, 余琛, 等. 2021. 利用 GACOS 辅助下 InSAR Stacking 对金沙江流域进行滑坡监测. 武汉大学学报(信息科学版), 46(11): 1649-1657.

张春山, 张业成, 马寅生, 等. 2006. 区域地质灾害风险评价要素权值计算方法及应用——以黄河上游地区地质灾害风险评价为例. 水文地质工程地质, (6): 84-88.

张力, 刘玉轩, 孙洋杰, 等. 2022. 数字航空摄影三维重建理论与技术发展综述. 测绘学报, 51(7): 1437-1457.

张林杰, 冯刚, 龙超, 等. 2023. 无人机倾斜摄影与贴近摄影融合建模在高位危岩体调查中的应用. 水电与抽水蓄能, 9(S1): 85-90.

张明红. 2012. 工程地质图:滑坡与地理信息系统. 四川建材, 38(6): 246-255.

张蕊, 李广云, 李明磊, 等. 2014. 利用 PCA-BP 算法进行激光点云分类方法研究. 测绘通报, 7: 23-26.

张腾, 谢帅, 黄波, 等. 2021. 利用 Sentinel-1 和 ALOS-2 数据探测茂县中部活动滑坡. 国土资源遥感, 33(2): 213-219.

张亦汉, 杨清平, 黄艺平, 等. 2023. 基于贴近摄影测量的广西古墓葬数字化采集研究. 南宁师范大学学报 (自然科学版), 40(3): 136-142.

张永康, 李元彪. 2011. 青海高原典型红层滑坡病害特性分析. 甘肃科技, 27(3): 36-39.

张钊, 吴锋, 尚海兴. 2021. 贴近摄影与倾斜摄影测量技术融合在水电站高坝精细建模中的应用. 西北水电, 5: 47-50.

张忠平. 2005. 万梁高速公路近水平层状岩石高边坡变形模式探讨. 路基工程, (1): 10-12.

仇义星, 兰恒星, 李郎平, 等. 2019. 综合统计模型和物理模型的地质灾害精细评估——以福建省龙山社区为例. 工程地质学报, 27(3): 608-622.

赵富萌. 2020. 中巴公路(中国段)地质灾害早期识别和滑坡易发性评价研究. 兰州: 兰州大学硕士学位论文.

赵富萌, 张毅, 孟兴民, 等. 2020. 基于小基线集雷达干涉测量的中巴公路盖孜河谷地质灾害早期识别. 水文地质工程地质, 47(1): 142-152.

赵海卿, 李广杰, 张哲寰. 2004. 吉林省东部山区地质灾害危害性评价. 吉林大学学报(地球科学版), (1): 119-124.

赵庭应. 2020. 理县地质灾害危险性评价. 西安: 西南科技大硕士学位论文.

赵延岭. 2017. 基于 InSAR 技术的树坪滑坡识别与研究. 西安: 长安大学硕士学位论文.

郑光, 许强, 巨袁臻, 等. 2018. 2017 年 8 月 28 日贵州纳雍县张家湾镇普洒村崩塌特征与成因机理研究. 工程地质学报, 26(1): 223-240.

郑红霞, 李凌昊, 盛辉, 等. 2023. 基于无人机贴近摄影测量的剖面数字露头系统研发及岩层面重构方法. 中国石油大学学报(自然科学版), 47(2): 53-63.

钟昊楠, 段延松. 2023. 基于贴近摄影测量的箭穿洞危岩体监测. 资源环境与工程, 37(3): 357-364.

周荣荣. 2019. 山地 SAR 影像配准方法研究. 西安: 长安大学硕士学位论文.

朱赛楠, 殷跃平, 李滨. 2018. 大型层状基岩滑坡软弱夹层演化特征研究——以重庆武隆鸡尾山滑坡为例. 工程地质学报, 26(6): 1638-1647.

朱赛楠, 殷跃平, 王猛, 等. 2021. 金沙江结合带高位远程滑坡失稳机理及减灾对策研究——以金沙江色拉滑坡为例. 岩土工程学报, 43(4): 688-697.

朱文慧, 邹浩, 何明明, 等. 2021. 基于 BP 神经网络的地质灾害易发性分区方法研究——以蕲春县为例. 资源环境与工程, 35(6): 840-844.

卓冠晨, 戴可人, 周福军, 等. 2022. 川藏交通廊道典型工点 InSAR 监测及几何畸变精细判识. 地球科学,

47(6): 2031-2047.

邹雄高. 2018. 基于机载激光雷达数据的滤波分类与建筑物提取技术研究. 长春: 吉林大学硕士学位论文.

Abdallatif T F, Khozym A A, Ghandour A A. 2022. Determination of seismic site class and potential geologic hazards using multi-channel analysis of surface waves (MASW) at the industrial city of Abu Dhabi, UAE. NRIAG Journal of Astronomy and Geophysics, 11(1): 193-209.

Agarwal S, Furukawa Y, Snavely N, et al. 2011. Building Rome in a day. Communications of the ACM, 54(10): 105-112.

Agarwal S, Snavely N, Seitz S M, et al. 2010. Bundle adjustment in the large. Computer Vision, 3: 29-42.

Alessandro F, Claudio P, Fabio R. 2001. Permanent scatterers in SAR interferometry. IEEE Transactions on Geoscience and Remote Sensing, 39(1): 8220.

Aniya M. 2015. Landslide-susceptibility mapping in the Amahata River Basin, Japan. Annals of the Association of American Geographers, 75(1): 102-114.

Atienza R. 2018. Fast disparity estimation using dense networks//IEEE International Conference on Robotics and Automation, Brisbane: 3207-3212.

Balntas V, Riba E, Ponsa D, et al. 2016. Learning local feature descriptors with triplets and shallow convolutional neural networks. British Machine Vision Conference, DOI: 10.5244/c.30.119.

Barlow J, Martin Y, Franklin S E. 2003. Detecting translational landslide scars using segmentation of Landsat ETM+ and DEM data in the northern Cascade Mountains, British Columbia. Canadian Journal of Remote Sensing, 29(4): 510-517.

Bazea C, Corominas J. 2001. Assessment of shallow landslide susceptibility by means of multivariate statistical techniques. Earth Surface Processes and Landforms, 26(12): 1251-1263.

Benson A K, Floyd A R. 2000. Application of gravity and magnetic methods to assess geological hazards and natural resource potential in the Mosida Hills, Utah County, Utah. Geophysics, 65(5): 1514-1526.

Berardino P, Fornaro G, Lanari R. 2002. A new algorithm for surface deformation monitoring based on small baseline differential SAR interferograms. IEEE Transactions on Geoscience and Remote Sensing, 40(11): 2375-2383.

Besl P J, Mckay H D. 1992. A method for registration of 3-D shapes. IEEE Transactions on Pattern Analysis & Machine Intelligence, 14(2): 239-256.

Bianchini S, Cigna F, Del Ventisette C, et al. 2013. Monitoring landslide-induced displacements with TerraSAR-X persistent scatterer interferometry (PSI): Gimigliano case study in Calabria Region (Italy). International Journal of Geosciences, 4(10): 1467-1482.

Bianchini S, Solari L, Barra A, et al. 2020. Sentinel-1 PSI data for the evaluation of landslide geohazard and impact//Guzzetti F, Arbanas S M, Reichenbach P, et al (eds). Understanding and Reducing Landslide Disaster Risk: Volume 2 From Mapping to Hazard and Risk Zonation. Cham: Springer International Publishing: 447-455.

Bock Y, Williams S. 1997. Integrated satellite interferometry in Southern California. Eos Transactions American Geophysical Union, 78(29): 293.

Bonforte A, Ferretti A, Prati C, et al. 2001. Calibration of atmospheric effects on SAR interferograms by GPS and local atmosphere models: first results . Journal of Atmospheric and Solar-Terrestrial Physics, 63(12): 1343-1357.

Bontemps N, Lacroix P, Doin M P. 2018. Inversion of deformation fields time-series from optical images, and application to the long term kinematics of slow-moving landslides in Peru. Remote Sensing of Environment, 210: 144-158.

Bromhead E N, Ibsen M L. 2004. Bedding-controlled coastal landslides in southeast Britain between Axmouth and the Thames Estuary. Landslides, 1(2): 131-141.

Campbell R H, Bemlknopf R L. 1991. Foreeasting the spatial distribution of landslide risk. Abstracts with Programs Geological society of America, 23(5): 145.

Carrara A, Cardinali M, Detti R, et al. 2010. GIS techniques and statistical models in evaluating landslide hazard. Earth Surface Processes and Landforms, 16(5): 427-445.

Censi A. 2008. An ICP variant using a point-to-line metric//IEEE International Conference on Robotics and Automation (ICRA), Pasadena, CA, USA: 19-25.

Chen L, Zhao C, Li B, et al. 2021. Deformation monitoring and failure mode research of mining-induced Jianshanying landslide in karst mountain area, China with ALOS/PALSAR-2 images. Landslides, 18(8): 2739-2750.

Chen Y, Medioni G. 1991. Object modeling by registration of multiple range images//IEEE International Conference on Robotics and Automation, Sacramento, CA, USA: 2724-2729.

Chen Y, Li Z H, Penna N T, et al. 2018. Generic atmospheric correction model for interferometric synthetic aperture radar observations. Journal of Geophysical Research: Solid Earth, 123(10): 9202-9222.

Cheng K S, Wei C, Chang S C. 2004. Locating landslides using multi-temporal satellite images. Advances in Space Research, 33(3): 296-301.

Chiang K, Tsai G, Li Y, et al. 2017. Development of LiDAR-based UAV system for environment reconstruction. Geoscience and Remote Sensing Letters, 14(10): 1790-1794.

Cigna F, Bateson L B, Jordan C J, et al. 2014. Simulating SAR geometric distortions and predicting Persistent Scatterer densities for ERS-1/2 and ENVISAT C-band SAR and InSAR applications: nationwide feasibility assessment to monitor the landmass of Great Britain with SAR imagery. Remote Sensing of Environment, 152: 441-466.

Cotecchia F, Lollino P, Santaloia F, et al. 2010. Deterministic landslide hazard assessment at regional scale. Geoflorida 2010, Advances in Analysis, Modeling and Design, DOI: 10.1061/41095(365)319.

Detone D, Malisiewicz T, Rabinovich A. 2018. SuperPoint: self-supervised interest point detection and description//IEEE/CVF Conference on Computer Vision and Pattern Recognition Workshops (CVPRW), Salt Lake City, UT, USA: 337-349.

Ding C, Zhang L, Liao M, et al. 2020. Quantifying the spatio-temporal patterns of dune migration near Minqin Oasis in northwestern China with time series of Landsat-8 and Sentinel-2 observations. Remote Sensing of Environment: An Interdisciplinary Journal, 236: 111498.

Dusmanu M, Rocco I, Pajdla T, et al. 2019. D2-net: a trainable CNN for joint description and detection of local features//IEEE/CVF Conference on Computer Vision and Pattern Recognition (CVPR), Long Beach, CA, USA:

8084-8093.

Emardson T R. 2003. Neutral atmospheric delay in interferometric synthetic aperture radar applications: statistical description and mitigation. Journal of Geophysical Research Solid Earth, DOI: 10.1029/2002 JB001781.

Farenzena M, Fusiello A, Gherardi R. 2009. Structure-and-motion pipeline on a hierarchical cluster tree//IEEE 12th International Conference on Computer Vision Workshops, ICCV Workshops, Kyoto, Japan: 1489-1496, DOI: 10.1109/ICCVW. 2009.5457435.

Foudili D, Bouzid A, Berguig C M, et al. 2018. Investigating karst collapse geohazards using magnetotellurics: a case study of M'rara Basin, Algerian Sahara. Journal of Applied Geophysics, 160: 144-156.

Funning G J, Burgmann R, Ferretti A, et al. 2005. Kinematics, asperities and seismic potential of the Hayward fault, California from ERS and RADARSAT PS-InSAR. AGU Fall Meeting, http: //dx.doi.org/ [2023-10-15].

Gatelli F, Guamieri A M, Parizzi F, et al. 1994. The wavenumber shift in SAR interferometry. IEEE Transactions on Geoscience & Remote Sensing, 29(4): 855-865.

Gelfand N, Ikemoto L, Rusinkiewicz S, et al. 2003. Geometrically stable sampling for the ICP algorithm// International Conference on 3-D Digital Imaging and Modeling(3DIM), Banff, AB, Canada: 260-267.

Giada S, De Groeve T, Ehrlich D, et al. 2003. Information extraction from very high resolution satellite imagery over Lukole refugee camp, Tanzania. International Journal of Remote Sensing, 24(22): 4251-4266.

Gilson De F N G, Fredlund D G. 2005. The application of unsaturated soil mechanics to the assessment of weather-related geo-hazards. Stand Alone, 10: 2515-2520.

Gojcic Z, Zhou C, Wegner J D, et al. 2020. Learning multi-view 3D point cloud registration//IEEE Conference on Computer Vision and Pattern Recognition(CVPR), Seattle, WA, USA: 1756-1766.

Guan H, Yu Y, Yan W, et al. 2019. 3D-CNN based tree species classification using mobile LiDAR data. ISPRS-International Archives of the Photogrammetry, Remote Sensing and Spatial Information Sciences, 4213. DOI: 10.5194/isprs-archives-XLII-2-W13-989-2019.

Hala A E, Mohamed N H. 2014. Mapping landslide susceptibility using satellite data and spatial multicriteria evaluation: the case of Helwan District, Cairo. Applied Geomatics, 6(4): 215-228.

Hervás J, Barredo J I, Rosin P L, et al. 2003. Monitoring landslides from optical remotely sensed imagery: the case history of Tessina landslide, Italy. Geomorphology, 54(1-2): 63-75.

Hooper A, Segall P, Zebker H. 2007. Persistent scatterer interferometric synthetic aperture radar for crustal deformation analysis, with application to Volcan Alcedo, Galapagos. Journal of Geophysical Research: Solid Earth, 112(b7): B07407.

Huang H P, Wu B F, Fan J L. 2003. Analysis to the relationship of classification accuracy, segmentation scale, image resolution//IEEE International Geoscience and Remote Sensing Symposium, Toulouse, France: 3671-3673.

Huang H, Michelini M, Schmitz M, et al. 2020. LoD3 building reconstruction from multi-source images. International Archives of the Photogrammetry, Remote Sensing & Spatial Information Science, 43(B2): 427-434.

Huang P H, Matzen K, Kopf J, et al. 2018. DeepMVS: learning multi-view stereopsis//IEEE/CVF Conference on

Computer Vision and Pattern Recognition, Salt Lake City, UT, USA: 2821-2830.

Hungr O, Evans S G. 1996. Rock avalanche runout prediction using a dynamic model. Proceedings 7th International Symposium on Landslides, 1: 233-238.

Hunter J A, Burns R A, Good R L, et al. 2010. Near-surface geophysical techniques for geohazards investigations: some Canadian examples. Geophysics: the Leading Edge of Exploration, 29(8): 964-977.

Jiang S, Nie Y, Liu Q, et al. 2018. Glacier change, supraglacial debris expansion and glacial lake evolution in the Gyirong River Basin, Central Himalayas, between 1988 and 2015. Remote Sensing, 10(7): 986-1004.

Just D, Bamler R. 1994. Phase statistics of interferograms with applications to synthetic aperture radar. Applied Optics, 33: 4361-4368.

Kendall A, Martirosyan H, Dasgupta S, et al. 2017. End-to-end learning of geometry and context for dep stereo regression//IEEE International Conference on Computer Vision, Venice, Italy: 66-75.

Kienholz H. 1978. Maps of geomorphology and natural hazards of Grindelwald, Switzerland: Scale 1:10,000. Arctic and Alpine Research, 10(2): 169-184.

KnöBelreiter P, Reinbacher C, Shekhovtsov A, et al. 2017. End-to-end training of hybrid CNN-CRF models for stereo//IEEE Conference on Computer Vision and Pattern Recognition, Honolulu, HI, USA: 1456-1465.

Korn M, Holzkothen M, Pauli J. 2014. Color supported generalized-ICP//IEEE International Conference on Computer Vision Theory and Applications (CVATA), Lisbon, Portugal: 592-599.

Kyriacos T. 2023. Monitoring Cultural Heritage Sites Affected by Geohazards in Cyprus Using Earth Observation. Cham: Springer International Publishing: 359-377.

Lanari R, Lundgren P, Manzo M, et al. 2004. Satellite radar interferometry time series analysis of surface deformation for Los Angeles, California. Geophysical Research Letters, 31(23): 345-357.

Lay U S, Pradhan B, Yusoff Z, et al. 2019. Data mining and statistical approaches in debris-flow susceptibility modelling using airborne LiDAR data. Sensors, 19(16): 3451-3482.

Lee S, Min K. 2001. Statistical analysis of landslide susceptibility at Yongin, Korea. Environmental Geology, 40: 1095-1113.

Leprince S, Barbot S, Ayoub F, et al. 2007. Automatic and precise orthorectification, coregistration, and subpixel correlation of satellite images, application to ground deformation measurements. IEEE Transactions on Geoscience and Remote Sensing, 45(6): 1529-1558.

Li Y, Ibanez-Guzman J. 2020. Lidar for autonomous driving: the principles, challenges, and trends for automotive lidar and perception systems. IEEE Signal Processing Magazine, 37(4): 50-61.

Li Z, Tan J X, Liu H. 2019. Rigorous boresight self-calibration of Mobile and UAV LiDAR scanning systems by strip adjustment. Remote Sensing, 11(4): 442-457.

Li Z H, Muller J P, Cross P. 2003. Comparison of precipitable water vapor derived from radiosonde, GPS, and moderate-resolution imaging spectroradiometer measurements. Journal of Geophysical Research, Biogeosciences, 108(d20): 4651.

Li Z H, Muller J P, Cross P, et al. 2006. Assessment of the potential of MERIS near-infrared water vapour products to correct ASAR interferometric measurements. International Journal of Remote Sensing, 27(1-2): 349-365.

Liang Z F, Feng Y L, Guo Y L, et al. 2018. Learning for disparity estimation through feature constancy//
IEEE/CVF Conference on Computer Vision and Pat tern Recognition, Salt Lake City, UT, USA: 2811-2820.

Liu J, Ji S P. 2020. A novel recurrent encoder-decoder structure for large-scale multi-view stereo reconstruction
from an open aerial dataset//IEEE/CVF Conference on Computer Vision and Pattern Recognition (CVPR),
Seattle, WA, USA: 6049-6058.

Liu K, Ma H, Ma H, et al. 2020. Building extraction from airborne LiDAR data based on min-cut and improved
post-processing . Remote Sensing, 12(17): 2849-2873.

Liu R C, Yang C S, Wang Q L, et al. 2021. Possible mechanism of the formation of the Jichechang ground fissure
in Datong, China, based on *in-situ* observations. Environmental Earth Sciences, 8(25): 4333-4338.

Liu X J, Zhao C Y, Zhang Q, et al. 2020. Deformation of the Baige Landslide, Tibet, China, revealed through the
integration of cross-platform ALOS/PALSAR-1 and ALOS/PALSAR-2 SAR observations. Geophysical
Research Letters, 47(3), DOI: 10.1029/2019GL086142.

Lobo A, Chic O, Casterad A. 1996. Classification of Mediterranean crops with multisensor data: per-pixel
versus per-object statistics and image segmentation. International Journal of Remote Sensing, 17(12):
2385-2400.

Lu P, Stumpf A, Kerle N, et al. 2011. Object-oriented change detection for landslide rapid mapping. IEEE
Geoscience and Remote Sensing Letters, 8 (4): 701-705.

Luo W J, Schwing A G, Urtasun R. 2016. Efficient deep learning for stereo matching//IEEE Conference on
Computer Vision and Pattern Recognition, Las Vegas, NV, USA: 5695-5703.

Luo Z X, Shen T W, Zhou L, et al. 2018. GeoDesc: learning local descriptors by integrating geometry
constraints//European Conference on Computer Vision, Munich, Germany: 170-185.

Luo Z X, Shen T W, Zhou L, et al. 2019. ContextDesc: local descriptor augmentation with cross-modality
context//IEEE/CVF Conference on Computer Vision and Pattern Recognition (CVPR), Long Beach, CA, USA:
2522-2531.

Luo Z X, Zhou L, Bai X Y, et al. 2020. ASLFeat: learning local features of accurate shape and localization//
IEEE/CVF Conference on Computer Vision and Pattern Recognition (CVPR), Seattle, WA, USA: 6588-6597.

Massonnet D, Feigl K L. 2013. Discrimination of geophysical phenomena in satellite radar interferograms.
Geophysical Research Letters, 22(12), DOI: 10.1029/95GL00711.

Mauro C, Eufemia T. 2001. Accuracy assessment of Per-field classification integrating very fine spatial
resolution satellite imagery with topographic data. Journal of Geospatial Engineering, 3(2): 127-134.

Mayer N, Ilg E, HäUsser P, et al. 2016. A large dataset to train convolutional networks for disparity, optical flow,
and scene flow estimation//IEEE Conference on Computer Vision and Pattern Recognition, Las Vegas, NV,
USA: 4040-4048.

McKinnon M, Hungr O, McDougall S. 2008. Dynamic analyses of Canadian landslides. Proceedings of the
Fourth Canadian Conference on Geohazards: From Causes to Management: 20-24.

Metternicht G, Hurni L, Gogu R. 2005. Remote sensing of landslides: an analysis of the potential contribution to
geo-spatial systems for hazard assessment in mountainous environments. Remote Sensing of Environment,
98(2): 284-303.

Michelini M, Mayer H. 2020. Structure from motion for complex image sets. ISPRS Journal of Photogrammetry and Remote Sensing, 166: 140-152.

Mikaeil R, Haghshenas S S, Shirvand Y, et al. 2016. Risk Assessment of geological hazards in a tunneling project using harmony search algorithm (case study: Ardabil–Mianeh railway tunnel). Civil Engineering Journal, 2(10): 546-554.

Mishkin D, Radenovic F, Matas J. 2018. Repeatability is not enough: learning affine regions via discriminability. Proceedings of 2018 Computer Vision, Munich, Germany: ECCV.

Morgan J, Silver E, Camerlenghi A, et al. 2007. Studying geohazards with ocean cores. Addressing geologic hazards through ocean drilling: an IODP international workshop, Portland, Oregon, 27–30 August 2007. Eos Transactions American Geophysical Union, 88(52): 579.

Moulon P, Monasse P, Marlet R. 2013. Global fusion of relative motions for robust, accurate and scalable structure from motion//IEEE International Conference on Computer Vision, Sydney, NSW, Australia: 3248-3255.

Nguyen H T, Wiatr T, Fernández-Steeger T M, et al. 2013. Landslide hazard and cascading effects. following the extreme rainfall event on Madeira Island. Natural Hazards, 65(1): 635-652.

Nguyen T T, Pham V, Tenhunen J. 2013. Linking regional land use and payments for forest hydrological services: a case study of Hoa Binh reservoir in Vietnam. Land Use Policy, 33: 130-140.

Nichol J, Wong M S. 2005. Satellite remote sensing for detailed landslide inventories using change detection and image fusion. International Journal of Remote Sensing, 26(9): 1913-1926.

Ning J, Mitani Y, Xie M, et al. 2012. Shallow landslide hazard assessment using a three dimensional deterministic model in a mountainous area. Computers and Geotechnics, 45: 1-10.

Ning Y. 2012. Nonstandard likelihood based inference. Baltimore: The Johns Hopkins University.

Notti D, Herrera G, Bianchini S, et al. 2014. A methodology for improving landslide PSI data analysis. International Journal of Remote Sensing, 35(6): 2186-2214.

Novellino A, Cesarano M, Cappelletti P, et al. 2021. Slow-moving landslide risk assessment combining machine learning and InSAR techniques. Catena, 203: 105317.

Özyeşil O, Voroninski V, Basri R, et al. 2017. A survey of structure from motion. Acta Numerica, 26: 305-364.

Pachauri A K, Pant M. 1992. Landslide hazard mapping based on geological attributes. Engineering Geology, 32(1-2): 81-100.

Pachauri K A. 2007. Facet based landslide hazard zonation (LHZ) maps for the Himalayas: example from Chamoli Region. Journal of the Geological Society of India, 69(6): 1231-1240.

Park N W, Chi K H. 2008. Quantitative assessment of landslide susceptibility using high-resolution remote sensing data and a generalized additive model. International Journal of Remote Sensing, 29(1): 247-264.

Paulin M, Douze M, Harchaoui Z, et al. 2015. Local convolutional features with unsupervised training for image retrieval//IEEE International Conference on Computer Vision, Santiago, Chile: 91-99.

Pourghasemi H R, Pradhan B, Gokceoglu C. 2012. Application of fuzzy logic and analytical. hierarchy process (AHP) to landslide susceptibility mapping at Haraz watershed, Iran. Natural Hazards, 63(2): 965-996.

Pradhan B, Lee S. 2010. Landslide susceptibility assessment and factor effect analysis backpropagation artificial neural networks and their comparison with frequency ratio and bivariate logistic regression modelling. Environmental Modelling & Software, 25(6): 747-759.

Psomiadis E, Charizopoulos N, Efthimiou N, et al. 2020. Earth observation and GIS-based analysis for landslide susceptibility and risk assessment. ISPRS International Journal of Geo-Information, 9(9), DOI: 103390/ ijgi9090552.

Qi C R, Su H, Mo K, et al. 2017. PointNet: deep learning on point sets for 3D classification and segmentation//Conference on Computer Vision and Pattern Recognition (CVPR), Honolulu, HI, USA: 77-85.

Quebral R, et al. 2019. Utilization of Geoinformatics for Geohazard Assessment in Philippine Infrastructures. Singapore: Springer: 1217-1224.

Revaud J, Weinzaepfel P, Harchaoui Z, et al. 2015. EpicFlow: edge-preserving interpolation of correspondences for optical flow//IEEE Conference on Computer Vision and Pattern Recognition (CVPR), Boston, MA, USA: 1164-1172, DOI: 10. 1109/CVPR. 2015. 7298720.

Rosu A M, Pierrot-Deseilligny M, Delorme A, et al. 2014. Measurement of ground displacement from optical satellite image correlation using the free open-source software MicMac. ISPRS Journal of Photogrammetry and Remote Sensing, 100: 48-59.

Sandwell D T, Sichoix L. 2000. Topographic phase recovery from stacked ERS interferometry and a low-resolution digital elevation model. Journal of Geophysical Research Solid Earth, 105(B12): 28211-28222.

Santacana N, Baeza B, Corominas J, et al. 2003. A GIS-based multivariate statistical analysis for shallow landslide susceptibility mapping in La Pobla de Lillet Area (Eastern Pyrenees, Spain). Natural Hazards, 30: 281-295.

Sarlin P E, Detone D, Malisiewicz T, et al. 2020. SuperGlue: learning feature matching with graph neural networks//IEEE/CVF Conference on Computer Vision and Pattern Recognition (CVPR), Seattle, WA, USA: 4937-4946.

Schönberger J L, Frahm J M. 2016. Structure-from motion revisited//IEEE Conference on Computer Vision and Pattern Recognition, Las Vegas, NV, USA: 4104-4113.

Segal A V, Haehnel D, Thrun S. 2009. Generalized-ICP. Robotics: Science and Systems, DOI: 10.15607/RSS. 2009. V. 021.

Seki A, Pollefeys M. 2017. SGM-Nets: semi-global matching with neural networks//IEEE Conference on Computer Vision and Pattern Recognition, Honolulu, HI, USA: 6640-6649.

Servos J, Waslander S L. 2014. Multi-channel generalized-ICP//IEEE International Conference on Robotics and Automation(ICRA), Hong Kong, China: 3644-3649.

Shan T, Englot B. 2018. LeGO-LOAM: Lightweight and ground-optimized lidar odometry and mapping on variable terrain//IEEE/RSJ International Conference on Intelligent Robots and Systems (IROS), Madrid, Spain: 4758-4765.

Singhroy V, Alasset P J, Couture R, et al. 2008. InSAR Monitoring of Landslides in Canada//IEEE International Geoscience and Remote Sensing Symposium, DOI: 10.1109/IGARSS.2008.4779318.

Sousa J J, Liu G, Fan J H, et al. 2021. Geohazards monitoring and assessment using multi-source earth observation techniques. Remote Sensing, 13(21): 4269.

Strozzi T U, Wegmüller U, Tosi L, et al. 2001. Land subsidence monitoring with differential SAR interferometry. Photogrammetric Engineering & Remote Sensing, 67(11): 1261-1270.

Sun J M, Shen Z H, Wang Y, et al. 2021. LoFTR: detector-free local feature matching with transformers// IEEE/CVF Conference on Computer Vision and Pattern Recognition (CVPR), Nashvile, TN, USA: 8918-8927.

Sun Z. Shen Y. Wang H, et al. 2021. LoFTR: detector-free local feature matching with transformers// IEEE/CVF Conference on Computer Vision and Pattern Recognition (CVPR), Nashville, TN, USA: 8918-8927.

Tian Y R, Fan B, Wu F C. 2017. L2-Net: deep learning of discriminative patch descriptor in euclidean space//IEEE Conference on Computer Vision and Pattern Recognition, Honolulu, HI, USA: 6128-6136.

Tian Y R, Yu X, Fan B, et al. 2019. SOSNet: second order similarity regularization for local descriptor learning// IEEE CVF Conference on Computer Vision and Pattern Recognition (CVPR), Long Beach, CA, USA: 11008-11017.

Tianhe R, Wenping G, Mwango B V, et al. 2021. An improved R-index model for terrain visibility analysis for landslide monitoring with InSAR. Remote Sensing, 13(10), DOI: 10.3390/rs13101938.

Trigila A, Iadanza C, Spizzichino D. 2010. Quality assessment of the Italian Landslide Inventory using GIS processing. Landslides, 7: 455-470.

Trzcinski T, Christoudias M, Lepetit V. 2015. Learning image descriptors with boosting. IEEE Transactions on Pattern Analysis and Machine Intelligence, 37(3): 597-610.

Varnes D J. 1984. Landslide Hazard Zonation: A Review of Principles and Practice. Paris: Unesco.

Verdie Y, Yi K M, Fua P, et al. 2015. TILDE: a temporally invariant learned DEtector//IEEE Conference on Computer Vision and Pattern Recognition, Boston, MA, USA: 5279-5288.

Wang L, Cao Z, Li D, et al. 2017. Determination of site-specific soil-water characteristic curve from a limited number of test data—a Bayesian perspective. Geoscience Frontiers, 9(6): 1665-1677.

Wang Y, Liu D, Dong J, et al. 2021. On the applicability of satellite SAR interferometry to landslide hazards detection in hilly areas: a case study of Shuicheng, Guizhou in Southwest China. Landslides, 18(7): 2609-2619.

Wei Y, Zhang P, Soomro R A, et al. 2021. Advances in the synthesis of 2D MXenes. Advanced Materials, 33(39): e2103148, DOI: 10. 1002/adma. 202103148.

Werner C, Wegmüller U, Strozzi T, et al. 2000. GAMMA SAR and interferometric processing software. Proceedings of the ERS Envisat Symposium, Sweden: Gothenburg.

Werner C, Wegmuller U, Strozzi T, et al. 2004. Interferometric point target analysis for deformation mapping. IGARSS 2003, 2003 IEEE International Geoscience and Remote Sensing Symposium, DOI: 10.1109/IGARSS. 2003.1295516.

Wilson K, Snavely N. 2014. Robust global translations with 1D SfM//European Conference of Computer Vision, DOI: 10. 1007/978-3-319-10578-9-5.

Wu B, Yu B, Wu Q, et al. 2017. A graph-based approach for 3D building model reconstruction from airborne LiDAR point clouds. Remote Sensing, 9(1): 92-107.

Xu B, Zhang L, Liu Y X, et al. 2021. Robust hierarchical structure from motion for large-scale unstructured image sets. ISPRS Journal of Photogrammetry and Remote Sensing, 181: 367-384.

Yang B S, Dong Z, Liu Y, et al. 2017. Computing multiple aggregation levels and contextual features for road facilities recognition using mobile laser scanning data. ISPRS Journal of Photogrammetry and Remote Sensing 126: 180-194.

Yang Z, Jiang W, Xu B, et al. 2017. A convolutional neural network-based 3D semantic labeling method for ALS point clouds. Remote Sensing, 9(9): 936.

Yao Y, Luo Z X, Li S W, et al. 2018. MVSNet: depth inference for unstructured multi-view stereo//European Conference on Computer Vision, DOI: 10.10071978-3-030-01237-3_47.

Yao Y, Luo Z X, Li S W, et al. 2019. Recurent MVSNet for high-resolution multi-view stereo depth inference//IEEE/CVF Conference on Computer Vision and Pattern Recognition (CVPR), Long Beach, CA, USA: 5520-5529.

Yesilnacar E, Topal T. 2005. Landslide susceptibility mapping: a comparison of logistic regression and neural networks methods in a medium scale study, Hendek region (Turkey). Engineering Geology, 79(3): 251-266.

Yi K M, Trulls E, Lepetit V, et al. 2016. LIFT: Learned invariant feature transform//European Conference on Computer Vision, DOI: 10.1007/978-3-319-46466-4_28.

Yi K M, Trulls E, Ono Y, et al. 2018. Learning to find good correspondences//IEEE/CVF Conference on Computer Vision and Pattern Recognition, Salt Lake City, UT, USA: 2666-2674.

Yuan Z, Zhou C, Tian Y, et al. 2017. One-dimensional organic lead halide perovskites with efficient bluish white-light emission. Nature Communications, 8: 14051.

Žbontar J, Lecun Y. 2016. Stereo matching by training a convolutional neural network to compare image patches. Journal of Machine Learning Research, 17(1): 2287-2318.

Zeng A, Song S, Niebner M, et al. 2017. 3DMatch: learning local geometric descriptors from RGB-D reconstructions// IEEE Conference on Computer Vision and Pattern Recognition (CVPR), Honolulu, HI, USA: 199-208.

Zhang G Q, Bolch T, Allen S, et al. 2019. Glacial lake evolution and glacier-lake interactions in the Poiqu River Basin, central Himalaya, 1964–2017. Journal of Glaciology, 65(251): 347-365.

Zhang H, Patel V M, Riggan B S, et al. 2017. Generative adversarial network-based synthesis of visible faces from polarimetrie thermal faces//IEEE International Joint Conference on Biometrics (IJCB), Denver, CO, USA: 100-107.

Zhang J, Singh S. 2014. LOAM: lidar odometry and mapping in real-time. Robotics: Science and Systems, DOI: 10.15607/RSS.2014.X.007.

Zhang J, Singh S. 2017. Low-drift and real-time lidar odometry and mapping. Autonomous Robots, 41(2): 401-416.

Zhang J H, Sun D W, Luo Z X, et al. 2019. Learning two-view correspondences and geometry using order-aware network//IEEE/CVF International Conference on Computer Vision (ICCV), Seoul, Korea (South): 5844-5853.

Zhang X, Yu F X, Karaman S, et al. 2017. Learning discriminative and transformation covariant local feature detectors//IEEE Conference on Computer Vision and Pattern Recognition, Honolulu, HI, USA: 4923-4931.